新时期交通土建类高职高专规划教材

地基与基础工程

焦 莉 主编

人民交通出版社股份有限公司
China Communications Press Co.,Ltd.

内 容 提 要

本书为新时期交通土建类高职高专规划教材。本书按照高等职业教育人才培养特点，以职业岗位工作目标为切入点，紧密围绕职业岗位技能要求编写而成。全书以桥梁地基与基础知识的实际应用为主线，共设置了六个学习项目，包括认知地基与基础工程、地基土的工程特性与承载力、地基处理与加固、天然地基浅基础、桩基础和沉井基础等。根据工作过程和内容的不同，每一个学习项目下又分为若干具体工作任务，可满足项目任务驱动式教学的需要。

本书可作为高职高专院校道路桥梁工程技术、道路养护与管理、工程造价等专业的教学用书，也可供相关专业技术人员学习参考。

本书有配套课件，教师可通过加入职教路桥教学研讨群（QQ：561416324）获取。

图书在版编目（CIP）数据

地基与基础工程／焦莉主编． —— 北京：人民交通出版社股份有限公司，2019.1
ISBN 978-7-114-15111-8

Ⅰ．①地… Ⅱ．①焦… Ⅲ．①地基—基础（工程）—高等职业教育—教材　Ⅳ．①TU47

中国版本图书馆 CIP 数据核字（2018）第 246593 号

新时期交通土建类高职高专规划教材
书　　名：地基与基础工程
著 作 者：焦　莉
责任编辑：任雪莲　张江成
责任校对：刘　芹
责任印制：张　凯
出版发行：人民交通出版社股份有限公司
地　　址：(100011) 北京市朝阳区安定门外外馆斜街 3 号
网　　址：http://www.ccpress.com.cn
销售电话：(010)59757973
总 经 销：人民交通出版社股份有限公司发行部
经　　销：各地新华书店
印　　刷：北京印匠彩色印刷有限公司
开　　本：787×1092　1/16
印　　张：14.25
字　　数：341 千
版　　次：2019 年 1 月　第 1 版
印　　次：2019 年 8 月　第 2 次印刷
书　　号：ISBN 978-7-114-15111-8
定　　价：42.00 元

（有印刷、装订质量问题的图书由本公司负责调换）

新时期交通土建类高职高专规划教材编审委员会

主　　　任：杨云峰

副　主　任：王天哲　薛安顺

委　　　员：张　鹏　魏　锋　王愉龙　田建辉
　　　　　　邹艳琴　焦　莉　殷青英　周庆华
　　　　　　王少宏　王学礼　张　建　米国兴
　　　　　　尚同羊　石雄伟　李芳霞　赵仙茹
　　　　　　赵国刚　李彩霞　赵亚兰　柴彩萍
　　　　　　王亚利　李青芳　黄　娟　李　艳
　　　　　　张军艳　李婷婷　张丽萍　王万平
　　　　　　张松雷　李晶晶

序
PREFACE

建设教育强国是中华民族伟大复兴的基础工程。交通运输是国民经济基础性、先导性、战略性产业。交通高等职业教育鼎力支持交通运输事业,弘扬劳模精神和工匠精神,营造"劳动光荣、技能宝贵、创造伟大"的社会风尚和精益求精的敬业风气,建设知识型、技能型、创新型劳动者大军,培养德智体美全面发展的社会主义建设者和接班人。

习近平总书记明确指出,"十三五"是交通运输基础设施发展、服务水平提高和转型发展的黄金时期,要抓住这一时期,加快发展,不辱使命,为实现中华民族伟大复兴的中国梦发挥更大的作用。当前,在我国经济发展进入新常态后,交通运输作为国民经济重要的基础性、先导性、服务性行业的基础地位没有改变,在经济社会发展中先行官的职责和使命没有改变,在稳增长、促投资、促消费中的重要作用没有改变,由基本适应向适度超前发展的阶段性特征和态势没有改变。我国正由"交通大国"向"交通强国"迈进。交通高等职业教育肩负着交通运输人才培养、科学研究、社会服务、文化传承创新的神圣使命,在实现"两个一百年"奋斗目标的伟大进程中必须有担当、有作为。

陕西交通职业技术学院是国家优质高职院校立项建设单位、陕西省优秀示范性高职院校,被誉为中国西部"交通建设管理人才的摇篮"。学校以全国交通运输示范专业——道路桥梁工程技术专业为核心,构建公路工程专业集群,弘扬"吃苦实干、爱岗敬业、默默奉献、图强创新"的"铺路石"精神,秉持"立足交通,服务交通,引领交通"的发展理念,坚持"校企合作实践育人,提升能力内涵发展"的建设思想,锻造"公在心中,路在脚下,铁肩担当,道存目击"的精神文化,开展"大专业小方向"的专业改革,实施"岗位导向,学训交替,能力递进,分组顶岗"的人才培养模式,紧密对接交通运输行业转型升级,紧紧围绕交通基础设施建设与管理的产业需求,培养热爱交通、扎根基层、吃苦实干的公路交通技术技能人才。

近年来,陕西交通职业技术学院不忘初心、拼搏奋斗,深化教育教学改革,优化专业体系结构,加强师资队伍建设,完善质量保证体系,始终致力于提升内涵建设品质,提高人才培养质量,增强社会服务能力。公路工程专业集群以道路桥梁工程技术专业为引领,先后获得国家级教学团队、全国职业院校交通运输类示范专业、高等职业教育创新发展行动计划骨干专业、陕西高职院校"一流专业"、陕西省重点专业、陕西省示范院校建设重点专业、陕西高职院校综合改革试点专业等重大荣誉和政策支持。"十三五"是交通运输基础设施加速成网的黄金时期,也是我国交通运输基础设施集中建设、扩大规模的重要时期,更是交通运输优化结构、提升服务水平的关键时期。在这样的背景下,陕西交通职业技术学院成立"新时期交通土建类高职高专规划教材"编审委员会,以长期教育教学改革实践为基础,系统总结教学内涵建设经验,编写系列教材,期望以此形式固化、展示、应用、分享改革建设的成果,培养符合新时期交通运输发展需求的高质量技术技能人才。

"新时期交通土建类高职高专规划教材"以提高人才培养质量为根本目标,贯彻高等职业教育教学改革发展新理念,对接交通运输行业最新颁布标准、规范、规程,努力从内容到形式上都有所创新。教材丛书依据专业集群的核心课程而规划,体现产教融合特色。教材突出工匠精神、职业道德、职业技能和就业创业能力教育的完美融合,注重学生全面培养。教材功能基于服务课程教学的基本载体和直观媒介而定位,凸显学生主体地位;教材内容按照职业岗位知识和能力需求而取舍,突出实践能力培养;教学方法遵循高职学生学习特点和认知规律而设计,强调理实一体教学。我们期待这套教材能在新时期交通土建类高职人才培养中起到积极的作用。

向支持交通高职教育教材建设的人民交通出版社表示衷心感谢。向关心、支持、帮助教材编审的合作企业、专家学者、校友致以崇高敬意和诚挚谢意。

新时期交通土建类高职高专
规划教材编审委员会主任
2017 年 12 月

前　言
——FOREWORD——

　　本书结合高等职业技术教育特点，根据"地基与基础工程"课程定位和培养目标，本着工学结合、任务驱动、教学做一体化的设计思想，以职业岗位工作目标为切入点，紧密围绕职业岗位技能要求编写而成。

　　本书在内容编排上紧密结合岗位工作内容，以工作过程为导向，以项目任务为课程内容的主要载体，将知识项目化，以任务驱动教学，使学生在完成具体任务的过程中获得相关理论知识，发展职业能力。全书以桥梁地基与基础知识的实际应用为主线，共设置了六个学习项目，每个学习项目根据其工作过程又分为若干具体工作任务。各学习项目及工作任务之间相对独立，可供教师或学习者根据专业不同方向和教学需要进行取舍和组合。

　　教学内容选取遵循教育部对高职高专教育提出的"以应用为目的，以必需、够用为度"的原则，从实际应用的需要出发，力求内容精选、推导简化，注重理论联系实际，以任务引出知识概念，将概念、方法以及结论的应用作为重点，增加了工程图识读、施工质量检验与评定等内容。同时融入了行业最新设计、施工和技术标准内容，以体现教学内容的先进性、通用性和实用性。为解决施工中抽象难懂的问题，帮助学生掌握施工关键技能点，书中增加了许多施工图片，以图代文、以表代文，使内容更加直观和形象。

　　本书由陕西交通职业技术学院焦莉担任主编，并负责全书统稿。陕西交通职业技术学院任圆圆和李艳参与了编写工作。具体分工如下：焦莉编写学习项目一、四~六；任圆圆编写项目二；李艳编写项目三。

　　本书在编写过程中，参考了大量的著作和文献资料，并引用了很多网络图片，在此一并向有关作者表示诚挚谢意。

　　由于编者水平和经验所限，书中难免存在疏漏和不妥，敬请读者批评指正。

编　者

2018 年 6 月

目　录
CONTENTS

学习项目一　认知地基与基础工程 ………………………………………………………… 1

学习项目二　地基土的工程特性与承载力 …………………………………………………… 8
  任务一　地基土的压缩性评价 ………………………………………………………………… 8
  任务二　土中应力计算与分布 ………………………………………………………………… 17
  任务三　地基土抗剪强度的测定 ……………………………………………………………… 35
  任务四　地基土承载力的确定 ………………………………………………………………… 45

学习项目三　地基处理与加固 ………………………………………………………………… 56
  任务一　认知软弱地基及其处理方法 ………………………………………………………… 56
  任务二　换填垫层法处理地基 ………………………………………………………………… 58
  任务三　挤密压实法处理地基 ………………………………………………………………… 62
  任务四　排水固结法处理地基 ………………………………………………………………… 70
  任务五　深层搅拌法处理地基 ………………………………………………………………… 75

学习项目四　天然地基浅基础 ………………………………………………………………… 81
  任务一　浅基础施工图识读 …………………………………………………………………… 81
  任务二　刚性浅基础设计 ……………………………………………………………………… 88
  任务三　刚性浅基础施工 ……………………………………………………………………… 96
  任务四　刚性浅基础施工质量检测 …………………………………………………………… 108

学习项目五　桩基础 …………………………………………………………………………… 112
  任务一　桩基础施工图识读 …………………………………………………………………… 112
  任务二　灌注桩施工 …………………………………………………………………………… 122
  任务三　预制沉桩与水中桩基础施工 ………………………………………………………… 140
  任务四　桩基础施工质量检测 ………………………………………………………………… 154
  任务五　单桩容许承载力的确定 ……………………………………………………………… 164
  任务六　桩基础的设计 ………………………………………………………………………… 176

学习项目六　沉井基础 ………………………………………………………………………… 194
  任务一　沉井基础结构认知 …………………………………………………………………… 194
  任务二　沉井基础的施工 ……………………………………………………………………… 200

参考文献 ………………………………………………………………………………………… 215

学习项目一　认知地基与基础工程

1. 明确地基与基础的概念;
2. 掌握地基与基础常用分类方式及其特点;
3. 明确地基与基础设计的基本要求;
4. 描述影响基础埋置深度的各项因素;
5. 明确课程学习任务及要求。

通过对地基与基础类型、埋深影响因素、设计与施工基本要求等相关知识的学习,能够根据提供的桥梁水文与地质资料,初步进行基础类型的比选,并陈述相关理由。

相关知识

一、地基与基础的概念

桥梁结构分为上部结构和下部结构两部分。上部结构为桥跨结构,下部结构包括桥墩、桥台及其基础,如图1-1所示。

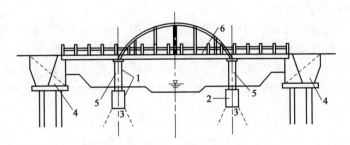

图1-1　桥梁结构各部立面示意图
1-下部结构;2-基础;3-地基;4-桥台;5-桥墩;6-上部结构

任何建筑物都建造在一定的地层上,其全部作用由下面的地层来承担。承受结构物作用的地层称为地基。将建筑物所承受的各种作用传递到地基上的建筑物与地基相接触的部分称为基础。

地基可能由不同的土体或岩体组成,直接承受基础作用的地层称为持力层;位于持力层以下,处于被压缩或可能被剪损的一定深度内的土层称为下卧层。从地面(或一般冲刷线)到基础底面的垂直距离称为基础的埋置深度。

二、地基与基础的类型

根据地基地质情况、上部结构要求、作用特点及施工技术水平,可以采用不同类型的地基和基础。

1. 地基的类型

地基可分为天然地基与人工地基。无需人工处理就可以满足设计要求,可直接修筑基础的天然地层称为天然地基。如果天然地层土质过于软弱或存在不良工程地质问题,需要经过人工加固或处理后才能修筑基础的地基则称为人工地基。

2. 基础的类型

基础的类型可按基础的刚度、埋置深度、构造形式和材料等划分,设计时应根据各类型基础的特点,再结合具体地质水文情况加以合理选用。

1) 按基础的刚度分类

按基础的刚度(即受力后基础的变形情况)可分为刚性基础和柔性基础两种。受力后不发生挠曲变形的基础称为刚性基础,一般可用强度不高的材料(如浆砌块石、片石混凝土等)做成。这种基础不需要钢材,整体性好,但圬工体积较大,且支承面积受到一定限制,如图 1-2a)所示。受力后容许发生挠曲变形的基础称为柔性基础或弹性基础,通常用钢筋混凝土做成。由于钢筋可以承受较大的弯拉应力和剪应力,可在基础荷载较大而地基承载力又较低时采用,如图 1-2b)所示。

2) 按基础的埋置深度分类

按基础的埋置深度,可分为浅基础和深基础两种。埋置深度小于 5m 的基础称为浅基础,适用于浅层地基承载力较大的情况。浅基础施工方便,通常地面开挖基坑后,直接在基坑底面砌筑基础,它是桥梁基础的首选方案。如果浅层土质不良,需将基础埋置于较深的良好土层上,这种基础称为深基础。深基础设计和施工较复杂,但具有良好的适应性和抗震性。公路桥梁墩台常采用桩基础、沉井基础等深基础形式。

3) 按基础的构造形式分类

按基础构造形式,基础可分为实体式和桩柱式两类,如图 1-3 所示。当整个基础都由圬工材料砌筑时,称为实体式基础。其特点是基础整体性好,但自重较大,对地基承载力要求较高。由单根或多根基桩支承盖梁及上部结构的基础,称为桩柱式基础。这种基础整体质量较轻,可将荷载传递或分散到深层土中,对地基强度的要求比实体基础要低一些,在深水中施工时,可避免或减少水下作业。

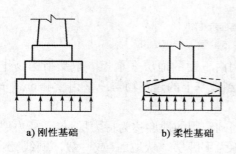

图 1-2 基础按刚度分类

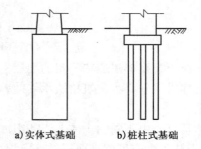

图 1-3 基础按构造形式分类

4) 按基础的施工方法分类

不同基础类型采用的施工方法不同,如浅基础通常采用明挖法施工。桩基础根据地基土质情况、结构作用特点及要求,可分别采用预制沉桩和灌注桩等施工方法。

三、地基与基础的设计要求

工程实践表明：地基与基础设计和施工质量的优劣，直接影响着整个结构物能否正常使用和安全与否。基础工程又是隐蔽工程，出现缺陷，往往不易发现，修复处理也较为困难。同时，基础工程的施工经常影响整个结构物的施工进度。基础工程的造价，在整个结构物造价中也占相当大的比重，尤其是在复杂的地质条件下或深水中修建基础更是如此。

1. 工程案例

1）意大利比萨斜塔

意大利比萨斜塔是世界著名建筑奇观之一，如图 1-4 所示。其始建于 1173 年，历时 177 年才建成。原设计为 8 层，垂直建造，斜塔从地基到塔顶高 58.36m。塔身为白色大理石砖砌筑，总重约 14453t。在工程开始后不久，塔身就向东南方向倾斜，完工时塔身重心线偏离 10%，即倾斜 5.5°。造成塔身倾斜的主要原因是地基较浅且土质不均匀，由各种软质粉土的沉淀物和黏土相间形成，而在深约 1m 的地方是地下水层，导致土层松软，地基承载力过低。

2）加拿大特朗斯康谷仓

加拿大特朗斯康谷仓建于 1911 年，1913 年秋完工。其平面形状为矩形，长 59.44m，宽 23.47m，高 31.00m，容积 36368m^3。谷仓基础为钢筋混凝土筏基础，厚 61cm，基础埋深 3.66m。谷仓自重 20000t。1913 年 9 月往谷仓装谷物，10 月当谷仓装了 31822m^3 谷物时，发现 1h 内垂直沉降达 30.5cm，如图 1-5 所示，并在 24h 后谷仓向西倾斜达 26°53′，谷仓西端下沉 7.32m，东端上抬 1.52m。谷仓倾倒后，上部钢筋混凝土筒仓坚如磐石，仅有极少的表面裂缝。事故原因是设计时未对谷仓地基承载力进行调查研究，而采用了邻近建筑地基 352kPa 的承载力；事后的勘察试验与计算表明，基础下埋藏有厚达 16m 的软黏土层，该地基的实际承载力为 193.8～276.6kPa，远小于谷仓地基破坏时 329.4kPa 的地基压力，地基因超载而发生强度破坏。

图 1-4　比萨斜塔

图 1-5　加拿大特朗斯康谷仓

3）湖南岳阳筻口大桥

2015 年 6 月 4 日，位于湖南省岳阳县筻口镇境内的省道 S306 游港河筻口大桥，发生桥墩倾斜，桥身被冲歪，部分桥面断裂的事故，如图 1-6 所示。事故原因为上游（临湘市）持续暴雨天气引发洪水冲刷河床，致桥墩基础下被掏空，失去支撑；下游河床由于长期采砂而降低等有关。

4）重庆彭水红泥石拱桥

重庆市彭水县 G319 国道红泥石拱桥，由于连续降雨导致大量雨水下渗，桥墩地基长期受水浸蚀,红黏土夹层软化,导致大桥垮塌,如图1-7所示。

图1-6　岳阳筻口大桥

图1-7　彭水红泥石拱桥

2. 地基与基础设计要求

地基与基础工程必须严格依据国家及行业相关设计与施工技术标准和规范,精心设计与施工。地基与基础设计应满足以下要求:

(1)保证地基有足够的强度,基础底面的压力要小于地基的容许承载力。
(2)地基在结构物作用下产生的变形值需在允许范围内,以保证建筑物的正常使用。
(3)防止地基土从基础底面被水流冲刷掉。
(4)防止地基土发生冻胀。
(5)保证基础有足够的强度和耐久性。
(6)保证基础有足够的稳定性。基础稳定性包括防倾覆和防滑动两个方面。

四、基础埋置深度的确定

基础埋置深度的确定不仅关系结构物的工程质量,而且直接影响基础类型、施工方案选择及工程造价。选择基础埋置深度时,应结合工程具体情况,综合考虑下列几项因素。

1. 地质条件与荷载作用情况

地质条件与荷载作用情况是确定基础埋置深度的重要因素之一,必须考虑将基础设置在变形较小、强度较大的持力层上,以保证地基强度满足要求,而且不致产生过大的沉降和沉降差。土层的强弱以及能否作为持力层是相对一定荷载而言的,因此一定要综合考虑地质条件和结构物作用。如果可作为持力层的土层不仅一个,且各有利弊,就应结合不同的基础类型,经过综合比较、分析确定。一般应首选埋置深度小的基础。

对于覆盖层较薄的岩石地基,一般应清除风化层后,将基础设置在新鲜岩面上。如风化层较厚,难以全部清除,基础在风化层内的埋置深度要根据风化程度及其相应的承载力予以确定。当岩层倾斜时,严禁将基础一部分置于岩层上,另一部分置于土层上,以防基础发生不均匀沉降而倾斜或断裂。

2. 上部结构形式

桥梁上部结构通过支座与墩台基础连成一体,上部结构形式不同,对基础产生的变形要求也不同。对于中小跨度的简支梁,上部结构形式对确定基础埋置深度影响不大。但对于超静定结构,即使基础发生较小的不均匀沉降也会使结构内力产生一定变化。例如,对于拱桥桥台,为了减小可能产生的水平位移和沉降差值,需将基础设置在较深的坚实土层上。

3. 水流的冲刷

桥梁墩台的修建,会压缩河床原有过水断面,导致水流流速增大,冲刷河床。在有冲刷的河流中,为了防止桥梁墩台基础四周和基底下的土层被水流淘空冲走,从而导致墩台倒塌,基础底面必须埋置在局部冲刷线以下一定深度,以保证基础的稳定性。《公路桥涵地基与基础设计规范》(JTG D63—2007)中规定如下:

(1)非岩石河床桥梁墩台基底埋深安全值可按表1-1采用。

基底埋深安全值(m)　　　　表1-1

桥梁类别	总冲刷深度				
	0	5	10	15	20
大桥、中桥、小桥(不铺砌)	1.5	2.0	2.5	3.0	3.5
特大桥	2.0	2.5	3.0	3.5	4.0

(2)涵洞基础在无冲刷处(岩石地基除外),应设在地面或河床底以下埋深不小于1.0m处;如有冲刷,基底埋深应在局部冲刷线以下不小于1.0m处;如河床上有铺砌层时,基础底面宜设置在铺砌层顶面以下不小于1.0m处。

(3)对于大桥的墩台基础,当建筑在岩石上且河流冲刷较严重时,除应清除风化层外,尚应根据基岩强度嵌入岩层一定深度,或采用其他锚固措施,使基础和岩石连成整体。

4. 地层的冻结深度

对于寒冷地区的冻胀性土,如土温在较长时间内保持在冻结温度以下,土孔隙中的水分会从未冻结土层向冻结区迁移,引起地基的冻胀和隆起。地基土季节性的冰冻和融化会导致基础破坏。为了保证结构物不受地基土季节性冻胀的影响,除地基为非冻胀土外,基础底面应埋在冻结线以下一定深度。基础最小埋置深度可按《公路桥涵地基与基础设计规范》(JTG D63—2007)具体要求确定。

5. 地形条件

建于陡坡上的墩台、挡墙等结构物,确定基础的埋置深度时还应考虑土坡与结构物一起滑动的可能性,对此基础前缘至岩层坡面间必须留有适当的安全距离l,如表1-2所示。进行挡土墙设计时,基础前缘至斜坡面间的安全距离l及基础嵌入地基中的深度h与持力层岩层(或土)类的关系见表1-2。桥梁基础承受荷载较大,受力情况比较复杂,因此表1-2中的l值宜适当增大,必要时应降低地基容许承载力,以防邻近边缘部分地基下降过大。

斜坡上基础的埋深与持力层土类的关系　　　　表1-2

持力层土类	h(m)	l(m)	示意图
较完整的坚硬岩石	0.25	0.25~0.50	
一般岩石(如砂页岩)	0.60	0.60~1.50	
松软岩石(如千枚岩等)	1.00	1.00~2.00	
砂类、砾石及土层	≥1.00	1.50~2.50	

6. 保证持力层稳定所需的最小埋置深度

地表土在温度和湿度的影响下,会产生一定的风化作用,其性质不稳定;加上人类和动物活动以及植物生长等影响,会破坏地表土层的结构,影响其强度和稳定。为了保证基础的稳定,《公路桥涵地基与基础设计规范》(JTG D63—2007)规定:桥涵基底除岩石地基外,应在地面或河底以下至少 1.0 m。

除此之外,确定基础的埋置深度时,还应考虑相邻结构物的影响,如新结构物基础比原有结构物基础深,施工挖土则有可能影响原有基础的稳定。施工技术条件(施工设备、排水条件、支撑要求等)及经济分析等对基础埋深也有一定影响,设计时也应综合考虑。

五、基础工程设计与施工所需的资料

桥梁地基与基础在设计及施工前,应通过详细的调查研究,充分掌握必要的、符合实际情况的原始资料,并查阅国家或行业最新颁发的设计、施工技术规范。原始资料主要包括以下内容:

(1) 桥位(包括桥头引道)平面图、拟建上部结构及墩台形式、总体构造及有关设计资料;

(2) 桥位工程地质勘测报告及桥位地质纵剖面图;

(3) 地基土质调查试验报告;

(4) 河流水文调查资料。

六、课程学习内容与要求

本课程系统介绍了桥梁及其他人工构造物的地基与基础的设计与施工方法。内容包括:土体在荷载作用下的力学变化规律,常见地基与基础的类型,常用人工地基类型、加固原理与施工方法,浅基础、桩基础和沉井基础的构造特点、适用条件和施工技术方法等。同时介绍了刚性浅基础和桩基础的设计计算方法和步骤。

要求学生通过课程学习,能掌握地基加固处理方法;学会常用基础类型的设计计算方法,熟悉其施工工艺流程,能按照现行施工及验收规范识读工程图、拟定施工方案并组织实施,进行工程质量验收与资料填报;能运用所学理论知识分析、解决地基处理与基础施工中的常见工程问题。

由于不同的地区、不同的地层、不同的局部环境,其物理、力学性质复杂多变,基础的受力情况和施工条件也千差万别,需要学生在牢固掌握课程理论知识的基础上,结合具体工程实践,灵活分析运用。

 复习与思考

1. 什么是地基和基础?其各自的作用是什么?
2. 刚性基础和柔性基础有何区别?其各有什么特点?
3. 什么情况下应考虑采用深基础?
4. 为保证工程质量,地基基础设计时必须考虑哪些基本要求?
5. 确定基础埋置深度时,应考虑哪些因素?

任务实施

某简支梁桥,河流的水文资料、土层分布及其容许承载力如图1-8所示。

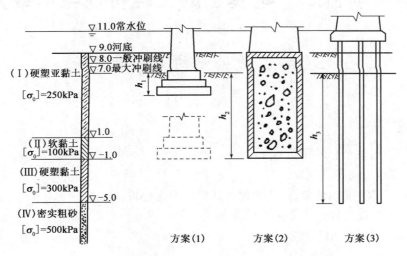

图1-8 某简支梁桥水文资料、土层分布及其容许承载力

任务要求

1. 分别从构造形式、埋置深度角度说明图1-8中三种基础形式的名称和具体埋置深度。
2. 三种方案中,哪一种是首选方案,说明原因。
3. 方案(3)可在什么情况下采用,陈述其利弊。
4. 如果选择方案(1),确定其最小埋置深度h_1。

学习项目二　地基土的工程特性与承载力

任务一　地基土的压缩性评价

1. 认知土的压缩变形过程及特点；
2. 掌握土的固结试验方法；
3. 理解固结试验指标含义，并能根据其评价土的压缩性；
4. 掌握现场荷载试验方法及其指标含义；
5. 认知地基沉降与时间的关系。

通过分析土的压缩变形过程，以及对固结试验和现场荷载试验操作方法等相关知识的学习，能够结合工程实际情况选择试验方法，进行试验操作和数据整理，并根据试验指标评价土的压缩性。

一、基本概念

1. 土的压缩性

地基土在结构物荷载作用下会产生变形，变形一般包括体积变形和形状变形。通常将土在外力作用下体积缩小的特性称为土的压缩性。

土的压缩变形过程主要有以下两个特点：

(1) 土的压缩主要是土孔隙中水和气体被挤出，孔隙体积减小造成的。

土是三相分散体系，产生土体压缩变形的原因主要包括：①固体土颗粒被压缩；②土孔隙中的水及封闭气体被压缩；③水和气体从孔隙中被挤出。试验研究表明，在一般压力(100～600kPa)作用下，固体土颗粒和水本身的体积压缩量非常小，可忽略不计。所以，土的压缩可看作是土中水和气体从孔隙中被挤出，土颗粒相应发生移动，重新排列，靠拢挤紧，导致土孔隙体积的减小。

(2) 土产生压缩变形的时间快慢与土的渗透性有关。

在荷载作用下，透水性大的饱和无黏性土，其压缩过程所需时间短，建筑物施工完毕时，可认为其压缩变形已基本完成；而透水性小的饱和黏性土，其压缩过程所需时间长，如十几年，甚至几十年压缩变形才稳定。这是由于黏性土的透水性很差，土中的水沿着孔隙排出的速度很慢。土在压力作用下，孔隙水将随时间的延长而逐渐被排出，同时孔隙体积也随之减小的过程称为土的渗透固结。

2. 基础的沉降

在结构物荷载作用下,地基土产生压缩变形,建造在其上的基础随之产生竖直方向的位移称为基础的沉降。基础沉降量的大小与结构物荷载作用和地基土的压缩性质有关。为保证结构物的安全和正常使用,必须将基础沉降值控制在设计规范允许的范围之内。

研究土的压缩性,通常可在室内进行固结试验,从而测定土的压缩性指标。也可以在现场进行原位试验(如荷载试验、旁压试验等),测定其有关参数。

二、室内固结试验

研究土的压缩性大小及其特征的室内试验方法称为固结试验,也称为侧限压缩试验。该试验方法简单方便、费用较低,但其侧限受压的试验条件与现场地基土的实际工程受力情况存在一定的差异。

1. 试验方法

室内固结试验的主要装置是固结仪(也称为压缩仪),其结构如图 2-1-1 和图 2-1-2 所示。

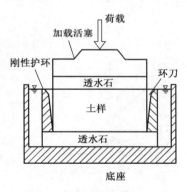

图 2-1-1　固结仪全貌　　　　图 2-1-2　侧限固结试验示意图

在做固结试验时,用金属环刀切取保持天然结构的原状土样,并置于圆筒形固结容器的刚性护环内,土样上下各垫一块透水石,土样受压后土中水可以上下双向排出。由于金属环刀和刚性护环的限制,土样在压力作用下只能发生竖向压缩,而无侧向膨胀(侧限条件)。在侧限条件下对土样分级施加竖向压力 p_i,在每级荷载作用下使土样变形至稳定,用百分表测出土样稳定后的变形量 ΔH_i。

2. 土的压缩曲线

根据上述固结试验得到的总压缩量 ΔH_i 与加荷等级 p_i 之间的关系,可以进一步得到土样相应的孔隙比 e_i 与加荷等级 p_i 之间的 e-p 关系。

如图 2-1-3 所示,设土样的初始高度为 H_0,在荷载 p 作用下土样稳定后的总压缩量为 ΔH,假设土粒体积 $V_s = 1$(不变),根据土的孔隙比的定义,受压前后土的孔隙体积 V_v 分别为 e_0 和 e,利用受压前后土颗粒体积不变、土样横截面面积也不变这两个条件,可得:

$$\frac{H_0}{1+e_0} = \frac{H_i}{1+e} = \frac{H_0 - \Delta H}{1+e} \tag{2-1-1}$$

于是有：

$$e = e_0 - \frac{\Delta H}{H_0}(1 + e_0) \qquad (2\text{-}1\text{-}2)$$

式中：e_0——土的初始孔隙比，可由土的三个基本试验指标求得。

$$e_0 = \frac{\rho_s(1+w)}{\rho_w} - 1$$

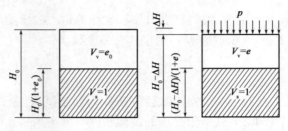

图 2-1-3　压缩试验中土样孔隙比的变化

这样，只要测定了土样在各级压力 p_i 作用下的稳定变形量 ΔH_i，就可按式(2-1-2)计算出相应的孔隙比 e，然后以横坐标表示压力 p，纵坐标表示孔隙比 e，则可绘制出 e-p 曲线，称为压缩曲线，见图 2-1-4。

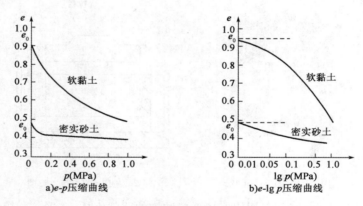

a) e-p 压缩曲线　　b) e-lg$p$ 压缩曲线

图 2-1-4　土的压缩曲线

图 2-1-4a)给出了典型的软黏土和密实砂土的 e-p 压缩曲线。从图中可以看出，由于软黏土的压缩性较大，当发生压力变化 Δp 时，相应的孔隙比的变化 Δe 也较大，因而曲线比较陡；而密实砂土的压缩性较小，当发生相同压力变化 Δp 时，相应的孔隙比的变化 Δe 也较小，因而曲线比较平缓。因此，可通过曲线的斜率来反映土压缩性的高低。

图 2-1-4b)所示为采用半对数直角坐标绘制的压缩曲线。当压力较大时，e-lg$p$ 压缩曲线接近于直线，它通常用来整理有特殊要求的试验数据，试验时以较小的压力开始，采用小增量多级加荷，并加到较大的荷载为止。

3. 土的压缩性指标

1）压缩系数

土的压缩系数是指土体在侧限条件下孔隙比减小量与有效压应力增量的比值（MPa^{-1}），即 e-p 曲线中某一压力段的割线斜率。

如图 2-1-5 所示，压力由 p_1 增加到 p_2，相应的孔隙比由 e_1 减小到 e_2，则压力增量 $\Delta p = p_2 - p_1$，

相对应的孔隙比变化为 $\Delta e = e_1 - e_2$。此时,土的压缩系数 α 可用图中割线 M_1M_2 的斜率表示。设割线与横坐标的夹角为 β,则:

$$\alpha = \tan\beta = \frac{\Delta e}{\Delta p} = \frac{e_1 - e_2}{p_2 - p_1} \qquad (2\text{-}1\text{-}3)$$

压缩系数越大,说明在同一压力段内,土的孔隙比变化越显著,土的压缩性则越高。但对于同一种土,压缩系数不是常数,它与荷载压力取值范围有关。为了便于比较,通常采用压力段由 $p_1 = 100\text{kPa}$ 增加到 $p_2 = 200\text{kPa}$ 的压缩系数 α_{1-2} 来评定土的压缩性,具体如下:

当 $\alpha_{1-2} < 0.1\text{MPa}^{-1}$ 时,为低压缩性土;$0.1\text{MPa}^{-1} \leqslant \alpha_{1-2} < 0.5\text{MPa}^{-1}$ 时,为中压缩性土;$\alpha_{1-2} \geqslant 0.5\text{MPa}^{-1}$ 时,为高压缩性土。

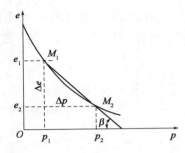

图 2-1-5 由 $e\text{-}p$ 曲线确定压缩系数

2) 压缩模量

压缩模量是指土体在侧限条件下受压时,竖向压应力增量 Δp 与相应的应变增量 $\Delta\varepsilon$ 的比值,用 E_s 表示。如图 2-1-6 所示,当土样上的压力由 p_1 增加到 p_2 时,其相应的孔隙比由 e_1 减小到 e_2,则土的竖向应力增量 $\Delta p = p_2 - p_1$,竖向应变增量 $\Delta\varepsilon = (e_1 - e_2)/(1 + e_1)$,由此可得到压缩模量为:

$$E_s = \frac{\Delta p}{\Delta\varepsilon} = \frac{(p_2 - p_1)(1 + e_1)}{e_1 - e_2} = \frac{1 + e_1}{\alpha} \qquad (2\text{-}1\text{-}4)$$

压缩模量同压缩系数一样,对同种土体而言也不是常数,而是随着压力取值范围的不同而变化。土的压缩模量值 E_s 越小,土的压缩性越高。一般认为,$E_s < 4\text{MPa}$ 时为高压缩性土;$E_s > 15\text{MPa}$ 时为低压缩性土;$E_s = 4 \sim 15\text{MPa}$ 时属于中压缩性土。

3) 压缩指数

将图 2-1-7 所示的 $e\text{-}\lg p$ 曲线直线段的斜率用 C_c 来表示,C_c 称为压缩指数,它是无量纲指标。

$$C_c = \frac{e_1 - e_2}{\lg p_2 - \lg p_1} \qquad (2\text{-}1\text{-}5)$$

压缩指数 C_c 与压缩系数 α 不同,α 值随压力的变化而变化,而 C_c 值在压力较大时为常数,不随压力的变化而变化。C_c 值越大,土的压缩性越高。低压缩性土的 C_c 值一般小于 0.2,高压缩性土的 C_c 值一般大于 0.4。

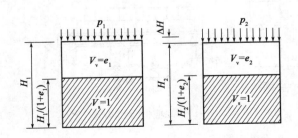

图 2-1-6 侧限条件下土样高度变化与孔隙比变化的关系

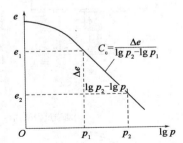

图 2-1-7 由 $e\text{-}\lg p$ 曲线确定压缩指数 C_c

4. 土的压缩性特征

进行室内试验过程中,当压力加到某一数值 p_i(如图 2-1-8 中 e-p 曲线的 b 点)后,逐级卸压,土样将发生回弹,土体膨胀,孔隙比增大,若测得回弹稳定后的孔隙比,则可绘制相应的孔隙比与压力的关系曲线(图中虚线 bc),称为回弹曲线。

卸压后的回弹曲线 bc 并不沿压缩曲线 ab 回升,而要平缓得多,说明土受压缩发生变形,卸压回弹,但变形不能全部恢复。其中,可恢复的部分称为弹性变形,不能恢复的部分称为残余变形,而土的压缩变形以残余变形为主。

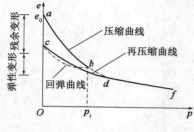

图 2-1-8 土的回弹与再压缩曲线

若再重新逐级加压,则可测得土的再压缩曲线,如图 2-1-8 中 cdf 段所示,其中,df 段就像是 ab 段的延续,犹如没有经过卸压和再加压过程一样。土在重复荷载作用下,在加压与卸压的每一重复循环过程中都将走新的路线,形成新的滞后环。其中的弹性变形与残余变形的数值逐渐减小,残余变形减小得更快,土重复次数足够多时,变形为纯弹性,土体达到弹性压密状态。

三、现场荷载试验

固结试验在现场取样、运输、室内试件制作等过程中,不可避免地会对土样产生不同程度的扰动,为避免取样和试样制备过程中由于应力释放和机械扰动对试样造成的影响,可以选择现场荷载试验。它是一项基本的原位测试,可以同时测定土的变形模量和地基承载力。

荷载试验的优点是土样在无侧限条件下受压,试验条件更接近实际工作条件,有更好的代表性。但所需设备笨重,操作繁杂,试验费时费事;由于荷载板的尺寸很难与原型基础尺寸一样,而小尺寸荷载板在同样的压力下引起的地基主要受力层范围有限,所以它只能反映板下深度不大范围(一般为 2~3 倍板宽或直径)内土的变形特性。

1. 试验方法

荷载试验装置一般包括加荷装置、反力提供装置和沉降量测装置三部分,如图 2-1-9 所示。其中,加荷装置包括荷载板、垫块及千斤顶等。根据提供反力装置的不同,荷载试验方法主要有地锚反力架法和堆重平台反力法,前者将千斤顶的反力通过地锚最终传至地基中,后者通过平台上的堆重来平衡千斤顶的反力;沉降量测装置包括百分表、基准短桩和基准梁等。

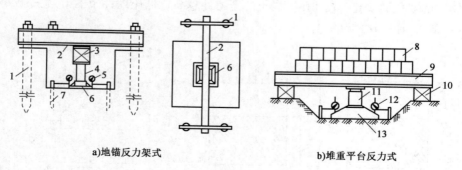

图 2-1-9 荷载试验装置
1-地锚;2-横梁;3、11-千斤顶;4-垫块;5、12-百分表;6、13-承压板;7-基准桩;8-堆重;9-平台;10-枕木

荷载试验通常是在基础底面或需要进行试验的土层高程处进行,当试验土层顶面具有一定埋深时,需要挖试坑,如图 2-1-9 所示。试坑尺寸以能设置试验装置、便于操作为宜。当试坑深度较大时,确定试坑宽度时还应考虑避免坑外土体对试验结果产生影响,一般规定试坑深度不应小于 $3b$(b 为承压板的宽度或直径)。试验点一般布置在勘察取样的钻孔附近。承压板有圆形和方形两种,面积一般为 $0.25 \sim 1.0 m^2$。用百分表测量地基的变形量。挖试坑和放置试验设备时应注意保持试验土层的天然结构和天然湿度,试验土层顶面一般采用不超过 20mm 厚的粗(中)砂找平。

荷载试验是通过在一定尺寸的刚性承压板上分级施加静荷载,用百分表观测各级荷载作用下天然地基土随压力的变形情况。加荷方式应采用分级维持荷载沉降相对稳定法(常规慢速法);有地区经验时,可采用分级加荷沉降非稳定法(快速法)或等沉降速率法;加荷等级宜取 10~12 级,并不应少于 8 级,荷载量测精度不应低于最大荷载的 ±1%。对慢速法,当试验对象为土体时,每级荷载施加后,间隔 5min、5min、10min、10min、15min、15min 测读一次沉降量,以后间隔 30min 测读一次沉降量,当连续两小时每小时沉降量小于或等于 0.1mm 时,认为沉降已达到相对稳定标准,施加下一级荷载。

当出现下列情况之一时,可终止试验:
(1)承压板周围的土明显侧向挤出,周边岩土出现明显隆起或径向裂缝持续发展;
(2)本级荷载沉降量大于前一级荷载沉降量的 5 倍,荷载与沉降曲线出现陡降段;
(3)在某一荷载作用下 24h 内沉降速率不能达到相对稳定标准;
(4)总沉降量与承压板宽度或直径之比超过 0.06。

将整理后的试验结果,以承压板的压力强度 p(单位面积压力)为横坐标,总沉降量 s 为纵坐标,在直角坐标系中绘出压力—沉降关系曲线,即可得到荷载试验的沉降曲线,即 p-s 曲线,如图 2-1-10a)所示。

2. 地基破坏的三个阶段

由荷载试验绘制的 p-s 曲线可见,地基从开始发生变形到失去稳定(破坏)的发展过程,一般要经过压密阶段、剪切阶段和破坏阶段三个阶段,如图 2-1-10b)所示。

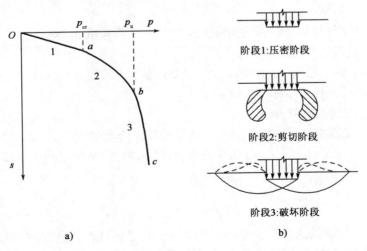

图 2-1-10　荷载试验的荷载沉降曲线以及地基中应力状态的三个阶段

1) 压密阶段

$p\text{-}s$ 曲线上的 Oa 段,由于接近于直线,故也称为直线变形阶段或弹性阶段。在该阶段内,土中各点的剪应力均小于土的抗剪强度,土体处于弹性平衡状态,基础的沉降主要是由于土的压密变形引起的。此时将 $p\text{-}s$ 曲线上对应于 a 点的荷载称为比例界限荷载 p_{cr},又称为临塑荷载。

2) 剪切阶段

相当于 $p\text{-}s$ 曲线上的 ab 段,又称为塑性变形阶段。在这一阶段,$p\text{-}s$ 曲线已不再保持线性关系,沉降量的增长率随荷载的增大而增加。地基土中局部范围内(首先在基础边缘处)的剪应力达到土的抗剪强度,土体发生剪切破坏,这些区域也称为塑性区。随着荷载的继续增加,土中塑性区的范围也逐步扩大,直到土中形成连续的滑动面,由基础两侧挤出而破坏。因此,剪切阶段也是地基中塑性区的发生与发展阶段。相应于 $p\text{-}s$ 曲线上 b 点的荷载称为极限荷载 p_u。

3) 破坏阶段

相当于 $p\text{-}s$ 曲线上的 bc 段,又称为塑性流动阶段。当荷载超过极限荷载后,基础急剧下沉,即使不增加荷载,沉降也不能稳定,因此,$p\text{-}s$ 曲线陡直下降。这一阶段,由于土中塑性区范围的不断扩展,最后在土中形成连续滑动面,土从荷载板四周挤出隆起,地基土失稳而破坏。

3. 地基的变形模量

地基土的变形模量 E_0 是指土体在无侧限条件下的应力增量 $\Delta\sigma$ 与同一方向上应变增量 $\Delta\varepsilon$ 的比值,即:

$$E_0 = \frac{\Delta\sigma}{\Delta\varepsilon} \tag{2-1-6}$$

土的变形模量表示土体中含有可恢复的弹性变形和不可恢复的残余变形两部分,并随应力水平而异,且加载又不同于卸载时的情况,故不叫弹性模量而称为变形模量,以示区别。

在 $p\text{-}s$ 曲线中,当荷载小于比例界限荷载时,选取一压力 p_1 和对应的沉降 s_1,曲线在该段为直线或接近于直线,可根据弹性理论计算沉降的公式来反求地基的变形模量 E_0:

$$E_0 = \omega(1-\mu^2)\frac{p_1 b}{s_1} \tag{2-1-7}$$

式中:ω——刚性承压板的形状系数,圆形板取 0.785,方形板取 0.886;

b——承压板的边长或直径(m);

μ——地基土的泊松比,砂土可取 0.2 ~ 0.25,黏性土可取 0.25 ~ 0.45;

p_1——所选取的比例界限荷载(kPa);

s_1——与 p_1 对应的沉降(mm)。

如 $p\text{-}s$ 曲线不出现直线段,建议对中、高压缩性粉土与黏性土取 $s_1 = 0.02b$,对低压缩性粉土、黏性土、碎石土及砂土,取 $s_1 = (0.01 \sim 0.015)b$,将 s_1 及所对应的荷载代入式(2-1-7)计算。

四、旁压试验

前述固结试验和荷载试验只能反映地基浅层土的变形特性,国内外对现场快速测定变形模量的方法,如旁压试验、触探试验等给予了高度重视,并且为了改进荷载试验影响深度有限的缺陷,发展了如在不同深度地基土层中做荷载试验的螺旋压板试验等方法。下面仅对旁压试验进行简单介绍。

旁压试验又称为横压试验,试验装置如图 2-1-11 所示。旁压试验的原理与上述荷载试验相似,只不过将竖直方向加载改成水平方向加载。在孔中某一待定深度处放入一个带有可扩张的橡皮囊圆柱形装置(旁压仪),然后从地面汽水系统向旁压室内通以压力水,使橡皮囊径向膨胀,从而向孔壁施加径向压力 p_h,并引起四周孔壁的径向变形 s,径向变形可通过压入橡皮囊内水体积 V 的变化间接量测。绘制 p_h-V 关系曲线,如图 2-1-12 所示。其中,O 至 p_{oh} 段是将橡皮囊撑开、贴紧孔壁的区段;p_{oh} 至 p_{cr} 段是变形模量量测区段;当压力大于 p_{cr} 时,孔壁周围的土体将发生局部破坏,到达极限荷载 p_{uh} 后,土体会发生整体破坏。通过 p_h-V 关系就可以求得土的变形模量值。但对于各向异性土,需对旁压试验得到的变形模量进行修正。

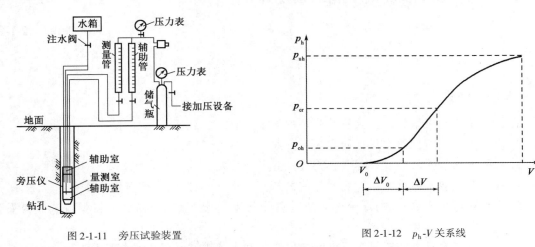

图 2-1-11 旁压试验装置　　　　　图 2-1-12 p_h-V 关系线

需要注意的是,旁压试验的可靠性,关键在于成孔质量的好坏;钻孔直径应与旁压仪的直径相适应。预钻成孔的孔壁要求垂直、光滑,孔形圆整,尽量减少对孔壁土体的扰动,并保持孔壁土层的天然含水率。

五、饱和土的渗透固结

饱和黏土在压力作用下将产生渗透固结。渗透固结所需时间的长短与土的渗透性和土层厚度有关,土的渗透性越小、土层越厚,孔隙水被挤出所需的时间就越长。

饱和土的渗透固结,可借助如图 2-1-13 所示的弹簧—活塞模型来说明。在一个盛满水的圆桶中,安装一个带有弹簧的活塞,弹簧表示土的颗粒骨架,容器内的水表示土中的自由水,带孔的活塞则表征土的渗透性。由于模型中只有固、液两相介质,则对于外力 σ_z 作用只能是水与弹簧两者来共同承担。设其中弹簧承担的压力为有效压应力 σ',圆桶中的水承担的压力为孔隙水压力 u,按照静力平衡条件,应有:

$$\sigma_z = \sigma' + u \qquad (2\text{-}1\text{-}8)$$

式(2-1-8)的物理意义是土的孔隙水压力与有效压应力对外力的分担作用,它与时间有关。

(1) 当 $t=0$ 时,即活塞顶面骤然受到压力 σ_z 作用的瞬间,水来不及排出,弹簧没有变形和受力,附加压应力 σ_z 全部由水

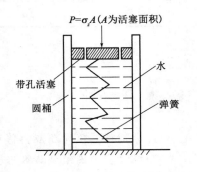

图 2-1-13 饱和土体固结模型

来承担,即 $u = \sigma_z$,$\sigma' = 0$。

(2)当 $t > 0$ 时,随着荷载作用时间的延长,水受到压力后开始从活塞排水孔中排出,活塞下降,弹簧开始承受压力 σ',并逐渐增长;而相应的,u 则逐渐减小。总之,$\sigma_z = \sigma' + u$,$u < \sigma_z$,$\sigma' > 0$。

(3)当 $t \to \infty$ 时(代表"最终"时间),水从排水孔中充分排出,孔隙水压力完全消散,活塞最终下降到 σ_z 全部由弹簧承担,饱和土的渗透固结完成。即:$\sigma_z = \sigma'$,$u = 0$。可见,饱和土的渗透固结也就是孔隙水压力逐渐消散和有效压应力相应增长的过程。

固结度 u_t 是指地基在荷载作用下,经历某一时间 t 后产生的固结沉降量 s_{ct} 与最终固结沉降量 s_∞ 之比值,表示时间所产生的固结程度。即

$$u_t = \frac{s_{ct}}{s_\infty} \tag{2-1-9}$$

复习与思考

1. 什么是土的压缩性?产生压缩变形的原因是什么?
2. 评价土的压缩性的常用试验方法有哪些?其各有何特点?
3. 表征土压缩性的参数有哪些?简述这些参数的定义及其测定方法。
4. 压缩系数和压缩模量二者之间有何关系?对于同一种土,它们是否为常数?
5. 试用现场荷载试验的 p-s 曲线说明地基土压缩变形的过程,并解释临塑荷载和极限荷载的含义。
6. 什么是有效应力和孔隙水压力?它们在饱和土体固结过程中如何变化?

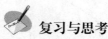

任务实施

取某路基原状土进行室内固结试验,试样体积 $V = 60 \text{cm}^3$,质量 $m = 117.6\text{g}$,含水率 $w = 26.2\%$,土粒相对密度 $G_s = 2.71$,土样初始高度 $h_0 = 20\text{mm}$。测得试验数据见表2-1-1。

固结试验数据　　　　　　　　　　表2-1-1

垂直压应力 p_i(kPa)	50	100	200	400
单位沉降量 s_i(mm)	0.784	1.080	1.515	2.048
孔隙比				

任务要求

1. 分别计算不同压应力作用下的孔隙比,填入表2-1-1;
2. 根据室内固结试验数据,绘制压缩曲线;
3. 计算该土样的压缩系数 α_{1-2} 和压缩模量 E_{s1-2},并评价其压缩性。

任务二 土中应力计算与分布

1. 描述计算土中应力的目的与方法；
2. 明确土中应力的分类及作用效果；
3. 掌握地基土中自重压应力的计算方法及分布规律；
4. 描述基底压应力分布情况及其影响因素；
5. 掌握基底压应力的简化计算方法；
6. 掌握土中附加应力的计算方法及分布规律；
7. 掌握建筑物基础下地基应力的计算方法。

通过对土中自重应力和附加应力计算方法及其应力分布规律等相关知识的学习，能够计算建筑物基础下的地基压应力，为后续计算基础的沉降奠定基础；并运用应力分布规律解释与分析有关工程现象或问题。

相关知识

土体在自身重力、建筑物和车辆荷载以及其他因素（如土中水的渗流、风压力等）作用下将产生应力。土中应力的增加将引起土的变形，使建筑物发生沉降、倾斜以及水平位移。因此，研究土的变形、强度及稳定性问题时，必须首先了解土中的应力状态。

土中应力按其产生的原因和作用效果分为自重应力与附加应力。

自重应力是指土体受到自身重力作用而产生的应力，因其一般随着土的形成而存在，所以又称为常驻应力。对于长期形成的天然土层，土在自重压应力作用下其沉降早已稳定，不会引起新的变形或破坏；但当土层的自然状态遭到破坏时，在自重应力作用下土体可能会失去原有的平衡状态，产生变形甚至破坏。新填土中，自重应力也会促使土体固结稳定。

附加应力是建筑物及其外荷载在土中引起的应力增量。附加压应力将打破地基土中原有的平衡与稳定，使地基土产生新的变形。附加压应力过大，地基有可能因强度不足而丧失稳定性，从而产生地基破坏。

目前，土中应力的计算主要采用弹性理论公式，即将地基土视为连续的、均匀的、各向同性的半无限弹性体，虽然该假定条件与土的实际情况有差别，但实践证明：当地基上作用荷载不大且土中的塑性变形区很小时，荷载与变形之间近似呈直线关系，用弹性理论公式计算土中压应力，其计算结果可以满足工程实践的要求。

一、土的自重应力计算

1. 均匀土层时自重应力的计算

假设土体是均匀的半无限体，土体在自重力作用下任一竖直切面都是对称面，对称面上不存在剪应力，因此，在深度 z 处的竖向自重压应力 σ_{cz} 等于单位面积上土柱体的重力 W，如

图 2-2-1 所示。

当地基是均匀土时,在深度 z 处的竖向自重压应力为:

$$\sigma_{cz} = \frac{W}{A} = \frac{\gamma z A}{A} = \gamma z \tag{2-2-1}$$

式中:γ——土的重度(kN/m^3);

A——土柱体的截面积(m^2)。

从式(2-2-1)知道,自重压应力在地面处为零,在均质土中随深度增加呈线性增加,自重应力分布线的斜率即为土的重度,其分布图形为三角形,如图 2-2-1 所示。

水平方向的自重应力为:

$$\sigma_{cx} = \sigma_{cy} = \xi \sigma_{cz} \tag{2-2-2}$$

式中:ξ——土的侧压力系数,其值与土的类别和物理状态有关,可通过试验确定。

2. 成层土时自重应力的计算

当地基是成层土时,各土层的厚度为 h_i、重度为 γ_i,在深度 z 处土的自重压应力仍然等于单位面积上土柱体的重力,如图 2-2-2 所示,其计算公式为:

$$\sigma_c = \frac{W_1 + W_2 + \cdots + W_n}{A} = \frac{(\gamma_1 h_1 + \gamma_2 h_2 + \cdots + \gamma_n h_n)A}{A} = \sum_{i=1}^{n} \gamma_i h_i \tag{2-2-3}$$

从式(2-2-3)可知,成层土的自重压应力分布是折线,折点在土层分界线或地下水位线处;自重应力随深度的增加而增大,如图 2-2-2 所示。

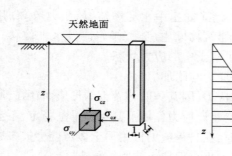

图 2-2-1 均匀土层中自重压应力

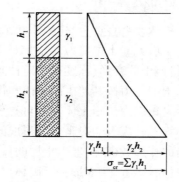

图 2-2-2 成层土中的自重应力分布

3. 土层中有水时自重应力的计算

计算水下土的自重应力时,应根据土的性质确定是否需要考虑水的浮力作用。若考虑浮力作用,水下土的重度应按有效重度 γ' 计算,反之按天然重度计算,计算方法同成层土的情况。

一般认为,对于砂性土应考虑水的浮力作用;对于黏性土,则视其物理状态而定。若黏性土的液性指数 $I_L \geq 1$,土处于流动状态,可认为土体受到水的浮力作用;若 $I_L \leq 0$,则土体处于固体状态,可认为土体不受水的浮力作用;若 $0 < I_L < 1$,土处于塑性状态时,土是否受到水的浮力作用较难确定,在实践中均按不利状态来考虑(一般把 $I_L < 1$ 的黏土、$I_L < 0.5$ 的亚黏土、亚砂土,视为非透水土层,不考虑浮力作用)。

【**例 2-2-1**】 某土层的物理性质指标如图 2-2-3 所示,试计算土中的自重应力并绘制自重应力分布图。

解 第一层为细砂,地下水位以上的细砂不受浮力作用,而地下水位以下的细砂受到浮力作用;第二层为黏土,因其液性指数 $I_L = 1.09 > 1$,故认为黏土层受到水的浮力作用。土中各点的自重应力计算如下:

a 点:$z = 0$,$\sigma_{cz} = \gamma z = 0$;

b 点:$z = 2\text{m}$,$\sigma_{cz} = \gamma z = 19 \times 2 = 38(\text{kPa})$;

c 点:$\sigma_{cz} = \sum_{i=1}^{n} \gamma_i h_i = 19 \times 2 + 10 \times 3 = 68(\text{kPa})$;

d 点:$\sigma_{cz} = \sum_{i=1}^{n} \gamma_i h_i = 19 \times 2 + 10 \times 3 + 7.1 \times 4 = 96.4(\text{kPa})$。

该土层的自重应力分布如图 2-2-3 所示。

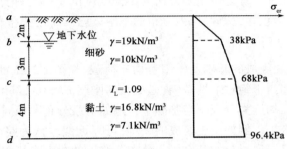

图 2-2-3 例题 2-2-1 图

【例 2-2-2】 某土层的物理性质指标如图 2-2-4 所示,试计算土中的自重应力,并绘制自重应力分布图。

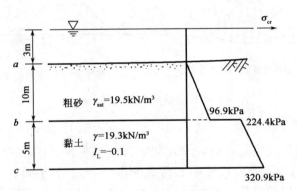

图 2-2-4 例题 2-2-2 图

解 水下的粗砂受到水的浮力作用,其有效重度等于土的饱和重度 γ_{sat} 减去水的重度 γ_w,即:

$$\gamma' = \gamma_{sat} - \gamma_w = 19.5 - 9.81 = 9.69(\text{kN/m}^3)$$

因为黏土层的 $I_L = -0.1 < 0$,黏土层不透水,所以不受水的浮力作用,但该土层受到上面的静水压力作用。土中各点的自重应力计算如下。

a 点:$z = 0$,$\sigma_{cz} = \gamma z = 0$;

b 点:$z = 10\text{m}$,将该点视为粗砂层底面时,$\sigma_{cz} = \gamma' z = 9.69 \times 10 = 96.9(\text{kPa})$。

由于该点又位于黏土层顶面,因黏土层不透水,故其自重应力应等于不透水层上覆土和水的总重。

$\sigma_{cz} = \gamma' z + \gamma_w h_w = 9.69 \times 10 + 9.81 \times (10 + 3) = 224.4(\text{kPa})$;

c 点:$z = 15\text{m}$,$\sigma_{cz} = 224.4 + 19.3 \times 5 = 320.9(\text{kPa})$。

该土层的自重应力分布如图 2-2-4 所示。

二、基础底面压力分布与计算

土中的附加应力是由建筑物及其外荷载作用所引起的应力增量,建筑物的荷载通过基础底面传给地基,因此,计算地基中的附加应力以及设计基础结构时,必须先研究基础底面压力的分布规律。

基底压力分布比较复杂,涉及基础与地基土两种不同物体间的接触压力问题,影响因素众多,如基础的刚度、形状、尺寸、埋置深度,以及土的性质、荷载大小等。理论分析中要考虑到所有因素比较困难,目前在弹性理论中主要是研究不同刚度的基础与弹性半空间体表面之间的接触压力分布问题。本节仅讨论基底压力分布的基本概念及简化计算方法。

1. 柔性基础下的压力分布

假设一个由许多小块组成的基础上作用着均布荷载,如图 2-2-5a)所示,各小块之间光滑无摩擦力,则这种基础相当于绝对柔性基础(基础抗弯刚度 $EI=0$),基础上的荷载通过小块直接传递到土中,基础底面的压力分布图与基础上作用的荷载分布图相同。这时,基础底面各处沉降不同,中央大而边缘小。例如由土筑成的路堤,可以近似地认为路堤本身不传递剪力,其相当于柔性基础,由路堤自重引起的基底压力分布与路堤的断面形状相同,如图 2-2-5b)所示。因此,柔性基础的底面压力分布与作用的荷载分布形状相同。

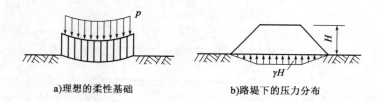

a)理想的柔性基础　　　　b)路堤下的压力分布

图 2-2-5　柔性基础下的压力分析

2. 刚性基础下的压力分布

当桥梁墩台基础采用大块混凝土实体结构时,其刚度很大,可认为是刚性基础。刚性基础底面为对称形状(如矩形、圆形)时,在中心荷载的作用下,一般基础底面的压力分布呈马鞍形,如图 2-2-6a)所示。但随着荷载的大小、土的性质和基础埋置深度等发生变化,其压力分布形状也会随之改变。例如,当荷载较大、基础埋置深度较小或地基为砂土时,由于基础边缘土的挤出而使边缘压力减小,其基底的压力分布将呈抛物线形,如图 2-2-6b)所示。随着荷载的继续增大,基底的压力分布可发展成倒钟形,如图 2-2-6c)所示。

a)马鞍形分布　　　　b)抛物线形分布　　　　c)倒钟形分布

图 2-2-6　刚性基础下的压应力分析

从上述讨论可知,基底压应力的分布比较复杂,但理论和实践均已证明,在荷载合力的大小和作用点不变的前提下,基底压应力的分布形状对土中附加应力分布的影响在超过一定深度后就不明显了。因此,实用中可以近似地假定基底压应力分布呈直线变化,从而大大简化土中附加应力的计算。

3. 基底压应力的简化计算方法

桥梁墩台基础平面形状多为矩形,下面以矩形基础为例,说明基底压应力的简化计算方法。

1)轴心荷载时(图 2-2-7)

基底压应力 p 按中心受压公式计算。

$$p = \frac{N}{A} \quad (2\text{-}2\text{-}4)$$

式中:N——作用在基础底面中心的竖向荷载(kN);
　　　A——基础底面面积(m^2)。

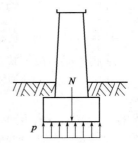

图 2-2-7　基底压力分布简化计算

2)单向偏心荷载时

基底压应力按偏心受压公式计算。

$$p_{\min}^{\max} = \frac{N}{A} \pm \frac{M}{W} = \frac{N}{A}\left(1 \pm \frac{6e_0}{b}\right) \quad (2\text{-}2\text{-}5)$$

式中:N——作用在基础底面中心的竖向合力(kN);
　　　M——作用在基础底面中心的弯矩之和(kN·m),$M = Ne_0$;
　　　e_0——竖向合力的偏心距(m);
　　　W——基础底面的抵抗矩,对矩形基础,$W = \dfrac{lb^2}{6}$;
　　　l——基础底面长度(m);
　　　b——基础底面宽度(m)。

从式(2-2-5)可知,按荷载偏心距 e_0 的大小,基底压应力的分布可能出现下述三种情况,如图 2-2-8 所示。

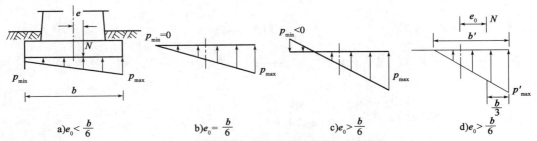

图 2-2-8　偏心荷载时基底压应力分布的几种情况

(1) 当 $e_0 < \dfrac{b}{6}$ 时,$p_{\min} > 0$,$\dfrac{N}{A} < p_{\max} < \dfrac{2N}{A}$,基底压应力呈梯形分布,如图 2-2-8a)所示。

(2) 当 $e_0 = \dfrac{b}{6}$ 时,$p_{\min} = 0$,$p_{\max} = \dfrac{2N}{A}$,基底压应力呈三角形分布,如图 2-2-8b)所示。

(3) 当 $e_0 > \dfrac{b}{6}$ 时,$p_{\min} < 0$,即产生拉应力,如图 2-2-8c)所示,但基底与土之间是不可能出现拉应力的,这种情况下不能再用式(2-2-5)计算。这时的基底最大压应力 $p_{\max}$ 可以根据平衡

条件求得。

$$p_{max} = \frac{2N}{3\left(\frac{b}{2} - e_0\right)l} \tag{2-2-6}$$

其压应力分布如图 2-2-8d)所示,压应力分布宽度 $b' = 3\left(\frac{b}{2} - e_0\right)$。

4. 双向偏心荷载时

基底压应力按下式计算:

$$p_{min}^{max} = \frac{N}{A} \pm \frac{M_x}{W_x} \pm \frac{M_y}{W_y} \tag{2-2-7}$$

式中:M_x、M_y——作用于基底的水平力和竖向力绕 x 轴、y 轴对基底的弯矩(kN·m);

W_x、W_y——基础底面偏心方向边缘绕 x 轴、y 轴的截面抵抗矩(m^3)。

【例 2-2-3】 基础底面尺寸为 $1.2m \times 1.0m$,作用在基础底面的偏心荷载 $N = F + G = 150kN$,如图 2-2-9a)所示。如果偏心距分别为 $0.1m$、$0.2m$ 和 $0.3m$,试确定基础底面压应力值,并绘出压应力分布图。

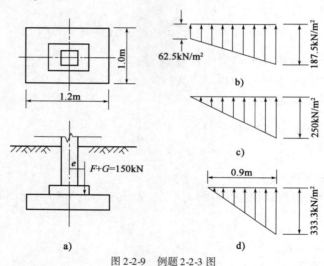

图 2-2-9 例题 2-2-3 图

解 (1)当偏心距 $e_0 = 0.1 < \frac{b}{6} = \frac{1.2}{6} = 0.2m$ 时,基底压应力分布图为梯形,如图 2-2-9b)所示。

$$p_{max} = \frac{N}{A} + \frac{M}{W} = \frac{150}{1.2 \times 1.0}\left(1 + \frac{6 \times 0.1}{1.2}\right) = 187.5(kPa)$$

$$p_{min} = \frac{N}{A} - \frac{M}{W} = \frac{150}{1.2 \times 1.0}\left(1 - \frac{6 \times 0.1}{1.2}\right) = 62.5(kPa)$$

(2)当偏心距 $e_0 = \frac{b}{6} = 0.2m$,基底压应力分布图为三角形,如图 2-2-9c)所示。

$$p_{max} = 2 \times \frac{N}{A} = \frac{2 \times 150}{1.2 \times 1.0} = 250(kPa), p_{min} = 0$$

(3)当偏心距 $e_0 = 0.3m > \frac{b}{6} = 0.2m$ 时,基底压应力需重新分布,压应力分布图如图 2-2-9d)所示。

$$p_{max} = \frac{2N}{3 \times \left(\frac{b}{2} - e_0\right) \times l} = \frac{2 \times 150}{3 \times \left(\frac{1.2}{2} - 0.3\right) \times 1.0} = 333.3(kPa)$$

压应力分布宽度：

$$b' = 3\left(\frac{b}{2} - e_0\right) = 3 \times \left(\frac{1.2}{2} - 0.3\right) = 0.9(m)$$

三、竖直集中荷载作用下附加应力的计算

1885年，法国学者布辛奈斯克(Boussinesq)用弹性理论推出了在半无限空间弹性体表面上作用有竖直集中荷载 P 时，弹性体内任意点 M 所引起的全部应力和位移的计算公式，如图 2-2-10 所示。

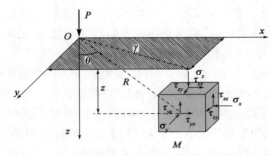

图 2-2-10　半无限体表面受竖直集中力作用时的应力

其中，竖向压应力 σ_z 为：

$$\sigma_z = \frac{3Pz^3}{2\pi R^5} = \frac{3P}{2\pi z^2} \cdot \frac{1}{\left[1 + \left(\frac{r}{z}\right)^2\right]^{\frac{5}{2}}} = \alpha \frac{P}{z^2} \qquad (2-2-8)$$

式中：P——集中力(kN)；

　　　z——M 点距弹性体表面的深度(m)；

　　　R——M 点到集中力 P 的作用点 O 的距离(m)，$R = \sqrt{x^2 + y^2 + z^2}$；

　　　α——应力系数，可由 $\frac{r}{z}$ 值查表 2-2-1 得到。

集中力作用下的竖向应力系数　　　　表 2-2-1

$\frac{r}{z}$	α	$\frac{r}{z}$	α	$\frac{r}{z}$	α
0	0.478	1.0	0.084	2.0	0.008
0.1	0.466	1.1	0.066	2.2	0.006
0.2	0.433	1.2	0.051	2.4	0.004
0.3	0.385	1.3	0.040	2.6	0.003
0.4	0.329	1.4	0.032	2.8	0.002
0.5	0.273	1.5	0.025	3.0	0.001
0.6	0.221	1.6	0.020	4.0	0.0003
0.7	0.176	1.7	0.016	4.5	0.0002
0.8	0.139	1.8	0.013	5.0	0.0001
0.9	0.108	1.9	0.010		

通过计算可以归纳出集中荷载作用下附加压应力分布规律,如图2-2-11所示。

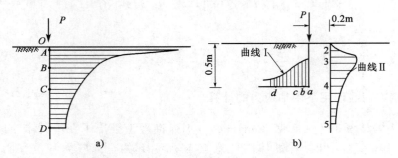

图2-2-11 集中荷载作用下 σ_z 的分布图

(1)在集中力作用线上,随着深度的增加,σ_z 急剧减小;当 $z=0$ 时,$\sigma_z \to \infty$,既说明该解不适用集中荷载作用点处及其附近,又说明在集中荷载作用点处 σ_z 很大。

(2)同一水平线上,距力的作用线越远,σ_z 值越小。

(3)在不通过力作用线的竖线上,即 $r>0$ 的竖直线上,σ_z 值随深度的增加而变化的情况是:先由零开始增加,到某一深度达到最大值,然后又逐渐减小。

理论上,集中荷载是不存在的,因为建筑物荷载总是通过基础以一定的接触面积传给地基。公式(2-2-8)的意义在于:若基础底面的形状和分布荷载有规律,则可以根据该公式用积分法求得相应土中应力的计算公式;若基础底面的形状或分布荷载是不规则的,则可以先把分布荷载分割为若干单元面积上的集中荷载,然后应用该式和应力叠加原理计算土中应力。

四、局部面积各种分布荷载作用时附加应力的计算

根据荷载的分布与作用特征,应力计算分为空间问题和平面问题两大类型。若作用荷载分布在有限面积范围内($l/b<10$),那么土中应力与计算点的空间坐标(x,y,z)有关,即属空间问题。桥梁基础多属于此类问题。下面以桥梁最常见的矩形基础为例,介绍土中附加应力的计算方法。

1. 矩形面积上竖向均布荷载作用时附加应力的计算

1)角点下的附加应力

设矩形基础均布荷载面的长度和宽度分别为 l 和 b,作用于地基上的竖向均布荷载为 p。

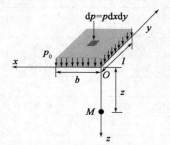

图2-2-12 矩形面积竖向均布荷载角点下的附加应力计算

以矩形荷载面角点为坐标原点(图2-2-12),在荷载面内坐标为(x,y)处取一微面积 $dxdy$,并将其上的分布荷载以集中力 $pdxdy$ 来代替,则在角点 O 下任意深度 z 的 M 点处由该集中力引起的竖向附加应力 $d\sigma_z$ 为:

$$d\sigma_z = \frac{3}{2\pi} \frac{pz^3}{(x^2+y^2+z^2)^{\frac{5}{2}}} dxdy \qquad (2-2-9)$$

将它对整个矩形荷载面 A 进行积分,经过整理,最后可得:

$$\sigma_z = \iint_A d\sigma_z = \frac{3z^3}{2\pi} p \int_0^l \int_0^b \frac{1}{(x^2+y^2+z^2)^{\frac{5}{2}}} dxdy = \alpha_c p \qquad (2-2-10)$$

式中：α_c——矩形基础均布荷载角点下的竖向附加应力系数，简称角点应力系数，$\alpha_c = \dfrac{1}{2\pi}\left[\dfrac{mn(1+2n^2+m^2)}{(m^2+n^2)(1+n^2)\sqrt{1+m^2+n^2}} + \arctan\dfrac{m}{\sqrt{(1+n^2)(m^2+n^2)}}\right]$；可按 $m = l/b$，$n = z/b$ 由表 2-2-2 查得；

b——荷载面的短边宽度(m)。

由于荷载是均布的，所以四个角点下相同深度处的附加应力均相同。

矩形面积上均布荷载作用下角点附加应力系数 α_c　　　　　表 2-2-2

z/b	l/b										
	1.0	1.2	1.4	1.6	1.8	2.0	3.0	4.0	5.0	6.0	10.0
0.0	0.250	0.250	0.250	0.250	0.250	0.250	0.250	0.250	0.250	0.250	0.250
0.2	0.249	0.249	0.249	0.249	0.249	0.249	0.249	0.249	0.249	0.249	0.249
0.4	0.240	0.242	0.243	0.243	0.244	0.244	0.244	0.244	0.244	0.244	0.244
0.6	0.223	0.228	0.230	0.232	0.232	0.233	0.234	0.234	0.234	0.234	0.234
0.8	0.200	0.208	0.212	0.215	0.217	0.218	0.220	0.220	0.220	0.220	0.220
1.0	0.175	0.185	0.191	0.196	0.198	0.200	0.203	0.204	0.204	0.205	0.205
1.2	0.152	0.163	0.171	0.176	0.179	0.182	0.187	0.188	0.189	0.189	0.189
1.4	0.131	0.142	0.151	0.157	0.161	0.164	0.171	0.173	0.174	0.174	0.174
1.6	0.112	0.124	0.133	0.140	0.045	0.148	0.157	0.159	0.160	0.160	0.160
1.8	0.097	0.108	0.117	0.124	0.129	0.133	0.143	0.146	0.147	0.148	0.148
2.0	0.084	0.095	0.103	0.110	0.116	0.120	0.131	0.135	0.136	0.137	0.137
2.2	0.073	0.083	0.092	0.098	0.104	0.108	0.121	0.125	0.126	0.127	0.128
2.4	0.064	0.073	0.081	0.088	0.093	0.098	0.111	0.116	0.118	0.118	0.119
2.6	0.057	0.065	0.073	0.079	0.084	0.089	0.102	0.107	0.110	0.111	0.112
2.8	0.050	0.058	0.065	0.071	0.076	0.081	0.094	0.100	0.102	0.104	0.105
3.0	0.045	0.052	0.058	0.064	0.069	0.073	0.087	0.093	0.096	0.097	0.099
3.2	0.040	0.047	0.053	0.058	0.063	0.067	0.081	0.087	0.090	0.092	0.093
3.4	0.036	0.042	0.048	0.053	0.057	0.061	0.075	0.081	0.085	0.086	0.088
3.6	0.033	0.038	0.043	0.048	0.052	0.056	0.069	0.076	0.080	0.082	0.084
3.8	0.030	0.035	0.040	0.044	0.048	0.052	0.065	0.072	0.075	0.077	0.080
4.0	0.027	0.032	0.036	0.040	0.044	0.047	0.060	0.067	0.071	0.073	0.076
4.2	0.025	0.029	0.033	0.037	0.041	0.044	0.056	0.063	0.067	0.070	0.072
4.4	0.023	0.027	0.031	0.034	0.038	0.041	0.053	0.060	0.064	0.066	0.069
4.6	0.021	0.025	0.028	0.032	0.035	0.038	0.049	0.056	0.061	0.063	0.066
4.8	0.019	0.023	0.026	0.029	0.032	0.035	0.046	0.053	0.058	0.060	0.064
5.0	0.018	0.021	0.024	0.027	0.030	0.033	0.044	0.050	0.055	0.057	0.061

2) 非角点下的附加应力（角点法）

利用角点下的应力计算公式和应力叠加原理，可推出地基中任意点的附加应力，这种方法称为角点法。利用角点法求任一点 O 下的竖向附加应力时，通过 O 点做平行于矩形两边的辅助线,使 O 点成为几个小矩形的公用角点,再根据应力叠加原理,即可求得 O 点下的附加应力。

根据计算点位置,有如图 2-2-13 所示的四种情况。

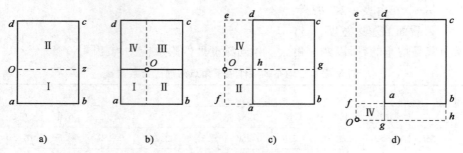

图 2-2-13 用角点法计算应力时非角点分布状况

(1) 计算点 O 点在基础底面边缘,如图 2-2-13a) 所示。

$$\sigma_z = (\alpha_{c1} + \alpha_{c2})p \tag{2-2-11}$$

式中:α_{c1}、α_{c2}——矩形 Ⅰ、Ⅱ 的角点下的附加应力系数。

(2) 计算点 O 点在基础底面内,如图 2-2-13b) 所示。

$$\sigma_z = (\alpha_{c1} + \alpha_{c2} + \alpha_{c3} + \alpha_{c4})p \tag{2-2-12}$$

式中:α_{c1}、α_{c2}、α_{c3}、α_{c4}——矩形 Ⅰ、Ⅱ、Ⅲ、Ⅳ 的角点下的附加应力系数。

(3) 计算点 O 点在基础底面边缘外侧,如图 2-2-13c) 所示。

$$\sigma_z = (\alpha_{c1} + \alpha_{c2} - \alpha_{c3} - \alpha_{c4})p \tag{2-2-13}$$

式中:α_{c1}、α_{c2}、α_{c3}、α_{c4}——矩形 $Ofbg$、$Ogce$、$Ofah$、$Ohde$ 的角点下的附加应力系数。

(4) 计算点 O 点在基础底面角点外侧,如图 2-2-13d) 所示。

$$\sigma_z = (\alpha_{c1} - \alpha_{c2} - \alpha_{c3} + \alpha_{c4})p \tag{2-2-14}$$

式中:α_{c1}、α_{c2}、α_{c3}、α_{c4}——矩形 $Ohce$、$Ogde$、$Ohbf$、$Ogaf$ 的角点下的附加应力系数。

注意:查 α_c 时所用的 l 和 b 不是原有基础底面的尺寸,而是每一小块荷载相应的长度和宽度。

运用上述计算方法,可以得出矩形面积均布荷载下土中竖向附加压应力的分布规律:

(1) 应力随深度的增加而减小;

(2) 离荷载面积中心点越远,应力值越小。

地基中的附加应力分布情况可用附加应力等值线来表示,它是由附加压应力值相同的各点连成的曲线,也称为压力泡,如图 2-2-14 所示。曲线上所注数值为该线上各点附加压应力与基底压应力之比值。从图中可以看出,当点的深度超过基础宽度 2 倍时,应力仅相当于基底压应力的 10% 左右。

2. 矩形面积上竖向三角形荷载作用时附加应力的计算

矩形基底受竖直三角形分布荷载作用时,如图 2-2-15 所示。把荷载强度为零的角点 O 作为坐标原点,若矩形基底上三角形荷载的最大强度为 p,则可视微分面积 $dxdy$ 上的作用力 $dp = \dfrac{p}{b}dxdy$ 为集中力,于是角点 O 以下任意深度 z 处,由该集中力所引起的竖向附加应力为:

$$\mathrm{d}\sigma_z = \frac{3}{2\pi} \frac{pxz^3}{b(x^2 + y^2 + z^2)^{\frac{5}{2}}} \mathrm{d}x\mathrm{d}y \qquad (2\text{-}2\text{-}15)$$

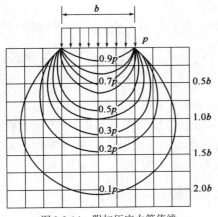

图 2-2-14 附加压应力等值线

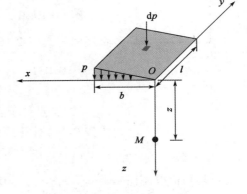

图 2-2-15 矩形面积三角形分布荷载角点下的应力计算

将式(2-2-15)沿整个底面积积分,即可得到矩形基底受竖直三角形分布荷载作用时荷载强度为零的角点下的附加应力为:

$$\sigma_z = \alpha_t p \qquad (2\text{-}2\text{-}16)$$

式中, $\alpha_t = \dfrac{mn}{2\pi}\left[\dfrac{1}{\sqrt{m^2+n^2}} - \dfrac{n^2}{(1+n^2)\sqrt{1+m^2+n^2}}\right]$,为矩形基底受竖直三角形分布荷载作用时的竖向附加应力分布系数, $m=l/b, n=z/b, \alpha_t$ 可由表 2-2-3 查得。

矩形面积上三角形分布荷载 $p=0$ 角点附加应力系数 α_t 表 2-2-3

z/b	l/b														
	0.2	0.4	0.6	0.8	1.0	1.2	1.4	1.6	1.8	2.0	3.0	4.0	6.0	8.0	10.0
0	0.000	0.000	0.000	0.000	0.000	0.000	0.000	0.000	0.000	0.000	0.000	0.000	0.000	0.000	0.000
0.2	0.022	0.028	0.030	0.030	0.030	0.031	0.031	0.031	0.031	0.031	0.031	0.031	0.031	0.031	0.031
0.4	0.027	0.042	0.049	0.052	0.053	0.054	0.054	0.055	0.055	0.055	0.055	0.055	0.055	0.055	0.055
0.6	0.026	0.045	0.056	0.062	0.065	0.067	0.068	0.069	0.069	0.070	0.070	0.070	0.070	0.070	0.070
0.8	0.023	0.042	0.055	0.064	0.069	0.072	0.074	0.075	0.076	0.076	0.077	0.078	0.078	0.078	0.078
1.0	0.020	0.038	0.051	0.060	0.067	0.071	0.074	0.075	0.077	0.077	0.079	0.079	0.080	0.080	0.080
1.2	0.017	0.032	0.045	0.055	0.062	0.066	0.070	0.072	0.074	0.075	0.077	0.078	0.078	0.078	0.078
1.4	0.015	0.028	0.039	0.048	0.055	0.061	0.064	0.067	0.069	0.071	0.074	0.075	0.075	0.075	0.075
1.6	0.012	0.024	0.034	0.042	0.049	0.055	0.059	0.062	0.064	0.066	0.070	0.071	0.071	0.072	0.072
1.8	0.011	0.020	0.029	0.037	0.044	0.049	0.053	0.056	0.059	0.060	0.065	0.067	0.067	0.068	0.068
2.0	0.09	0.018	0.026	0.032	0.038	0.043	0.047	0.051	0.053	0.055	0.061	0.062	0.063	0.064	0.064
2.5	0.006	0.013	0.018	0.024	0.028	0.033	0.036	0.039	0.042	0.044	0.050	0.053	0.054	0.055	0.055
3.0	0.05	0.009	0.014	0.018	0.021	0.025	0.028	0.031	0.033	0.035	0.042	0.045	0.047	0.047	0.048
5.0	0.002	0.004	0.005	0.007	0.009	0.010	0.012	0.014	0.015	0.016	0.021	0.025	0.028	0.030	0.030
7.0	0.001	0.002	0.003	0.004	0.005	0.006	0.006	0.007	0.008	0.009	0.012	0.015	0.019	0.020	0.021
10.0	0.001	0.001	0.001	0.002	0.002	0.003	0.003	0.004	0.004	0.005	0.007	0.008	0.011	0.013	0.014

【例 2-2-4】 某矩形基础底面宽度 $b=4\text{m}$,长度 $l=8\text{m}$,其上作用着竖向三角形分布荷载,荷载强度 $p=100\text{kPa}$,如图 2-2-16 所示。求地基内深度 $z=0.8\text{m}$ 处的 M 点和 N 点的附加应力 σ_z。

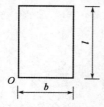

解 (1)由于 M 点位于三角形分布荷载强度为零的角点下,可直接用公式(2-2-16)计算。由 $\dfrac{l}{b}=\dfrac{8}{4}=2$,$\dfrac{z}{b}=\dfrac{0.8}{4}=0.2$,查表 2-2-3 得:$\alpha_t=0.031$。

$$\sigma_z=\alpha_t p=0.031\times 100=3.1(\text{kPa})$$

(2)N 点位于三角形分布荷载强度非零的角点下,不能直接用公式(2-2-16)计算应力。需用均布荷载 $p=100\text{kPa}$ 角点下应力与负三角形荷载强度为零的角点应力进行组合,即

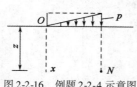

图 2-2-16 例题 2-2-4 示意图

矩形均布荷载:由 $\dfrac{l}{b}=\dfrac{8}{4}=2$,$\dfrac{z}{b}=\dfrac{0.8}{4}=0.2$,查表 2-2-2,得 $\alpha_c=0.249$;

三角形分布荷载:由 $\dfrac{l}{b}=\dfrac{8}{4}=2$,$\dfrac{z}{b}=\dfrac{0.8}{4}=0.2$,查表 2-2-3,得 $\alpha_t=0.031$。

$$\sigma_z=(\alpha_c-\alpha_t)p=(0.249-0.031)\times 100=21.8(\text{kPa})$$

3. 矩形面积上梯形分布荷载下的附加压应力

当矩形面积上作用梯形分布荷载时,如图 2-2-17 所示。可利用式(2-2-10)和式(2-2-16),按角点法和应力叠加原理求土中附加压应力。

经常遇到的情况是求矩形面积中心下深度 z 处 M 点的 σ_z,可通过面积中心,将受载面积分成Ⅰ、Ⅱ、Ⅲ、Ⅳ四块,它们的面积大小和形状都相等。设中点的荷载强度为 $p_0=\dfrac{p_{\max}+p_{\min}}{2}$,于是Ⅰ、Ⅲ面积上的荷载可视为由均布荷载 p_0 与 $p_0-p_{\min}$ 负三角形荷载的组合;Ⅱ、Ⅳ面积上的荷载可视为均布荷载 p_0 与最大荷载强度为 $p_{\max}-p_0$ 的三角形荷载叠加而成。由于面积中心为 4 块等分面积的共同角点,正、负三角形荷载大小也相同。因此由正、负三角形荷载所引起的 M 点应力大小相等,符号相反,叠加结果可互相抵消。即对矩形面积中点下各点而言,梯形荷载作用下的附加压应力,可用荷载强度等于梯形荷载平均强度的均布荷载下的应力来代替。但必须指出,这里 M 点是在矩形荷载面积的中点下。如果离开这个位置,即应力点不在面积中心下,则不能用上述简单代替的方法,而仍要按一般的角点法原理叠加计算。

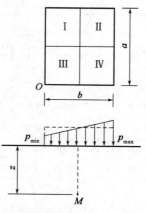

图 2-2-17 矩形面积梯形分布荷载下的应力计算

五、条形荷载作用时附加应力的计算

条形荷载是指作用于有一定宽度 b,而长度 l 为无限大的受力面积上的荷载,其荷载强度在长度方向上保持不变。实际应用中,当 $l/b\geqslant 10$ 即可视为条形荷载,如挡土墙、墙基、路基和堤坝等基底压力均属这一类。由于荷载沿长度方向都相同,且长度为无限大,因此土中某点的压应力只与该点在横截面内的平面坐标 (x,z) 有关,这类问题理论上称为平面问题。

1. 竖向均布线荷载作用时的附加应力计算

当地基表面作用无限长竖向均布线荷载 q 时(图 2-2-18),在均布线荷载上取微分长度

dy,作用在其上的荷载 qdy 可视为集中荷载,它在地基中任意点 M 产生的竖向附加应力为:

$$d\sigma_z = \frac{3q}{2\pi} \frac{z^3}{R^5} dy = \frac{3}{2\pi} \frac{z^3 qdy}{(x^2+y^2+z^2)^{\frac{5}{2}}} \quad (2\text{-}2\text{-}17)$$

上式在长度方向积分后即得均布荷载所产生的竖向压应力:

$$\sigma_z = \int_{-\infty}^{\infty} d\sigma_z = \int_{-\infty}^{\infty} \frac{3}{2\pi} \frac{z^3 qdy}{(x^2+y^2+z^2)^{\frac{5}{2}}} = \frac{2qz^3}{\pi(x^2+z^2)^2} \quad (2\text{-}2\text{-}18)$$

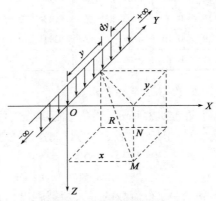

图 2-2-18 竖向均布线荷载作用下的应力

2. 均匀分布条形荷载

当地面上作用有均布条形荷载时,如图 2-2-19 所示,取一微段 $d\xi$,将 $pd\xi$ 视为均布线荷载 q,M 点到线荷载的水平距离为 $x-\xi$,代入式(2-2-18)后,进行积分得:

$$\sigma_z = \int_{-\frac{b}{2}}^{\frac{b}{2}} d\sigma_z = \int_{-\frac{b}{2}}^{\frac{b}{2}} \frac{2pd\xi \, z^3}{\pi[(x-\xi)^2+z^2]^2} = \alpha_u p \quad (2\text{-}2\text{-}19)$$

式中:p——荷载强度(kPa);

α_u——附加压应力分布系数,$\alpha_u = \frac{1}{\pi}\left[\arctan\frac{1-2n}{2m} + \arctan\frac{1+2n}{2m} - \frac{4m(4n^2-4m^2-1)}{(4n^2+4m^2-1)^2+16m^2}\right]$,

$m=z/b$,$n=x/b$,α_u。可由表 2-2-4 查得。

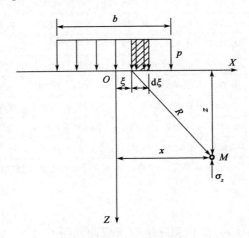

图 2-2-19 竖向均布条形荷载下的应力

均布条形荷载作用下的压应力分布系数 α_u 表2-2-4

z/b	x/b						z/b	x/b					
	0	0.25	0.5	1.0	1.5	2.0		0	0.25	0.5	1.0	1.5	2.0
0	1.00	1.00	0.50	0	0	0	1.75	0.35	0.34	0.30	0.21	0.13	0.07
0.25	0.96	0.90	0.50	0.02	0	0	2.00	0.31	0.31	0.28	0.20	0.13	0.08
0.50	0.82	0.74	0.48	0.08	0.02	0	3.00	0.21	0.21	0.20	0.17	0.14	0.10
0.75	0.67	0.61	0.45	0.15	0.04	0.02	4.00	0.16	0.16	0.15	0.14	0.12	0.10
1.00	0.55	0.51	0.41	0.19	0.07	0.03	5.00	0.13	0.13	0.12	0.12	0.11	0.09
1.25	0.46	0.44	0.37	0.20	0.10	0.04	6.00	0.11	0.10	0.10	0.10	0.10	—
1.50	0.40	0.38	0.33	0.21	0.11	0.06	—	—	—	—	—	—	—

3. 三角形分布的条形荷载

如图2-2-20所示,当条形荷载强度沿宽度呈三角形分布时,土中任意点 M[坐标为 (x,z)] 的竖向正应力为 σ_z:

$$\sigma_z = \int_0^b d\sigma_z = \frac{2z^3 p}{\pi b}\int_0^b \frac{\xi d\xi}{\pi[(x-\xi)^2+z^2]^2} = \alpha_s p \quad (2\text{-}2\text{-}20)$$

式中:p——分布荷载的最大荷载强度(kPa);

α_s——附加压应力分布系数,可由 $m=z/b, n=x/b$ 查表2-2-5得到。

$$\alpha_s = \frac{1}{\pi}\left[n\left(\arctan\frac{n}{m}-\arctan\frac{n-1}{m}\right)-\frac{m(n-1)}{(n-1)^2+m^2}\right]$$

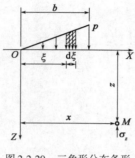

图2-2-20 三角形分布条形荷载下的应力

三角形分布荷载下的压应力系数 α_s 表2-2-5

z/b	x/b										
	-1.5	-1.0	-0.5	0	0.25	0.50	0.75	1.0	1.5	2.0	2.5
0	0	0	0	0	0.25	0.50	0.75	0.50	0	0	0
0.25	—	—	0.001	0.075	0.256	0.480	0.643	0.424	0.015	0.003	—
0.50	0.002	0.003	0.023	0.127	0.263	0.410	0.477	0.353	0.056	0.017	0.003
0.75	0.006	0.016	0.042	0.153	0.248	0.335	0.361	0.293	0.108	0.024	0.009
1.0	0.014	0.025	0.061	0.159	0.223	0.275	0.279	0.241	0.129	0.045	0.013
1.5	0.020	0.048	0.096	0.145	0.178	0.200	0.202	0.185	0.124	0.062	0.041
2.0	0.033	0.061	0.092	0.127	0.146	0.155	0.163	0.153	0.108	0.069	0.050
3.0	0.050	0.064	0.080	0.096	0.103	0.104	0.108	0.104	0.090	0.071	0.050
4.0	0.051	0.060	0.067	0.075	0.078	0.085	0.082	0.075	0.073	0.060	0.049
5.0	0.047	0.052	0.057	0.059	0.062	0.063	0.063	0.065	0.061	0.051	0.047
6.0	0.041	0.041	0.050	0.051	0.052	0.053	0.053	0.053	0.050	0.050	0.045

注:该表中 x 有正、负之分,坐标原点取在荷载强度的零点,M 点在坐标原点靠荷载位置同一边时 x 为正,处于相反一边时 x 为负。

4. 梯形分布的条形荷载

梯形分布荷载可视为由均布荷载和三角形荷载两部分组成。对土中任意点的压应力,可先分别按式(2-2-19)和式(2-2-20)计算求得,再进行叠加。

【例 2-2-5】 如图 2-2-21 所示,宽为 4m 的条形基础承受偏心荷载,已知基底压力强度 $p_{max} = 450$kPa,$p_{min} = 200$kPa,求图中 a、b、c、d、e 各点的竖向附加压应力,其中 c 点在基础中线,其他相邻各点间的水平距离均为 2m。

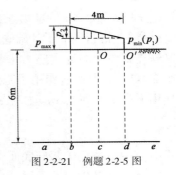

图 2-2-21 例题 2-2-5 图

解 可将梯形荷载分解成一个 $p_1 = p_{min} = 200$kPa 的均布荷载,坐标原点建立在 O 点;另一个是 $p_2 = p_{max} - p_{min} = 250$kPa 的三角形分布荷载,坐标原点建立在 O' 点,它们分别在各点产生的竖向压应力计算见表 2-2-6 和表 2-2-7。

均布条形荷载在各点产生的竖向压应力计算　　　　　　表 2-2-6

计算点	a	b	c	d	e
z/b	1.5				
x/b	1.0	0.5	0	0.5	1.0
α_s	0.21	0.33	0.40	0.33	0.21
$\sigma_{z1} = \alpha_s p_1 = 200\alpha_s$ (kPa)	42.0	66.0	80.0	66.0	42.0

三角形条形荷载在各点产生的竖向压应力计算　　　　　　表 2-2-7

计算点	a	b	c	d	e
z/b	1.5				
x/b	1.5	1.0	0.5	0	−0.5
α_t	0.124	0.185	0.200	0.145	0.096
$\sigma_{z2} = \alpha_t p_2 = 200\alpha_t$ (kPa)	31.0	46.0	50.0	36.3	24.0

将以上两个表的计算结果进行叠加,即得到梯形荷载下各点的压应力。叠加结果见表 2-2-8。

均布条形荷载、三角形条形荷载在各点竖向压应力计算结果叠加　　表 2-2-8

计算点	a	b	c	d	e
$\sigma_z = \sigma_{z1} + \sigma_{z2}$ (kPa)	73.0	112.3	130.0	102.3	66.0

六、建筑物基础下地基压应力的计算

前述内容中计算土中附加应力时,都是假定荷载作用在半无限土体表面,而实际的建筑物基础均有一定的埋置深度 D,如图 2-2-22a)所示,即基础底面荷载是作用在地基内部深度 D 处的。因此,按前述公式计算应力时将有误差,对于埋置深度较小的浅基础,所引起的计算误差不大,可不考虑;但对于深基础来说,由于其埋置深度较大,计算地基应力时就应考虑其埋深的影响。

1. 基础底面的附加应力 p_0

计算基础底面附加应力时,可按基础施工过程进行分解,如图 2-2-22 所示,分别从各个阶段研究地基中应力的变化情况。

考虑到在未修建筑物时,地面下深度为 z 处的自重压应力为 γz,基础埋置深度 D 处的自重应力 $\sigma_c = \gamma D$ [图 2-2-22b)];基坑开挖后,挖去的土体重力 $Q = \gamma DA$,其中,A 为基底面积,它将使地基中的应力减小,其减小值相当于在基础底面作用向上的均布荷载 γD 所引起的应力,也

即 $\sigma_z = \alpha\gamma D$，其中 α 为应力系数，其减小的地基应力分布图形如图 2-2-22c）中的阴影线部分；基础浇筑时，当施加于基础底面的荷载正好等于基坑被挖去的土体重力时，原来被减小的应力又恢复到原来的自重应力水平，这时土中的附加应力等于零[图 2-2-22d）]；施工结束后，如图 2-2-22e）所示，若作用于基础底面荷载合力为 N，则基础底面增加的荷载为 $N-Q$，在该荷载作用下产生的地基压应力就是附加应力 p_0：

$$p_0 = \frac{N-Q}{A} = p - \gamma D \tag{2-2-21}$$

式中：N——作用于基础底面中心的竖向荷载（kN）；
A——基础底面面积（m^2）；
D——基础埋置深度，从地面或河底算起（m）。

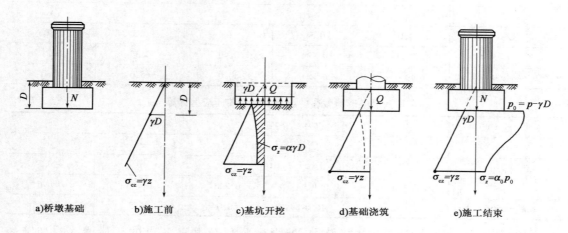

a）桥墩基础　　b）施工前　　c）基坑开挖　　d）基础浇筑　　e）施工结束

图 2-2-22　桥墩基础下地基应力的计算

2. 地基中的附加应力

当建筑物基础底面在地面以下一定深度时，地基的外荷载并非作用于土体的表面，严格地说，不能按前述土中附加应力的计算公式求解，故计算土中应力时，可将基础底面视为地表面，则基础底面的附加应力 p_0 为作用在该表面上的压应力，仍可按前述介绍过的附加应力公式来计算。

当基础底面为矩形时，在均布荷载 p 的作用下，基础底面中心以下深度 z 处的附加应力为：

$$\sigma_z = 4\alpha_c p_0 = 4\alpha_c(p - \gamma h) \tag{2-2-22}$$

式中，α_c 为矩形面积竖向均布荷载角点下的应力系数，可由表 2-2-2 查得。

注意：查表时的深度 z 应从基础底面算起，而不是从地面算起。

【例 2-2-6】　某桥墩基础及土层剖面如图 2-2-23 所示，已知基础底面尺寸 $b = 2m, l = 8m$。作用在基础底面中心处的荷载 $N = 1120kN$，水平推力 $H = 0$，弯矩 $M = 0$。已知各层土的物理指标是：褐黄色亚黏土 $\gamma = 18.7kN/m^3$（水上），$\gamma' = 8.9kN/m^3$（水下）；灰色淤泥质亚黏土 $\gamma' = 8.4kN/m^3$（水下）。计算在竖向荷载 N 作用下，基础中心轴线上的自重应力和附加应力，并画出应力分布图。

解　在基础底面中心轴线上取 4 个计算点 0、1、2、3，它们均位于土层分界面上，如图 2-2-23 所示。

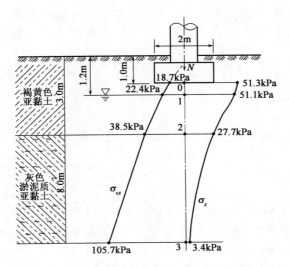

图 2-2-23 桥墩基础下地基应力的计算

(1) 自重应力计算

按 $\sigma_{cz} = \sum_{i=1}^{n=i} \gamma_i h_i$ 计算,将各点的自重应力计算结果列于表2-2-9中。

自重应力的计算结果 表2-2-9

计算点	土层厚度 h_i(m)	重度 γ_i(kN/m³)	$\gamma_i h_i$(kPa)	$\sigma_{cz} = \sum \gamma_i h_i$(kPa)
0	1.0	18.7	18.7	18.7
1	0.2	18.7	3.74	22.4
2	1.8	8.9	16.02	38.5
3	8.0	8.4	67.2	105.7

(2) 附加应力计算

基底处附加应力 $p_0 = p - \gamma D = \dfrac{1120}{2 \times 8} - 18.7 \times 1 = 51.3 \text{(kPa)}$,地基中各点的附加应力按公式 $\sigma_z = 4\alpha_c p_0$ 计算,计算结果见表2-2-10。

附加应力的计算 表2-2-10

计算点	z(m)	$m = \dfrac{l}{b}$	$n = \dfrac{z}{b}$	α_c	$\alpha_z = 4\alpha_c p_0$
0	0	4	0	0.2500	51.3
1	0.2	4	0.2	0.2492	51.1
2	2.0	4	2.0	0.1350	27.7
3	10.0	4	10.0	0.0167	3.4

 复习与思考

1. 土中应力如何划分?它们有何区别?
2. 如何计算成层土地基中竖向自重压应力?简述其应力分布规律。

3.计算自重压应力时,如何选取水中土层重度值?简述地下水升降对自重应力的影响。

4.刚性基础底面的压力分布与哪些因素有关?实用中简化的基底压力分布图有哪些形状?如何求得?

5.土中附加应力计算分为空间问题和平面问题,试列表对比分析二者计算方法的不同。简述地基中附加应力的分布规律。

6.在矩形面积荷载作用下,如何利用角点法求土中任意点的附加压应力?

7.如何计算建筑物基础中点下应力?其分布图有何特点?

任务实施

1.背景材料:20世纪90年代,迫于生活用水紧张,西安市许多单位纷纷开采承压水自备井,造成该市部分地区地下水位大范围、大幅度下降,沉降幅度最高超过500mm。建于明代的西安钟楼也曾因此下沉395mm。

问题:试用学过的知识解释造成此现象的原因,并提出解决方案。

2.运用学过的土中应力知识,分析回答以下问题:

(1)基底总压力不变的前提下,增大基础埋置深度对土中应力分布有什么影响?

(2)两个宽度不同的基础,其基底总压力相同,问在同一深度处,哪一个基础下产生的附加应力大,为什么?

3.某处土层剖面如图2-2-24所示,其中γ_1、γ_2为天然重度,γ_3、γ_4为饱和重度,若水下土均考虑水的浮力作用,求各层面的竖向自重压应力,并画出自重应力分布图。

4.如图2-2-25所示,矩形面积$ABCD$上作用均布荷载$p=100\mathrm{kPa}$,试用角点法计算G点下深度6m处M点的竖向附加应力σ_z值。

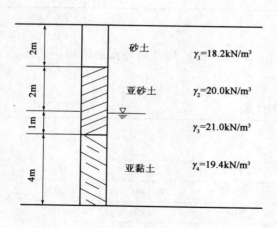

图2-2-24 某处土层剖面图 图2-2-25 用角点法计算附加应力图

5.某路堤尺寸如图2-2-26所示,已知填土的重度为18.0kN,求土中M、N两点的附加应力。

6.某桥墩构造如图2-2-27所示,计算桥墩下地基的自重应力及附加应力。

已知作用在基础底面中心的荷载:$N=2520\mathrm{kN}$,$H=0$,$M=0$;地基土的物理及力学性质指标见表2-2-11。

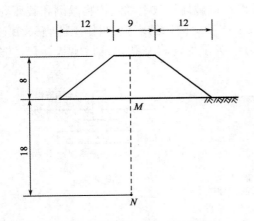
图2-2-26 某路堤尺寸示意图(尺寸单位:m)

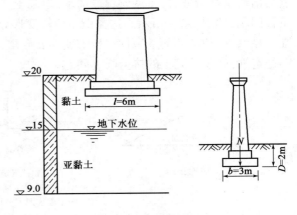
图2-2-27 某桥墩构造图

土的物理力学性质指标　　　　　表2-2-11

土层名称	层底高程 (m)	土层厚 (m)	重度 γ (kN/m³)	含水率 w (%)	土粒重度 γ_s (kN/m³)	孔隙比 e	液限 w_L	塑限 w_P	塑性指数 I_P	饱和度 S_r
黏土	15	5	20	22	27.4	0.640	45	23	22	0.94
亚黏土	9	6	18	38	27.2	1.045	38	22	16	0.99

任务三　地基土抗剪强度的测定

 学习目标

1. 明确抗剪强度的基本概念及研究意义；
2. 了解土的抗剪强度的测定方法；
3. 掌握土的抗剪强度理论内容；
4. 掌握直剪试验原理、方法及试验影响因素；
5. 掌握土中极限应力状态的分析判断方法；
6. 描述三轴剪切试验原理及适用条件。

 任务描述

通过对土的抗剪强度的基本概念、测定方法及土的强度理论等相关知识的学习，能够结合工程实际情况选择试验方法，完成直剪试验的试验操作和数据整理，对试验过程影响因素进行分析；并根据抗剪强度指标分析判断土中的极限应力状态。

 相关知识

一、土的抗剪强度的基本概念

土体在荷载作用下，不仅会产生压缩变形，而且可能出现剪切变形。剪切变形的特征是土体中的一部分相对于另一部分沿着某一滑裂面产生相对位移。随着剪切变形的不断发展，可能会出现路基滑坡、挡土墙倾覆或滑动、地基土整体滑动或破坏导致上部结构物倾倒和破坏等工程问题,如图 2-3-1 所示。这类由于剪切变形导致土体发生破坏的现象,叫作土体丧失稳定性。显然,剪切破坏的危害性比压缩变形要严重,因此,为了保证路基和建筑物地基具有足够的稳定性,必须研究土的抗剪强度问题。

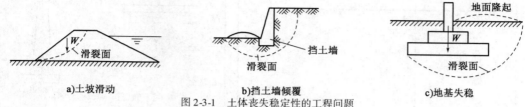

图 2-3-1　土体丧失稳定性的工程问题

注:图中虚线即为剪切滑裂面位置。

土的强度问题实质上就是土的抗剪强度问题。土的抗剪强度是土体抵抗剪切破坏的极限能力,它的大小等于土中一部分相对另一部分产生相对滑移时,存在于滑裂面上的最大剪应力值。土中剪应力达到该值时的应力状态,称为极限平衡状态。

土的抗剪强度可以通过试验测定,其试验方法分室内试验和现场原位试验两种。室内最常用的试验是直接剪切试验、三轴剪切试验和无侧限抗压强度试验等。现场原位试验有十字板剪切试验、大型直接剪切试验等。由于各试验的仪器构造、试验条件、原理及方法均不同,对于同种土会得到不同的试验结果,因此需要根据工程的实际情况选择适当的试验方法。

二、土的抗剪强度理论

1. 库仑定律

18 世纪 70 年代,库仑(Coulomb)通过研究提出:当土体发生剪切破坏时,其内部将沿着某一曲面(滑动面)产生相对滑动,此时作用于该面上的剪应力就等于土的抗剪强度。土的抗剪强度与法向应力之间存在以下关系。

对于砂土:

$$\tau_f = \sigma \tan\varphi \tag{2-3-1}$$

对于黏性土:

$$\tau_f = \sigma \tan\varphi + c \tag{2-3-2}$$

式中:τ_f——土的抗剪强度(kPa);

σ——剪切滑动面上的法向应力(kPa);

c——土的黏聚力(kPa);

φ——土的内摩擦角(°)。

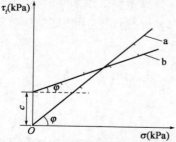

图 2-3-2　土的抗剪强度与法向应力之间的关系

a-砂性土;b-黏性土

以上两个表达土的抗剪强度规律的数学式,也称为库仑定律。该公式表明:当法向应力的变化范围不大时,抗剪强度与法向应力之间呈直线关系,见图 2-3-2。由此可知,一般土的抗剪强度由内摩阻力 $\sigma\tan\varphi$ 和黏聚力 c 两部分构成。

式(2-3-1)、式(2-3-2)中的 c、φ 统称为土的抗剪强度指标,可通过剪切试验测定。同一种土在相同的试验条件下,c、φ 是常数,但当试验方法不同时会有较大差异。

2. 土的抗剪强度的构成因素

抗剪强度中的内摩阻力 $\sigma\tan\varphi$ 包括土粒之间的表面摩擦力和土粒间相互嵌挤锁结而产生的咬合力。土越密实,咬合力越大。其中,砂土的内摩擦角 φ 的变化范围不是很大,中砂、粗砂、砾砂一般为 $\varphi = 32° \sim 40°$,粉砂、细砂一般为 $\varphi = 28° \sim 36°$。孔隙比越小,φ 越大。但是,含水饱和的粉砂、细砂很容易失去稳定,故对其内摩擦角的取值应慎重,一般规定取 $\varphi = 20°$ 左右。砂土有时也有很小的黏聚力,可能是砂土中夹有一些黏土颗粒或由于毛细黏聚力的作用。

黏聚力 c 包括原始黏聚力、固化黏聚力及毛细黏聚力。原始黏聚力主要是由土粒间水膜受到相邻土粒之间的电分子引力而形成的,当土被压密时,土粒间的距离减小,原始黏聚力随之增大;当土的天然结构被破坏时,原始黏聚力将会丧失一些,但随着时间延长会恢复其中的一部分或全部。固化黏聚力是由土中化合物的胶结作用而形成的,当土的天然结构被破坏时,固化黏聚力会随之消失且不能恢复。毛细黏聚力是由毛细压力引起的,一般可忽略不计。

黏性土抗剪强度指标的变化范围很大,与土的种类、土的天然结构是否被破坏,试样在法向压力下的排水固结,试验方法等因素有关。大致可以认为黏性土的黏聚力从小于 9.81kPa 到近似为 200kPa 以上。

3. 莫尔—库仑强度理论

1910 年,法国学者莫尔(Mohr)提出了材料的破坏是剪切破坏,并指出破坏面上的剪应力 τ_f 是作用于该面上法向应力 σ 的函数,即:

$$\tau_f = f(\sigma) \tag{2-3-3}$$

这个函数在 τ_f 和 σ 的直角坐标系中是一条向上略凸的曲线,称为莫尔包线(抗剪强度包线),如图 2-3-3 中的实线所示。莫尔包线表示当材料受到不同应力作用达到极限时,滑动面上的法向应力 σ 与剪应力 τ_f 的关系。土的莫尔包线可以近似地用直线表示,如图 2-3-3 中的虚线所示,该直线的方程就是库仑定律所表示的方程。用库仑公式表示莫尔包线的土体强度理论称为莫尔-库仑强度理论。

1)土体中任意一点的应力状态

当土体中任意一点在某平面上的剪应力达到土的抗剪强度时,会发生剪切破坏,该点即处于极限平衡状态。为了简化分析,下面仅从平面问题的角度建立土的极限平衡条件,并引用材料力学中有关表达一点应力状态的莫尔圆方法。

如图 2-3-4 所示,根据材料力学,设某土体单元上作用的最大主应力和最小主应力分别为 σ_1 和 σ_3,则在土体内与最大主应力 σ_1 作用平面成任意角 α 的平面 a-a 上的正应力 σ 和剪应力 τ,可用 σ-τ 坐标系中直径为 $\sigma_1 - \sigma_3$ 的莫尔应力圆上的一点(逆时针旋转 2α,如图 2-3-4 中的 A 点)的坐标来表示,即:

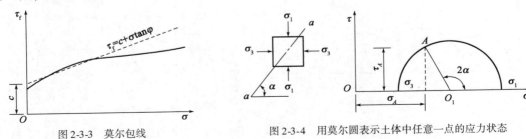

图 2-3-3 莫尔包线   图 2-3-4 用莫尔圆表示土体中任意一点的应力状态

$$\sigma_A = \frac{\sigma_1 + \sigma_3}{2} + \frac{(\sigma_1 - \sigma_3)\cos 2\alpha}{2} \qquad (2\text{-}3\text{-}4)$$

$$\tau_A = \frac{1}{2}(\sigma_1 - \sigma_3)\sin 2\alpha \qquad (2\text{-}3\text{-}5)$$

由此可见,在 $\sigma\text{-}\tau$ 坐标平面中,土体单元应力状态的轨迹是一个圆,该圆被称为莫尔应力圆,简称莫尔圆。莫尔圆表示土体中任意一点的应力状态,莫尔圆圆周上各点的坐标表示该点在相应平面上的正应力和剪应力。

2)土的极限平衡状态

当土体中某点可能发生剪切破坏面的位置已经确定时,只要计算出作用于该面上的法向应力 σ 及剪应力 τ,就可以与由库仑定律确定的抗剪强度 τ_f 进行对比,来判断该点是否会发生剪切破坏。土的极限平衡状态主要有以下三种情况。

(1)当 $\tau < \tau_f$ 时,表示该点处于弹性平衡状态,不发生剪切破坏。

(2)当 $\tau = \tau_f$ 时,表示该点处于极限平衡状态,即将发生剪切破坏。

(3)当 $\tau > \tau_f$ 时,表示该点已经发生剪切破坏。

但是土体中某点可能发生剪切破坏面的位置一般不能预先确定。该点往往处于复杂的应力状态中,无法利用库仑定律直接判断其是否会发生剪切破坏。如果通过对该点的应力分析,计算出该点的主应力,画出其莫尔应力圆,把代表土体中某点应力状态的莫尔应力圆与该土的库仑强度线画在同一个 $\sigma\text{-}\tau$ 坐标图中,如图 2-3-5 所示。通过莫尔应力圆与库仑强度线的相对位置,即可判断应力状态。

二者相离,表明通过该点的任意平面上的剪应力都小于土的抗剪强度,故不会发生剪切破坏(如图 2-3-5 中的 c 圆),即该点处于稳定状态。

二者相割,表明该点已有一部分平面上的剪应力达到或超过土的抗剪强度,土体已经破坏(如图 2-3-5 中的 a 圆),但事实上该应力状态是不存在的。

二者相切,与强度线相切的应力圆称为极限应力圆(如图 2-3-5 中的 b 圆),切点 A 的坐标表示通过土中一点的某切面上的剪应力已等于土的抗剪强度,即土体濒于剪切破坏的极限平衡状态。

3)土的极限平衡条件

土中某点处于极限平衡状态时,抗剪强度线与应力圆相切。利用两者相切的几何关系,从图 2-3-6 中可以看出存在以下关系。

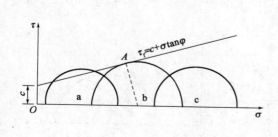

图 2-3-5 不同应力状态下的莫尔圆

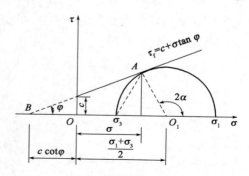

图 2-3-6 土中一点达到极限平衡状态时的莫尔圆

在直角三角形 ABO_1 中：

$$\sin\varphi = \frac{AO_1}{BO_1}$$

$$AO_1 = \frac{1}{2}(\sigma_1 - \sigma_3)$$

$$BO_1 = c\cot\varphi + \frac{1}{2}(\sigma_1 + \sigma_3)$$

于是

$$\sin\varphi = \frac{\sigma_1 - \sigma_3}{2c\cot\varphi + \sigma_1 + \sigma_3}$$

由直角三角形 ABO_1 外角与内角的关系可知 $2\alpha = 90° + \varphi$，即破裂面与最大主应力的作用面成 $\alpha = 45° + \frac{\varphi}{2}$ 的夹角。

通过三角函数间的变换关系可以得到土中某点处于极限平衡状态时主应力之间的关系式(2-3-6)。由于等式成立时土体处于极限平衡状态，故将该式称为土体的极限平衡条件公式。

$$\sigma_1 = \sigma_3 \tan^2\left(45° + \frac{\varphi}{2}\right) + 2c\tan\left(45° + \frac{\varphi}{2}\right) \tag{2-3-6a}$$

$$\sigma_3 = \sigma_1 \tan^2\left(45° - \frac{\varphi}{2}\right) - 2c\tan\left(45° - \frac{\varphi}{2}\right) \tag{2-3-6b}$$

【例 2-3-1】 某黏性土地基的黏聚力 $c = 20$ kPa，内摩擦角 $\varphi = 24°$，承受的最大主应力和最小主应力分别为 $\sigma_1 = 500$ kPa，$\sigma_3 = 200$ kPa，试判断该点是否处于极限平衡状态。

解 已知最小主应力 $\sigma_3 = 200$ kPa，将已知有关数据代入式(2-3-6a)，得到最大主应力的计算值为

$$\sigma_1 = \sigma_3 \tan^2\left(45° + \frac{\varphi}{2}\right) + 2c\tan\left(45° + \frac{\varphi}{2}\right)$$

$$= 200\tan^2 57° + 2 \times 20 \times \tan 57° = 535.8(\text{kPa})$$

σ_1 的计算结果大于已知值，所以该土样处于稳定状态。若用图解法，则会得到莫尔应力圆与抗剪强度线相离的结果。

三、直接剪切试验

测定土的抗剪强度指标最简单的方法是直接剪切试验。试验所使用的仪器称为直剪仪，按加荷方式的不同，分为应变式和应力式两种。前者是等速推动试样产生位移测定相应的剪应力；后者则是对试样分级施加水平剪力测定相应的位移。目前我国普遍应用的是应变式直剪仪(图 2-3-7)，其主要构造见图 2-3-8。

1. 直剪试验方法

试验前，先用插销将上下剪切盒位置固定，用环刀切取原状土样，将土样推入剪切盒内。试验时，拔去插销，由杠杆系统通过传压活塞和透水石对试样施加某一法向应力 σ，然后等速转动手轮对下盒施加水平推力，使试样在沿上下盒之间的水平面上受剪直至破坏，剪应力 τ 的大小可借助与上盒接触的量力环确定。

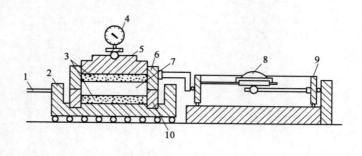

图 2-3-7　应变式直剪仪

图 2-3-8　应变式直剪仪主要构造
1-推力轮轴；2-底座；3-透水石；4-垂直变形量表；5-传压活塞；6-剪切盒的上盒；7-土样；8-水平位移量表；9-量力环；10-剪切盒的下盒

剪切过程中，每隔一定的时间间隔测记相应的剪切变形，求出施加于试样截面的剪应力值。根据结果绘制出一定法向应力下的土样剪切位移 Δl 与剪应力 τ 的对应关系曲线，如图 2-3-9a）所示。当剪应力－剪切位移曲线出现峰值时，取峰值剪应力为破坏时的抗剪强度 τ_f；当无峰值时，可取对应于剪切位移 $\Delta l=4\mathrm{mm}$ 时的剪应力作为 τ_f。

对同一种土取 4～5 个试样，分别在不同的法向应力下剪切破坏，如图 2-3-9b）所示，以法向应力 σ 为横坐标，抗剪强度 τ_f 为纵坐标，根据所得的试验数据，可在图上点出 4～5 点，然后通过点群重心可绘出一条直线，称为抗剪强度线。该直线与横轴的夹角称为土的内摩擦角 φ，在纵轴上的截距为黏聚力 c。

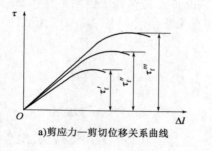
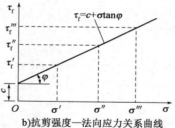

a）剪应力—剪切位移关系曲线　　b）抗剪强度—法向应力关系曲线

图 2-3-9　直剪试验成果曲线

2. 直剪试验方法分类

为了考虑土体固结程度和排水条件对抗剪强度的影响，根据加荷速率的快慢将直剪试验分为快剪、固结快剪和慢剪三种。

1）快剪试验

施加竖向压力后，立即施加水平剪力进行剪切，使土样在 3～5min 内被剪坏。由于剪切速度快，可以认为土样在较短时间内没有排水固结或者是模拟了不排水剪切的情况，由此得到的强度指标可用 c_q 和 φ_q 来表示。该方法适用于地基土排水不良、工程施工进度快、土体将在没有固结的情况下承受荷载的情况。

2）固结快剪试验

施加竖向压力后，给予充分时间使土样排水固结。固结终了后施加水平剪力，快速把土样剪坏，即剪切时模拟不排水条件，由此得到的指标用 c_{cq} 和 φ_{cq} 来表示。当建筑物在施工期间允许土体充分排水固结,但完工后可能有突然增加的荷载作用时,宜采用此试验方法。

3)慢剪试验

施加竖向压力后,使土样充分排水固结,再以慢速施加水平剪力,直到土样被剪坏,由此得到的指标 c_s 和 φ_s 来表示。当地基排水条件良好,土体易在较短时间内固结,工程施工进度较慢且使用中无突然增加的荷载时,可采用此方法。

上述三种试验方法对黏性土是有意义的,但效果要视土的渗透性大小而定。对于非黏性土,由于土的渗透性很大,即使采用快剪试验的方法也会产生排水固结,因此通常只采用一种剪切速率进行排水剪切试验。直剪试验的优点是仪器构造简单,操作方便,但也存在以下一些缺点。

(1)不能控制排水条件。

(2)剪切面是人为固定的,该剪切面不一定是土样的最薄弱面。

(3)剪切面上的应力分布是不均匀的。

为了克服直剪试验的缺点,根据极限平衡原理又发展了三轴剪切试验方法。

四、三轴剪切试验

1. 试验基本原理

三轴剪切试验使用的仪器为三轴剪切仪(三轴压缩仪),它的构造如图 2-3-10 所示,其核心部分是三轴压力室。此外,三轴剪切仪还配备有轴压系统(三轴剪切仪的主机台,用以对试样施加轴向附加压力,并可控制轴向应变的速率),侧压系统(对土样施加周围压力),孔隙水压力量测系统(用以测量土样孔隙水压力及其在试验过程中的变化)。

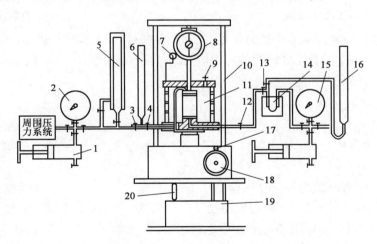

图 2-3-10 三轴剪切仪的构造

1-调压筒;2-周围压力表;3-周围压力阀;4-排水阀;5-体变管;6-排水管;7-变形量表;8-量力环;9-排气孔;10-轴向加压设备;11-压力室;12-孔隙压力阀;13-量管阀;14-零位指示器;15-孔隙压力表;16-量管;17-离合器;18-手轮;19-变速箱;20-马达

试验用的土样为正圆柱形土样,常用的高度与直径之比为 2.0~2.5。土样用薄橡皮膜包裹,以免压力室的水进入。三轴剪切仪压力室工作示意如图 2-3-11 所示。

试样的上、下两端可根据试样要求放置透水石或不透水板。试验中试样的排水情况由排

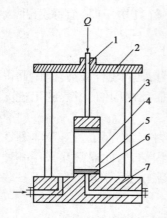

图 2-3-11 三轴剪切仪压力室工作图
1-传力杆；2-顶盘；3-压力室；4-橡皮膜；5-土样；6-透水石；7-底盘

水阀控制。试样底部与孔隙水压力量测系统相连接，必要时可以测定试验过程中试样的孔隙水压力的变化。

试验时，先打开周围压力阀，向压力室内压入液体，使土样在三个轴向受到相同的周围压力 σ_3，此时土样中不受剪力作用。然后由轴向系统通过活塞对土样施加竖向压力 $\Delta\sigma_3$，此时试样中将产生剪应力。在周围压力 σ_3 不变的情况下，不断增大 $\Delta\sigma_3$ 直至土样剪坏。其破坏面发生在与最大主应力作用面成 $45° + \varphi/2$ 的夹角处，如图 2-3-12 所示。这时作用于土样的轴向应力为最大主应力 $\sigma_1 = \sigma_3 + \Delta\sigma_3$，周围压力 σ_3 为最小主应力。用 σ_1 和 σ_3 可绘得土样破坏时一个极限平衡条件下的莫尔应力圆，简称极限应力圆。

若取同种土的 3~4 个试样，在不同周围压力 σ_3 的作用下进行剪切得到相应的 σ_1，就可得到几个极限应力圆，如图 2-3-13 所示。这些极限应力圆的公切线，即为抗剪强度包线，它一般呈直线形，由此可测得土的抗剪强度指标 c、φ。

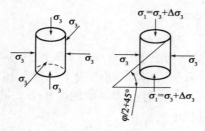

图 2-3-12 试样受压

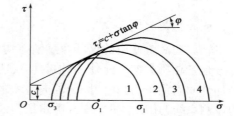

图 2-3-13 三轴剪切试验莫尔应力圆

若在试验过程中通过孔隙水压力量测系统分别测得每个土样剪切破坏时的孔隙水压力 u 的大小，就可以得出土样剪切破坏时的有效应力 $\overline{\sigma}_1 = \sigma_1 - u$，$\overline{\sigma}_3 = \sigma_3 - u$，绘制出相应的有效极限应力圆，从而求得有效强度指标。

2. 三轴剪切试验方法

三轴剪力仪由于土样和压力室均可分别形成各自的封闭系统（通过相关的管路和阀门），因此，它可控制试验时土中的排水条件。根据土样固结排水的不同条件，三轴剪切试验可分为下列三种基本方法。

1）不固结不排水剪切试验（UU 试验）

先向土样施加周围压力 σ_3，随后即施加竖向应力 $\Delta\sigma_3$，直至剪坏。在施加 σ_3 和 $\Delta\sigma_3$ 的过程中，自始至终关闭排水阀门，不允许土中水排出，即在施加周围压力和剪切力时均不允许土样发生排水固结。即从开始加压直至试样剪坏全过程中土的含水率保持不变。这种试验方法所对应的实际工程条件相当于饱和软黏土快速加荷时的应力状况。

2）固结不排水剪切试验（CU 试验）

试验时先对土样施加周围压力 σ_3，并打开土样顶板与排水管的通路开关，使土样在 σ_3 作用下充分排水固结。在确认土样的固结已经完成后，关闭通路开关，施加竖向偏应力 $\Delta\sigma_3$，使土样在不能向外排水的条件下受剪直至破坏。它适用于一般正常固结土层竣工时突然有较大的新增荷载作用时的工程条件。

3) 固结排水剪切试验（CD 试验）

在施加 σ_3 和 $\Delta\sigma_3$ 的全过程中，土样始终处于排水状态，土中孔隙压力始终处于消散为零的状态，为此，整个试验过程中，包括施加周围压力 σ_3 后的固结以及加竖向偏应力 $\Delta\sigma_3$ 后的受剪，排水阀门甚至包括孔隙压力阀门一直是打开的。它适用于地基排水条件良好，工程施工中无突然增加的荷载的场合。

三轴剪切试验的主要优点是：①可以控制土样的排水固结条件；②能测量试样两端的孔隙水压力，从而计算得到有效应力；③试样的应力条件比较明确，有利于理论分析。此外，土样剪坏时，对较硬黏土还可观测到倾斜的剪裂面，同时克服了直接剪切试验的缺点。虽然其试验设备和操作较直接剪切试验复杂，但仍日益受到重视。

五、无侧限抗压强度试验

无侧限抗压强度试验实际上是三轴剪切试验的一种特例，即周围压力 $\sigma_3=0$ 的三轴试验，所以又被称为单轴试验。无侧限抗压强度试验所使用的无侧限压力仪的结构如图 2-3-14a）所示，也可用三轴仪做该试验。试验时，在不加任何侧向压力的情况下对圆柱体试样施加轴向压力，直至试样剪切破坏。试样破坏时的轴向压力以 q_u 表示，称其为无侧限抗压强度。

饱和黏性土的三轴不固结不排水试验，由于不能变动周围压力，因而根据试验结果只能作一个极限应力圆，难以得到莫尔包线，如图 2-3-14b）所示。其莫尔包线为一条水平线，即内摩擦角 $\varphi_u=0$。因此，饱和黏性土的不排水剪切强度就可以利用无侧限抗压强度 q_u 来求得，即

$$\tau_f = c_u = \frac{q_u}{2} \tag{2-3-7}$$

式中：τ_f——土的不排水抗剪强度（kPa）；

c_u——土的不排水黏聚力（kPa）；

q_u——无侧限抗压强度（kPa）。

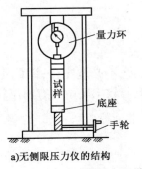

图 2-3-14 无侧限抗压强度试验

利用无侧限抗压强度试验可以测定饱和黏性土的灵敏度 S_t。土的灵敏度是以原状土的无侧限抗压强度与同种土经重塑后（完全扰动但含水率不变）的无侧限抗压强度之比来表示的。

$$S_t = \frac{q_u}{q_0} \tag{2-3-8}$$

式中：S_t——黏性土的灵敏度；

q_u——原状试样的无侧限抗压强度（kPa）；

q_0——重塑试样的无侧限抗压强度（kPa）。

根据灵敏度的大小，可将饱和黏性土分为：低灵敏土（$1<S_t\leq2$）、中灵敏土（$2<S_t\leq4$）和

高灵敏土（$S_t > 4$）。土的灵敏度越高，其结构性越强，受扰动后土的强度降低就越多。黏性土受扰动而强度降低的性质，一般对工程建设是不利的，如在基坑开挖过程中，因施工可能造成对土的扰动而使地基强度降低。

六、十字板剪切试验

前面介绍的三种试验方法都是室内测定方法，需要事先取得原状土样，但试样在采取、运送、保存和制备等过程中会不可避免地受到扰动，土样的含水率也难以保持天然状态，特别是对于高灵敏度的黏性土，因此，试验结果会受到不同程度的影响。十字板剪切试验是一种土的抗剪强度的原位测试方法，该方法适合于现场测定饱和黏性土的原位不排水抗剪强度，特别适用于均匀饱和软黏土。

十字板剪切的原理如图2-3-15所示。试验时先把套管打到要求测试的深度以上75cm，并将套管内的土清除，然后通过套管将安装在钻杆下的十字板压入土中至测试的深度。由地面的扭力装置对钻杆施加扭矩，使埋在土中的十字板扭转，直至土体剪切破坏。破坏面为十字板旋转所形成的圆柱面。

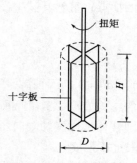

图2-3-15 十字板剪切的原理

设土体剪切破坏时所施加的扭矩为M，则它应与剪切破坏圆柱面上的抗剪强度所产生的抵抗力矩相等，据此可得抗剪强度的简化公式为：

$$\tau_f = \frac{2M}{\pi D\left(H + \dfrac{D}{3}\right)} \tag{2-3-9}$$

式中：τ_f——十字板测得的土的抗剪强度（kPa）；

M——剪切破坏时的扭矩（kN·m）；

D——十字板的直径（m）；

H——十字板的高度（m）。

十字板剪切试验由于可以直接在原位进行试验，不必取土样，因此土体受到的扰动较小，被认为是比较能反映土体原位强度的测试方法，但若软土层中夹有薄层粉砂，则十字板剪切试验得出的结果可能会偏大。

 复习与思考

1. 什么是土的抗剪强度？砂土和黏性土的抗剪强度有何不同？一般土的抗剪强度由哪两部分组成？
2. 土的抗剪强度指标c、φ是否为常数，与哪些因素有关？
3. 剪切试验方法有哪几种，各有何特点，试验结果有何区别？
4. 试比较直剪试验的三种方法及其相互间的主要异同点。
5. 试用库仑-莫尔强度理论解释：当σ_1不变，而σ_3变小时土可能破坏；反之，σ_3不变，而σ_1变大时土也有可能破坏的现象。

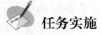
任务实施

对某黏性土地基进行直接剪切试验,测得土样试验数据见表 2-3-1。

直接剪切试验记录表　　　　　　　　表 2-3-1

试样面积(cm²)	30			
垂直压力 p(kPa)	100	200	300	400
量力环最大变形 R(0.01mm)	41.7	69.1	96.7	124.4
量力环号数	A003			
量力环系数 C(kPa/0.01mm)	1.867			
抗剪强度 $\tau = CR$(kPa)				
抗剪强度指标	$c =$　kPa,$\varphi =$　°			

任务要求

1. 进行试验数据的计算与处理,绘制抗剪强度线,并将最终结果填入表 2-3-1 中。
2. 如果已知该地基土承受的最大主应力和最小主应力分别为 $\sigma_1 = 450$kPa,$\sigma_3 = 150$kPa,试判断该点是否处于极限平衡状态。

任务四　地基土承载力的确定

学习目标

1. 明确地基承载力容许值的基本概念及研究意义;
2. 掌握利用荷载试验成果确定地基承载力容许值的方法;
3. 了解理论公式确定地基承载力容许值的方法;
4. 掌握规范公式法确定地基承载力容许值的方法。

任务描述

通过对地基承载力基本概念、地基承载力容许值确定方法等相关知识的学习,能够掌握地基的承载规律,对其影响因素进行分析,合理确定地基承载力容许值。

相关知识

一、地基承载力概述

地基承载力是指地基土单位面积上所能承受荷载的能力,以 kPa 计。通常把地基不致失稳时地基土单位面积上所能承受的最大荷载称为极限承载力。地基承载力容许值则是指地基稳定、有足够的安全度,并且变形控制在建筑物容许范围内时的承载力。研究地基承载力的目的是在工程设计中必须限制建筑物基础底面的压力,使其不得超过地基承载力容许值,以保证地基不会发生剪切破坏而失去稳定,同时也使建筑物不致因基础产生过大的沉降,而影响其正常使用。

确定地基承载力的方法一般有原位试验法、理论公式法、规范经验法等。原位试验法是一种通过现场直接试验确定承载力的方法,包括静荷载试验、静力触探试验、标准贯入试验、旁压试验等,其中荷载试验法是最直接、最可靠的方法。理论公式法是根据土的抗剪强度指标用理论公式计算确定承载力的方法。规范经验法是根据《公路桥涵地基与基础设计规范》(JTG D63—2007)中推荐的表值或公式计算确定承载力的方法。

二、利用荷载试验成果确定地基承载力容许值

现场荷载试验是在要测定的地基土上放置一块模拟基础的承压板,然后在承压板上逐级施加荷载。同时测定各级荷载下承压板的沉降量,并观察周围土的位移情况,直到地基土破坏失稳为止。具体试验方法在本学习项目任务一中已详细介绍。

由荷载试验可得承压板下地基土的各级压应力 p_i 与相应的稳定沉降量 s_i 之间的 $p\text{-}s$ 曲线,如图 2-4-1 所示。

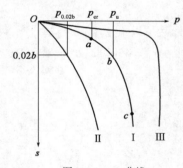

图 2-4-1 $p\text{-}s$ 曲线

对于密实砂土、一般硬黏土等低压缩性土,其 $p\text{-}s$ 曲线通常有较明显的直线段,如图 2-4-1 中的曲线 Ⅰ,一般可用直线段末端 a 点所对应的临塑荷载 p_{cr} 作为地基的承载力容许值。

对于稍松的砂土、新填土、可塑性黏土等中高压缩性土,其 $p\text{-}s$ 曲线没有明显的直线段和转折点,如图 2-4-1 中的曲线 Ⅱ,这种地基上的建筑物沉降量很大,故用相对沉降量进行控制。一般采用压缩变形量为 $0.02b$(b 为荷载板边长或直径)所对应的荷载作为地基的承载力容许值。

对于少数硬黏土,临塑荷载接近极限荷载,如图 2-4-1 中的曲线 Ⅲ,可取 p_u/K(K 为安全系数,取 $K=2\sim3$)作为地基的承载力容许值。

但应当指出,地基承载力还与基础的形状、底面尺寸、埋置深度等有关,由于荷载试验的承压板尺寸远小于实际地基的底面尺寸,因此,用上述方法确定的地基承载力容许值是偏于保守的。

三、根据理论公式确定地基承载力容许值

在计算地基承载力的理论公式中,一种是根据土体极限平衡条件推导得到的临塑荷载和临界荷载计算公式,另一种是根据地基土刚塑性假定而推导得到的极限承载力计算公式。

1. 临塑荷载与临界荷载的计算

前文已经指出,荷载作用下地基变形的发展经历了压密阶段、剪切阶段和破坏阶段。地基变形的剪切阶段是土中塑性区范围随着作用荷载的增加而不断发展的阶段,土中塑性区发展到不同深度时,其相应的荷载称为临界荷载。图 2-4-2a)所示为条形基础上作用均布荷载 p 时地基土中的塑性区。塑性区发展的深度为 z_{max}(z 是从基底算起)。把 $z_{max}=0$ 时(地基中即将

发生塑性区)相应的基底荷载称为临塑荷载,用p_{cr}表示。地基中的塑性区发展到一定程度时的荷载称为临界荷载。实践中,可以根据建筑物的不同要求用临塑荷载或临界荷载作为地基承载力容许值。

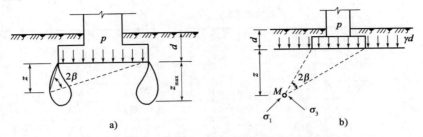

图 2-4-2 均布荷载作用下条形地基中的塑性区和主应力

1) 临塑荷载

如图 2-4-2b) 所示,条形基础在均布荷载的作用下,当基础埋深为 d,侧压力系数为 1,地基中任意深度 z 处一点 M 的最大主应力 σ_1 和最小主应力 σ_3 为:

$$\sigma_1 = \frac{p - \gamma d}{\pi}(2\beta + \sin 2\beta) + \gamma(d + z)$$

$$\sigma_3 = \frac{p - \gamma d}{\pi}(2\beta - \sin 2\beta) + \gamma(d + z) \tag{2-4-1}$$

式中:p——基底压力(kPa);

2β——M 点至基础边缘两连线的夹角(rad)。

当地基内点达到极限平衡状态时,大、小主应力应满足式(2-4-2)的规定。

$$\sigma_1 = \sigma_3 \tan^2\left(45° + \frac{\varphi}{2}\right) + 2c\tan\left(45° + \frac{\varphi}{2}\right) \tag{2-4-2}$$

将式(2-4-1)代入式(2-4-2)中,整理后可得轮廓界限方程式为:

$$z = \frac{p - \gamma d}{\pi \gamma}\left(\frac{\sin 2\beta}{\sin \varphi} - 2\beta\right) - \frac{c}{\gamma \tan \varphi} - d \tag{2-4-3}$$

若基础埋深 d,荷载 p 和土的 γ、c、φ 已知,即可应用式(2-4-2)得出塑性区的边界线,如图 2-4-2a) 所示。

为了计算塑性变形区的最大深度 z_{max},令 $\frac{dz}{d\beta} = 0$,可得:

$$z_{max} = \frac{p - \gamma d}{\pi \gamma}\left(\cot\varphi - \frac{\pi}{2} + \varphi\right) - \frac{c}{\gamma \tan \varphi} - d \tag{2-4-4}$$

当 $z_{max} = 0$ 时,即可得到临塑荷载的计算公式为:

$$p_{cr} = \frac{\pi(\gamma d + c\cot\varphi)}{\cot\varphi - \frac{\pi}{2} + \varphi} + \gamma d = \gamma d N_q + c N_c \tag{2-4-5}$$

式中:N_q、N_c——承载力系数 $N_q = \dfrac{\cot\varphi + \varphi + \dfrac{\pi}{2}}{\cot\varphi + \varphi - \dfrac{\pi}{2}}$,$N_c = \dfrac{\pi\cot\varphi}{\cot\varphi + \varphi - \dfrac{\pi}{2}}$,只与土的内摩擦角 φ 有关,可由表 2-4-1 查得;

d——基础的埋置深度(m);

γ——基底平面以上土的重度(kN/m^3);

φ——土的内摩擦角,计算时化为弧度;

c——土的黏聚力(kPa)。

承载力系数 N_q、N_c、$N_{\frac{1}{3}}$、$N_{\frac{1}{4}}$ 值   表 2-4-1

$\varphi(°)$	N_q	N_c	$N_{\frac{1}{4}}$	$N_{\frac{1}{3}}$	$\varphi(°)$	N_q	N_c	$N_{\frac{1}{4}}$	$N_{\frac{1}{3}}$
0	1.0	3.0	0	0	22	3.4	6.0	0.6	0.8
2	1.1	3.3	0	0	24	3.9	6.5	0.7	1.0
4	1.2	3.5	0	0.1	26	4.4	6.9	0.8	1.1
6	1.4	3.7	0.1	0.1	28	4.9	7.4	1.0	1.3
8	1.6	3.9	0.1	0.2	30	5.6	8.0	1.2	1.5
10	1.7	4.2	0.2	0.2	32	6.3	8.5	1.4	1.8
12	1.9	4.4	0.2	0.3	34	7.2	9.1	1.6	2.1
14	2.2	4.7	0.3	0.4	36	8.2	10.0	1.8	2.4
16	2.4	5.0	0.4	0.5	38	9.4	10.8	2.1	2.8
18	2.7	5.3	0.4	0.6	40	10.8	12.8	2.5	3.3
20	3.1	5.6	0.5	0.7	42	11.7	12.8	2.9	3.8

2)临界荷载

大量工程实践表明,用 p_{cr} 作为地基承载力设计值是比较保守和不经济的。工程中,塑性区发展范围只要不超出某一限度,就不致危及建筑物的安全和正常使用。这个范围的大小与建筑物的重要性、荷载性质及土的特征等因素有关;一般中心受压基础可取 $z_{max} = \frac{b}{4}$(b 为基础的宽度,单位为 m),偏心受压基础可取 $z_{max} = b/3$,与此相应的地基承载力用 $p_{\frac{1}{4}}$、$p_{\frac{1}{3}}$ 表示,称为临界荷载,其大小分别为:

$$p_{\frac{1}{4}} = \frac{\pi\left(\gamma d + c\cot\varphi + \frac{1}{4}\gamma b\right)}{\cot\varphi - \frac{\pi}{2} + \varphi} = N_{\frac{1}{4}}\gamma b + N_q\gamma d + N_c c \qquad (2-4-6)$$

$$p_{\frac{1}{3}} = \frac{\pi\left(\gamma d + c\cot\varphi + \frac{1}{3}\gamma b\right)}{\cot\varphi - \frac{\pi}{2} + \varphi} = N_{\frac{1}{3}}\gamma b + N_q\gamma d + N_c c \qquad (2-4-7)$$

$$N_{\frac{1}{4}} = \frac{\pi}{4\left(\cot\varphi - \frac{\pi}{2} + \varphi\right)}$$

$$N_{\frac{1}{3}} = \frac{\pi}{3\left(\cot\varphi - \frac{\pi}{2} + \varphi\right)}$$

式中,$N_{\frac{1}{4}}$、$N_{\frac{1}{3}}$ 为承载力系数,可由表 2-4-1 查得。

在式(2-4-6)和式(2-4-7)中,第一项中的 γ 为基底面以下地基土的重度,第二项中的 γ 为基础埋置深度范围内土的重度;若为均质土地基,则这两个重度相同。另外,若地基中存在地下水,则位于水位以下的地基土取浮重度计算,其余符号意义同前。

2.极限承载力的计算

极限承载力计算方法可归纳为以下两大类。

(1)按照假定滑动面法求解。先假定在极限荷载作用时土中滑动面的形状,然后根据滑动土体的静力平衡条件求解。按照这种方法得到的极限荷载公式比较简单,使用方便,目前在实践中应用较多。

(2)按照极限平衡理论求解。根据塑性平衡理论导出在已知边界条件下,滑动面的数学方程式来求解。这种方法由于在数学求解时遇到很大的困难,因此目前尚没有严格的一般解析解,仅能对某些边界条件比较简单的情况求其解析解。

按照假定滑动面法计算极限荷载的公式很多,由于假定不同,公式形式也各不相同,目前也没有公认的公式,这里仅介绍太沙基公式。

奥地利土力学家太沙基于1943年提出了确定条形基础的极限荷载公式。太沙基认为,从实用角度考虑,当基础的长宽比 $l/b \geq 5$ 及基础的埋深 $h \leq 6m$ 时,可视为条形基础。基底以上的土体看作是作用在基础两侧的均布荷载 $q = \gamma d$。太沙基利用塑性理论推导出条形基础在中心荷载作用下的极限承载力公式。在公式的推导过程中做了一些基本切合实际的假定(图2-4-3),其假定如下:

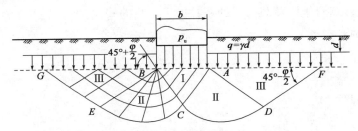

图2-4-3 太沙基公式中的滑动面性状

(1)基底面粗糙,Ⅰ区的基底面下的三角形弹性楔体处于弹性压密状态,它在地基破坏时随基础一同下沉。假定滑动面 AC(或 BC)与基底面的夹角为 φ。

(2)Ⅱ区(辐射受剪区)的下部近似为对数螺旋曲线 CD、CE。Ⅲ区(朗金被动区)下部为一斜直线,滑动面 AD 及 DF 与水平面的夹角为 $45° - \dfrac{\varphi}{2}$,塑性区(Ⅱ区与Ⅲ区)的地基同时达到极限平衡。

(3)基础两侧的土重为边荷载($q = \gamma d$),不考虑这部分土的抗剪强度。Ⅲ区的重量抵消了上顶的作用力,并通过Ⅱ区和Ⅰ区阻止基础的下沉。

根据对弹性楔体(基底下的三角形土楔体 ABC)的静力平衡条件的分析,经过一系列的推导,整理得出式(2-4-8)。

$$P_u = 0.5\gamma b N_\gamma + c N_c + q N_q \tag{2-4-8}$$

式中,N_γ、N_c、N_q 为承载力系数,仅与地基土的内摩擦角 φ 有关,可查专用的承载力系数图(图2-4-4)中的曲线(实线)确定;其余符号意义同前。

式(2-4-8)的适用条件是地基土较密实且地基土产生完全的剪切整体滑动破坏,即荷载试验结果 p-s 曲线上有明显的第二拐点的情况,如图2-4-1中曲线Ⅰ所示;若地基土较松软,则荷载试验结果 p-s 曲线上没有明显的拐点,如图2-4-1中曲线Ⅱ所示,太沙基称这类情况为局部剪切破坏,此时的极限荷载公式为:

$$p_u = 0.5\gamma b N'_\gamma + cN'_c + qN'_q \tag{2-4-9}$$

式中,N'_γ、N'_c、N'_q为地基发生局部剪切破坏时的承载力系数,也仅与地基土的内摩擦角 φ 有关,可查专用的承载力系数图(图2-4-4)中的曲线(虚线)确定。

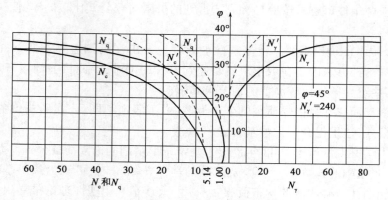

图 2-4-4 太沙基公式中的承载力系数

太沙基的极限荷载公式(2-4-8)和公式(2-4-9)都是由条形基础推导得到的。针对方形基础和圆形基础,太沙基对极限荷载公式的系数做了适当的修改,提出了半经验公式。

对于方形基础有

$$p_u = 0.4\gamma b N_\gamma + 1.2cN_c + qN_q \tag{2-4-10}$$

对于圆形基础有

$$p_u = 0.6\gamma b N_\gamma + 1.2cN_c + qN_q \tag{2-4-11}$$

式中:b——方形基础边长或圆形基础的半径(m)。

工程实践中,根据建筑物的不同要求,地基容许承载力可以选用临塑荷载或临界荷载,也可以用极限承载力除以一定的安全系数。如果从安全角度考虑,可取两者的较小值作为地基容许承载力值。

注意:理论公式在导出过程中,做了许多简化和假定,所以计算结果是近似值,仅作为确定地基承载力的参考。另外,理论公式只考虑了地基土强度,没有考虑变形,所以必要时还应验算基础沉降。

四、根据设计规范确定地基承载力容许值

《公路桥涵地基与基础设计规范》(JTG D63—2007)根据大量的桥涵工程建筑经验和荷载试验资料,综合理论和试验研究成果,通过统计分析,得出了一般情况下可供采用的地基承载力容许值。确定方法如下:

1. 确定地基土的类别和土的物理状态指标

对于一般的黏性土,其主要指标是液性指数和天然孔隙比;对于砂土,其主要指标是湿度和相对密度;对于碎石,其主要指标是按野外现场观察鉴定方法所确定的土的紧密程度;其他土所需要的指标见规范规定。

2. 查取地基承载力基本容许值$[f_{a0}]$

当基础宽度 $b \leqslant 2\mathrm{m}$，基础的埋置深度 $h \leqslant 3\mathrm{m}$ 时，地基土的承载力容许值$[f_{a0}]$可按土的类别及其物理状态指标从规范相应的表中查得，具体见表 2-4-2 ～ 表 2-4-8。

(1) 对于一般岩石地基，可根据强度等级、节理，按表 2-4-2 确定承载力基本容许值$[f_{a0}]$。对于复杂的岩层（如溶洞、断层、软弱夹层、易溶岩石、软化岩石等）应按各项因素综合确定。

岩石地基承载力基本容许值$[f_{a0}]$（kPa） 表 2-4-2

坚硬程度	节理发育程度		
	节理不发育	节理发育	节理很发育
	$[f_{a0}]$		
坚硬岩、较硬岩	>3000	2000 ~ 3000	1500 ~ 2000
较软岩	1500 ~ 3000	1000 ~ 1500	800 ~ 1000
软岩	1000 ~ 1200	800 ~ 1000	500 ~ 800
极软岩	400 ~ 500	300 ~ 400	200 ~ 300

(2) 碎石土地基，可根据其类别和密实程度，按表 2-4-3 确定承载力基本容许值$[f_{a0}]$。

碎石土地基承载力基本容许值$[f_{a0}]$（kPa） 表 2-4-3

土 名	密 实 程 度			
	密实	中实	稍密	松散
	$[f_{a0}]$			
卵石	1000 ~ 1200	650 ~ 1000	500 ~ 650	300 ~ 500
碎石	800 ~ 1000	550 ~ 800	400 ~ 550	200 ~ 400
圆砾	600 ~ 800	400 ~ 600	300 ~ 400	200 ~ 300
角砾	500 ~ 700	400 ~ 500	300 ~ 400	200 ~ 300

注：1. 由硬质岩组成，填充砂土者取高值；由软质岩组成，填充黏性土者取低值。
  2. 半胶结的碎石土，可按密实的同类土的$[f_{a0}]$值提高 10% ~ 30%。
  3. 松散的碎石土在天然河床中很少遇见，需特别注意鉴定。
  4. 漂石、块石的$[f_{a0}]$值，可参照卵石、碎石适当提高。

(3) 砂土地基，可根据土的密实度和水位情况，按表 2-4-4 确定承载力基本容许值$[f_{a0}]$。

砂土地基承载力基本容许值$[f_{a0}]$（kPa） 表 2-4-4

土名及水位情况		密 实 度			
		密实	中密	稍密	松散
		$[f_{a0}]$			
砾砂、粗砂	与湿度无关	550	430	370	200
中砂	与湿度无关	450	370	330	150
细砂	水上	350	270	230	100
	水下	300	210	190	—
粉砂	水上	300	210	190	—
	水下	200	110	90	—

(4) 粉土地基,可根据土的天然孔隙比 e 和天然含水率 w,按表2-4-5确定承载力基本容许值 $[f_{a0}]$。

粉土地基承载力基本容许值 $[f_{a0}]$　　　　表2-4-5

e	w(%)					
	10	15	20	25	30	35
	$[f_{a0}]$(kPa)					
0.5	400	380	355	—	—	—
0.6	300	290	280	270	—	—
0.7	250	235	225	215	205	—
0.8	200	190	180	170	165	—
0.9	160	150	145	140	130	125

(5) 老黏性土地基,可根据压缩模量 E_s,按表2-4-6确定承载力基本容许值 $[f_{a0}]$。

老黏性土地基承载力基本容许值 $[f_{a0}]$　　　　表2-4-6

E_s(MPa)	10	15	20	25	30	35	40
$[f_{a0}]$(kPa)	380	430	470	510	550	580	620

注:当老黏性土 E_s <10MPa 时,承载力基本容许值 $[f_{a0}]$ 按一般黏性土(表2-4-7)确定。

(6) 一般黏性土地基,可根据液性指数 I_L 和天然孔隙比 e,按表2-4-7确定承载力基本容许值 $[f_{a0}]$。

一般黏性土地基承载力基本容许值 $[f_{a0}]$　　　　表2-4-7

e	I_L												
	0	0.1	0.2	0.3	0.4	0.5	0.6	0.7	0.8	0.9	1.0	1.1	1.2
	$[f_{a0}]$(kPa)												
0.5	450	440	430	420	400	380	350	310	270	240	220	—	—
0.6	420	410	400	380	360	340	310	280	250	220	200	180	—
0.7	400	370	350	330	310	290	270	240	220	190	170	160	150
0.8	380	330	300	280	260	240	230	210	180	160	150	140	130
0.9	320	280	260	240	220	210	190	180	160	140	130	120	100
1.0	250	230	220	210	190	170	160	150	140	120	110	—	—
1.1	—	—	160	150	140	130	120	110	100	90	—	—	—

注:1. 土中含有粒径大于2mm 的颗粒质量超过总质量30%以上者,$[f_{a0}]$ 可适当提高。
2. e<0.5 时,取 e=0.5;当 I_L <0 时,取 I_L =0。此外,超过表列范围的一般黏性土,$[f_{a0}]$ =57.22$E_s^{0.57}$。

(7) 新近沉积黏性土地基,可根据液性指数 I_L 和天然孔隙比 e,按表2-4-8确定承载力基本容许值 $[f_{a0}]$。

新近沉积黏性土地基承载力基本容许值 $[f_{a0}]$　　　　表2-4-8

e	I_L		
	≤0.25	0.75	1.25
	$[f_{a0}]$(kPa)		
≤0.8	140	120	100
0.9	130	110	90
1.0	120	100	80
1.1	110	90	—

3. 计算修正后的地基承载力容许值$[f_a]$

已知分散土地基承载力容许值不仅与地基土的性质和状态有关,还与基础尺寸和埋置深度有关(有时还与地面水的深度有关)。因此,当基底宽度$b>2m$、埋置深度$h>3m$且$h/b\leq 4$时,应对承载力基本容许值$[f_{a0}]$进行修正,修正后的地基承载力容许值$[f_a]$按式(2-4-12)确定。当基础位于水中不透水地层上时,$[f_a]$按平均常水位至一般冲刷线的水深每米再增大10kPa。

$$[f_a] = [f_{a0}] + k_1\gamma_1(b-2) + k_2\gamma_2(h-3) \quad (2\text{-}4\text{-}12)$$

式中:$[f_a]$——修正后的地基承载力容许值(m);

b——基础底面的最小边宽(m),当$b<2m$时,取$b=2m$;当$b>10m$时,取$b=10m$;

h——基底埋置深度(m),自天然地面起算,有水流冲刷时自一般冲刷线起算,当$h<3m$时,取$h=3m$;当$h/b>4$时,取$h=4b$;

k_1、k_2——基底宽度、深度修正系数,根据基底持力层土的类别按表2-4-9确定;

γ_1——基底持力层土的天然重度(kN/m^3);若持力层在水面以下且为透水者,应取浮重度;

γ_2——基底以上土层的加权平均重度(kN/m^3);换算时若持力层在水面以下,且不透水时,不论基底以上土的透水性质如何,一律取饱和重度;当透水时,水中部分土层则应取浮重度。

地基土承载力宽度、深度修正系数k_1、k_2 表2-4-9

系数	黏性土			粉土	砂土								碎石土			
	老黏性土	一般黏性土		新近沉积黏性土	—	粉砂		细砂		中砂		砾砂、粗砂		碎石、圆砾角砾		卵石	
		$I_L\geq 0.5$	$I_L<0.5$		—	中密	密实	中密	密实	中密	密实	中密	密实	中密	密实	中密	密实
k_1	0	0	0	0	0	1.0	1.2	1.5	2.0	2.0	3.0	3.0	4.0	3.0	4.0	3.0	4.0
k_2	2.5	1.5	2.5	1.0	1.5	2.0	2.5	3.0	4.0	4.0	5.5	5.0	6.0	5.0	6.0	6.0	10.0

注:1. 对于稍密和松散状态的砂、碎石土,k_1、k_2值可采用表列中密值的50%。

2. 强风化和全风化的岩石,可参照所风化成的相应土类取值;其他状态下的岩石不修正。

4. 地基承载力容许值$[f_a]$的提高

地基承载力容许值$[f_a]$应根据地基受荷阶段及受荷情况,乘以下列规定的抗力系数γ_R。

1)使用阶段

(1)当地基承受作用短期效应组合或作用效应偶然组合时,可取$\gamma_R=1.25$;但对$[f_a]<150kPa$的地基,应取$\gamma_R=1.0$。

(2)当地基承受的作用短期效应组合仅包括结构自重、预加力、土重、土侧压力、汽车和人群效应时,应取$\gamma_R=1.0$。

(3)当基础建于经多年压实未遭破坏的旧桥基(岩石旧桥基除外)上时,不论地基承受的作用情况如何,均可取$\gamma_R=1.5$;对$[f_a]<150kPa$的地基,可取$\gamma_R=1.25$。

(4)基础建于岩石旧桥基上时,应取$\gamma_R=1.0$。

2)施工阶段

(1)地基在施工荷载作用下,可取$\gamma_R=1.25$。

(2)墩台施工期间承受单向推力时,可取$\gamma_R=1.5$。

【例2-4-1】 某桥墩基础如图2-4-5所示,已知基础底面宽度$b=5m$,长度$l=10m$,埋置深度$h=4m$,作用在基底中心的竖向荷载$N=8000kN$,地基土持力层为中密粉砂($\gamma_{sat}=20kN/m^3$),试按《公路桥涵地基与基础设计规范》(JTG D63—2007)确定地基承载力容许值是否满足强度要求。

解 已知地基土持力层为中密粉砂(水下),查表2-4-4得,$[f_{a0}]=110kPa$;其次,地基土为中密粉砂在水下且透水,故$\gamma_1=\gamma'=\gamma_{sat}-\gamma_w=20-10=10(kN/m^3)$;

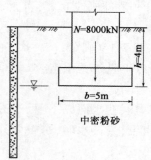

图2-4-5 例2-4-1图

因为基础底面以上为中密粉砂且在水位以上,故$\gamma_2=20kN/m^3$;由表2-4-9查得$k_1=1.0,k_2=2.0$,则:

$$[f_a]=[f_{a0}]+k_1\gamma_1(b-2)+k_2\gamma_2(h-3)$$
$$=110+1.0\times10\times(5-2)+2.0\times20\times(4-3)$$
$$=180(kPa)$$

基底中心受压,基底压应力$\sigma=\dfrac{N}{A}=\dfrac{8000}{5\times10}=160(kPa)<[f_a]=180kPa$。

故地基强度满足要求。

对于软土地基的承载力容许值,应由荷载试验或其他原位测试取得。荷载试验和原位测试确有困难时,对于中小桥、涵洞基底未经处理的软土地基,承载力容许值可根据原状土天然含水率或强度指标按照《公路桥涵地基与基础设计规范》(JTG D63—2007)中推荐的公式另行计算。

 复习与思考

1. 地基承载力与地基承载力容许值有何区别?
2. 确定地基承载力容许值的方法有哪些?
3. 如何利用理论公式确定地基承载力容许值?地基承载力的大小与哪些因素有关?理论公式存在什么问题?
4. 为什么用荷载试验成果确定地基承载力容许值时实用上受到限制?
5. 地下水位的升降,对地基承载力有什么影响?

 任务实施

某桥墩矩形基础如图2-4-6所示。已知基础底面宽度$b=5m$,长度$l=10m$,埋置深度$h=2.5m$,作用在基底中心的竖向荷载$N=9600kN$,$M=3840kN\cdot m$。地基土持力层为中密粉砂($\gamma_{sat}=20kN/m^3$),地面水深2m。

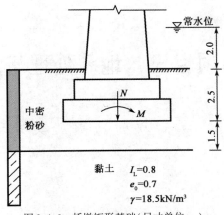

图 2-4-6 桥墩矩形基础(尺寸单位:m)

任务要求

1. 试按《公路桥涵地基与基础设计规范》(JTG D63—2007)确定地基承载力容许值是否满足强度要求。

2. 在上题中,其他数值不变,仅把基础埋深增加 1.5m,再验算地基承载力容许值是否满足强度要求。

3. 据此分析基础埋深对地基承载力的影响。

学习项目三 地基处理与加固

任务一 认知软弱地基及其处理方法

1. 了解软弱地基的特点及处理加固方法分类;
2. 掌握常见软弱地基加固方法的工作原理。

通过对软弱地基的种类、特性以及处理加固方法等相关知识的学习,能根据地基土基本特性初步选择可以采用的地基处理方法。

工程建设中,有时不可避免地会遇到工程地质条件不良的软弱地基,这类地基往往结构疏松,含水率较高,甚至分布也极不均匀,在力学性质上表现出抗剪强度低、压缩性高的特点,工程实践中很难满足建筑物对地基强度和变形的要求。因此,在软弱地基上修建建筑物时,必须对其进行处理加固,改善其力学性质,从而提高地基承载能力。这种经过人工处理或加固的地基,通常称为人工地基。

一、软弱地基的种类及其特性

1. 软土

软土一般是指在滨海、湖泊、河滩、谷地、沼泽等静水或缓流环境中形成的以细颗粒为主的沉积土。这类土是一种呈软塑到流塑状态的饱和(或接近饱和)的黏性土或粉土,常含有机质,天然孔隙比 $e>1$。当 $e>1.5$ 时称为淤泥,$1<e<1.5$ 时称为淤泥质土。习惯上也把工程性质很差、接近于淤泥土的黏性土统称为软土,部分冲填土也视为软土。

由于沉积环境和成因的不同,各处软土的性质、成层情况也各有特点,但它们大都具有孔隙比大、天然含水率高、压缩性高、强度低、渗透性小,多数还具有高灵敏度的结构性等不利工程特性。

2. 冲填土

冲填土是指在水利建设或江河整治中,清除的江河泥沙冲填至淤地形成的沉积土。它的工程特性主要取决于颗粒成分、均匀程度和排水固结条件,若以粉土、黏土为主,因含水率较大且排水困难,则属于欠固结的软弱土;若以中砂以上的粗颗粒土为主,则不属于软弱土范畴。

3. 杂填土

杂填土是指因人类活动而填积形成的无规则堆积物,包括建筑垃圾、工业废料和生活垃圾等。其成因无规律,成分复杂,分布极不均匀,结构疏松,一般还具有浸水湿陷性。

4. 其他高压缩性土

其他高压缩性土,包括松散饱和的粉(细)砂、松散的亚砂土、湿陷性黄土、膨胀土和震动液化土等特殊土以及在基坑开挖时可能产生流沙、管涌等不良工程地质现象的土。

有时,地基土虽不属上述软弱土或特殊土,但由于不能满足建筑物的强度、稳定性和沉降要求,也应考虑进行地基处理与加固。

二、软弱地基的处理方法

软弱地基的处理方法很多,其特点、作用机理和适用范围也各不相同,在不同土类中产生的加固效果也不相同,且各存在局限性。软弱地基的处理方法及其适用范围见表3-1-1。

软弱地基的处理方法及其适用范围　　　　　表3-1-1

分类	具体方法	适用地基土条件
换土垫层法	置换出软弱土层,换填强度高的土	各种浅层的软弱土
挤密压实法	1. 表层压实(碾压、振动压实)法	接近于最佳含水率的浅层疏松黏性土、松散砂性土、湿陷性黄土和杂填土
	2. 重锤夯实法	无黏性土、杂填土、非饱和黏性土和湿陷性黄土
	3. 强夯法	碎石土、砂土、素填土、杂填土、低饱和度的粉土与黏性土及湿陷性黄土
	4. 砂(碎石、石灰、二灰、素土)桩挤密法	松散地基和杂填土
	5. 振冲法	砂性土和黏粒含量小于10%的粉土
排水固结法	1. 砂井(普通砂井、袋装砂井、塑料排水板)预压法	透水性低的软黏土,但不适合于有机质沉积物
	2. 堆载预压法	透水性稍好的软黏土
	3. 真空预压法	能在加固区形成稳定负压边界条件的软土
	4. 降低水位法	饱和粉、细砂
	5. 电渗法	饱和软黏土
深层搅拌法	1. 粉体喷射搅拌法	接近饱和的软黏土及其他软弱土层
	2. 水泥浆搅拌法	
	3. 高压喷射注浆法	各种软弱土层
灌浆胶结法(注浆法)	1. 硅化法	松散砂类土、饱和软黏土及湿陷性黄土
	2. 水泥灌注法	松散砂类土、碎石类土
其他方法	1. 加筋法	各种软弱土
	2. 热加固法	非饱和黏性土、粉土和湿陷性黄土
	3. 冻结法	饱和砂土和软黏土的临时处理

由于地基的工程地质条件千变万化,具体工程对地基的要求不尽相同,材料、施工机具及施工条件等也存在显著差别,因此,对于每项具体工程都必须综合考虑,通过方案比选确定一种技术可靠、经济合理、施工可行的方案,既可采用单一的地基处理方法,也可采用多种方法综合处理。

复习与思考

1. 什么是软弱地基？它具有哪些特点？根据土质不同，它可分为哪些类型？
2. 软弱地基常用的处理方法有哪几类？

 任务实施

如果地基为厚度较大的饱和软黏土，可初步考虑采用的地基处理方案有哪些？

任务二 换填垫层法处理地基

 学习目标

1. 了解换填垫层法的作用机理和适用条件；
2. 掌握换填垫层的设计计算方法；
3. 掌握换填垫层的施工要点。

 任务描述

通过换填垫层加固原理、适用条件，设计计算方法和施工要点等相关知识学习，能计算确定垫层厚度和平面尺寸；描述其施工过程并进行换土垫层法施工的技术交底工作。

 相关知识

换填垫层法也称为开挖置换法，是将地基软弱土层部分或全部挖除，然后换填工程特性良好的材料，并予以分层压实作为地基持力层的地基加固方法。它是一种常用的较经济、简便的浅层处理方法。

一、换填垫层法的适用条件与作用

换填垫层法适用于处理浅层的淤泥和淤泥质土、杂填土、湿陷性黄土、膨胀土及季节性冻土等软弱或不良土层，并可处理暗沟或暗塘等局部软弱土层。

常用的换填材料主要有砂、碎（卵）石、灰土、素土、煤渣以及其他强度高、压缩性低、稳定性好和无侵蚀性的工程特性良好的材料。按垫层回填材料的不同，其可分别被称为砂砾垫层、碎石垫层、灰土垫层等。垫层的主要作用有：

1. 提高持力层的承载力，减少基础沉降量

地基中的剪切破坏一般主要发生在地基上部浅层范围内。同时由于地基中附加应力随深度增大而减小，所以浅层地基的沉降量在总沉降中占较大比例。因此，当基底面以下浅层范围可能破坏的软弱土被强度较大的垫层材料置换后，可以提高地基承载力和减少基础沉降量。

2. 加速地基的排水固结

用砂石作为垫层材料时，由于其渗透性大，地基受压后垫层便是良好的排水体，可使下卧层中的孔隙水压力快速消散,从而加速其固结。

3. 防止地基冻胀

采用颗粒粗大的材料如碎石、砂等作为垫层,可以降低或阻止毛细水上升,防止地基结冰而导致的冻胀。

4. 消除地基的湿陷性和胀缩性

采用素土或灰土垫层,置换基础底面下一定范围内的湿陷性黄土层,可免除土层浸水后湿陷变形的发生或减少土层湿陷沉降量。同时,垫层还可作为地基的防水层,减少下卧天然黄土层浸水的可能性。采用非膨胀性的黏性土、砂、灰土以及矿渣等置换膨胀土,可以减少地基土的胀缩变形量。

下面对应用较广泛的砂砾垫层的设计与施工方法进行介绍,其他类型的垫层与此类似。

二、砂砾垫层的设计计算

砂砾垫层的设计除应满足建筑物对地基变形及稳定性的要求外,还应符合经济合理的原则。设计计算内容主要是确定垫层的厚度和平面尺寸,并进行垫层承载力和基础沉降量的验算。

1. 垫层厚度的确定

垫层的厚度应使垫层底面(软弱下卧层顶面)承载力符合强度要求。

由于砂砾垫层具有较大的变形模量和强度,基础底面的压力将通过垫层以一定扩散角 θ 向下扩散(图3-2-1)。要求扩散到垫层底面(下卧层顶面)处的附加压应力与自重应力之和不超过下卧层的承载力容许值,即:

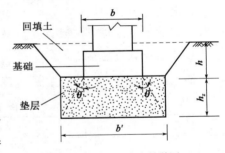

图3-2-1 砂垫层应力扩散图

$$p_{0k} + p_{gk} \leqslant \gamma_R [f_a] \quad (3\text{-}2\text{-}1)$$

对平面为矩形或条形的基础,假定扩散到垫层底面(下卧层顶面)的附加压应力呈矩形分布,根据力的平衡条件可得到:

矩形基础
$$p_{0k} = \frac{bl(p'_{0k} - p'_{gk})}{(b + 2h_z \tan\theta)(l + 2h_z \tan\theta)} \quad (3\text{-}2\text{-}2)$$

条形基础
$$p_{0k} = \frac{b(p'_{0k} - p'_{gk})}{b + 2h_z \tan\theta} \quad (3\text{-}2\text{-}3)$$

式中:p_{0k}——垫层底面处土的附加压应力(kPa);

p_{gk}——垫层底面处土的自重压应力(kPa);

$[f_a]$——垫层底面处地基的承载力容许值(kPa);

γ_R——地基承载力的抗力系数;

b——矩形基础或条形基础底面的宽度(m);

l——矩形基础底面的长度(m);

p'_{0k}——基础底面压应力(kPa);

p'_{gk}——基础底面处的自重压应力(kPa);

h_z——基础底面下垫层的厚度(m);
θ——垫层的压力扩散角,可按表3-2-1采用。

垫层的压力扩散角 θ　　　　表3-2-1

h_z/b	垫层材料
	中砂、粗砂、砾砂、圆砾、角砾、卵石、碎石
≤0.25	20
≥0.5	30

注:当 $0.25 < h_z/b < 0.5$ 时,θ 值可线性内插确定。

计算时,一般可采用试算的方法,即先初步拟定一个垫层厚度,再用式(3-2-1)验算,如不符合要求,则改变厚度,重新验算,直到满足要求为止。垫层厚度一般不宜小于0.5m,且不宜大于3.0m。如垫层太薄,作用效果不明显;过厚则需开挖深坑,费工耗料,施工困难,经济、技术上往往不合理。当地基土软且厚或基底压力较大时,应考虑其他加固方案。

2. 垫层平面尺寸的确定

垫层的平面尺寸应满足基础底面压应力扩散的要求,并防止垫层向两边挤出。若垫层平面尺寸不足,四周侧面土质又较软弱时,垫层有可能部分挤入侧面软弱土中,使基础沉降增大。

垫层的宽度可按下式或根据当地经验确定:

$$b' \geq b + 2h_z \tan\theta \tag{3-2-4}$$

式中:b'——垫层底面的宽度;

其余符号意义同前。

垫层的长度计算方法同宽度。垫层顶面每边应超出基底尺寸不小于0.3m。

3. 垫层承载力的确定

垫层承载力容许值 $[f_{cu}]$ 宜通过现场确定,当无试验资料时,可按表3-2-2参考使用。

各种垫层承载力容许值 $[f_{cu}]$　　　　表3-2-2

施工方法	垫层材料	压实系数 λ_c	承载力容许值(kPa)
碾压、振实或夯实	碎石、卵石	0.94~0.97	200~300
	砂夹石(其中碎石、卵石占总质量30%~50%)		200~250
	土夹石(其中碎石、卵石占总质量30%~50%)		150~200
	中砂、粗砂、砾砂		150~200

注:1. 压实系数 λ_c 为土的控制干密度 ρ_d 与最大干密度 ρ_{dmax} 的比值。土的最大干密度宜采用击实试验确定;碎石最大干密度可取 $2.0 \sim 2.2 t/m^3$。
2. 当采用轻型击实试验时,压实系数 λ_c 宜取高值;采用重型击实验时,压实系数 λ_c 可取低值。

4. 基础沉降量的计算

砂垫层上基础的沉降量由垫层本身的压缩量 S_{cu} 与软弱下卧层的沉降量 S_s 所组成,即:

$$S = S_{cu} + S_s \tag{3-2-5}$$

$$S_{cu} = p_m \frac{h_z}{E_{cu}} \tag{3-2-6}$$

式中:S——基础的沉降量(mm);

S_{cu}——垫层本身的压缩量(mm);

S_s——软弱下卧层的沉降量(mm);

p_m——垫层内的平均压应力(MPa);

h_z——垫层厚度(mm);

E_{cu}——垫层的压缩模量(MPa),如无实测资料时,可取 12~24MPa。

由于砂垫层压缩模量比较弱下卧层大得多,其压缩量较小,且在施工阶段已基本完成,实际可以忽略不计。必要时 S_{cu} 可按式(3-2-6)计算。

S 的计算值应符合建筑物容许沉降量的要求,否则应加厚垫层或考虑其他加固方案。

三、砂砾垫层的施工

1. 砂砾垫层的材料要求

砂砾垫层材料应就地取材,同时又要符合强度要求,一般可采用中砂、粗砂、砾砂和碎(卵)石。其中黏粒含量不应大于5%,粉粒含量不应大于25%,因为这些成分含量过多,不利于排水和夯实。另外,砾料粒径以不大于50mm为宜,并且不应含有植物残体等杂质。

垫层材料应以中砂为主,其颗粒的不均匀系数不应小于5。也可掺入一定数量的碎石(碎石粒径不应超过100mm),这样既能提高强度,又易于夯实。

2. 砂砾垫层的施工要点

(1)垫层材料应分层填筑,分层压实。分层厚度和压实遍数应根据具体方法和压实机具而定。一般分层厚度可取 20~30cm,压实方法可采用振动法、碾压法、夯实法等。分层压实必须达到设计要求的密实度。

(2)为达到最大密实度,施工中应根据压实方法控制垫料的含水率。当地下水位高于基坑底面时,为保证施工和垫层质量,应采取排水或降低水位的措施。

(3)基坑开挖时,应避免扰动垫层下的软弱土层,可保留20cm左右厚的土层暂不挖,待铺填垫层前再挖至设计标高。基坑挖好经检验后,应迅速铺压垫层材料,以防坑底暴露过久、浸水或受冻,使地基土结构遭受破坏、强度降低,建筑物产生附加沉降。

(4)在碎石或卵石垫层底部宜设置 15~30cm 厚的砂垫层,以防止淤泥或淤泥质土层表面的局部破坏。同时必须防止基坑边坡土体坍落混入垫层。

(5)砂砾垫层的质量检验,可选用环刀取样法或灌入法进行,以干重度和贯入度为控制指标。测定其干重度时,以不小于砂料在中密状态时的干重度为合格。中砂的干重度一般为 15.5~16kN/m³。

(6)垫底面应尽量水平。垫层竣工后,应及时进行基础施工与基坑回填。

复习与思考

1. 换填垫层法适用于什么条件?常用的换填材料主要有哪些?
2. 砂垫层的宽度和厚度如何确定?
3. 砂垫层如何进行施工?其质量控制指标有哪些?

任务实施

1. 下面施工过程有何不妥,请说明原因。

（1）某施工项目进行砂垫层施工时应控制材料的最佳含水率，当地下水位高于基坑底面时，应采取排水或降低水位的措施，以利于施工和保证垫层质量。

（2）基坑开挖时应避免扰动垫层下的软弱土层，可保留约80cm厚的土层暂不挖，待铺垫层前再挖至设计高程。在基坑挖好经检验后，充分进行晾干、压实，然后铺压垫层材料。

（3）砂垫层的质量检验选用环刀取样法，以干重度和贯入度为控制指标。

2. 请编写简单的砂砾垫层施工技术交底文件。

任务三　挤密压实法处理地基

学习目标

1. 理解砂桩挤密法和压实法的作用机理和适用条件；
2. 掌握砂桩的设计计算方法；
3. 掌握砂桩挤密法的施工要点；
4. 掌握压实法的施工要点。

任务描述

通过对挤密法和压实法的加固原理、适用条件及施工方法等相关知识学习，能参阅有关技术规范及文献资料，合理选择地基加固处理方法，进行砂桩挤密法和压实法的施工技术交底工作。

相关知识

一、挤密法

挤密法主要是指采用挤密桩的形式进行地基处理的方法。挤密桩是先用振动、冲击或打入套管等方法在地基中成孔，然后向孔中填入某种挤密材料，再加以夯挤密实形成的桩体。

挤密桩除用砂石作为挤密填料外，还可用石灰、二灰（石灰、粉煤灰）、素土等填充桩孔，相应的桩体分别称为砂桩、碎石桩、石灰桩、二灰桩、灰土桩、素土桩等。

在松散土中，挤密桩的主要作用是挤密地基土，此外，砂桩和碎石桩还能起到排水作用，加速地基的排水固结。在松软黏性土中，挤密桩的主要作用是通过桩体的置换和排水作用加速桩间土的排水固结，并形成复合地基，从而提高地基的承载力和稳定性，改善地基土的力学性质。石灰桩和二灰桩还具有吸水膨胀及化学反应从而挤密软弱土层的作用。

挤密桩适用于加固粉砂、松散填土、细砂及粉土、湿陷性黄土等。对于厚度大的饱和软黏土地基，由于土的渗透性小，采用此法不仅不易将土挤密实，反而还会破坏土的结构强度，宜考虑采用其他加固方法。

在各种材料的挤密桩中，以砂桩较为常见。下面介绍砂桩的设计内容和施工要点，其他类型的挤密桩与之类似。

1. 砂桩的设计

砂桩设计的主要内容包括合理确定砂桩的长度、加固范围、桩径、桩距、桩数和单根砂桩的

灌砂量等。

1）砂桩的长度的确定

如软弱土层不很厚，砂桩一般应穿透软土层，砂桩长度应为基底到松软土层底的距离。如软弱土层很厚，砂桩长度可按桩底承载力和沉降量的要求，根据地基的稳定性和变形验算确定。另外，砂桩长度的确定也应考虑施工机具设备的条件。

2）砂桩加固范围的确定

砂桩加固的范围应大于基础的面积（图3-3-1），每边放宽宜为1～3排。当砂桩用于防止砂土液化时，每边放宽不宜小于处理深度的1/2，且不小于5m；当可液化层上覆盖有厚度大于3m的非液化土层时，每边放宽不应小于液化层厚度的1/2，并不应小于3m。

根据上述要求，即可确定加固范围的面积A。

3）加固范围内所需砂桩的总截面面积A_1

A_1的大小除与加固范围面积A有关外，主要与土层加固后所需达到的地基承载力容许值相对应的孔隙比有关。

如图3-3-2所示，设砂桩加固深度为l_0，加固前地基土的孔隙比为e_0，地基土面积为A；加固后地基土的孔隙比为e_1，地基土面积为A_2。从加固前后的地基中取相同大小的土样[图3-3-2b)]，由于加固前后原地基土颗粒所占体积不变，所以可得如下关系式：

$$Al_0 \frac{1}{1+e_0} = A_2 l_0 \frac{1}{1+e_1} \tag{3-3-1}$$

所以

$$A_2 = \frac{1+e_1}{1+e_0} A \tag{3-3-2}$$

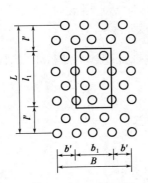

图3-3-1 砂桩平面布置图

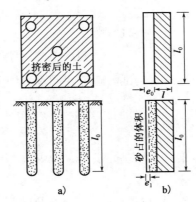

图3-3-2 砂桩加固前后地基的变化情况

则砂桩的总界面积为：

$$A_1 = A - A_2 = \frac{1+e_1}{1+e_0} A \tag{3-3-3}$$

式中：e_1——地基土挤密后要求达到的孔隙比，可按下式计算：

对于砂土　　　　　　　$e_1 = e_{max} - D_{r1}(e_{max} - e_{min})$ （3-3-4）

对于饱和黏性土　　　　$e_1 = d_s[\omega_P - I_L(\omega_L - \omega_P)]$ （3-3-5）

e_{max}、e_{min}——砂土的最大、最小孔隙比，由相对密度试验确定；

D_{r1}——地基土挤密后要求达到的相对密度，根据地质情况、荷载大小及施工条件选择，可

取 $0.70\sim0.85$；

d_s——土粒的相对密度；

ω_L、ω_P——土的液限和塑限；

I_L——液性指数,黏土可取 0.75,粉质黏土可取 0.5。

粉土根据试验资料 $e_1 = 0.6\sim0.8$,砂质粉土取较低值,黏质粉土取较高值。

4）砂桩直径和砂桩根数的确定

（1）砂桩直径

砂桩的直径可根据施工设备能力、地基类型和地基处理的要求合理确定。桩径过小则桩数增多,施工时机具移动频繁,过大则需大型机具。目前国内实际采用的砂桩直径一般为 $0.3\sim0.8m$。

（2）砂桩根数

设砂桩直径为 d,则一根砂桩的截面面积为 $A_p = \dfrac{\pi d^2}{4}$,则所需砂桩根数约为：

$$n = \frac{A_1}{A_p} = \frac{4A_1}{\pi d^2} \tag{3-3-6}$$

5）砂桩的平面布置及其间距

为了使挤密作用比较均匀,砂桩一般可布置为正方形或等边三角形,如图 3-3-3 所示。

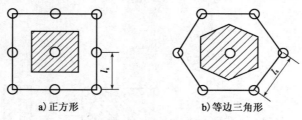

a）正方形　　　　**b）等边三角形**

图 3-3-3　砂桩的布置及中距

砂桩的中距应通过现场试验确定,但不宜大于砂桩直径的 4 倍。如无试验资料,也可按下式计算：

（1）松散砂土地基

等边三角形布置

$$l_s = 0.95d\sqrt{\frac{1+e_0}{e_0-e_1}} \tag{3-3-7}$$

正方形布置

$$l_s = 0.90d\sqrt{\frac{1+e_0}{e_0-e_1}} \tag{3-3-8}$$

式中：l_s——砂桩中距；

其他符号意义同上。

（2）黏性土地基

等边三角形布置

$$l_s = 1.08\sqrt{A_e} \tag{3-3-9}$$

正方形布置

$$l_s = \sqrt{A_e} \tag{3-3-10}$$

式中：A_e——一根砂桩承担的处理面积,$A_e = \dfrac{A_p}{m}$；

A_p——砂桩截面面积；

m——面积置换率，$m = \dfrac{d^2}{d_e^2}$；

d_e——等效影响直径，当按等边三角形布置时，$d_e = 1.05l_s$；当按正方形布置时，$d_e = 1.13l_s$；

d——砂桩直径。

6）砂桩灌砂量的计算

为保证砂桩加固后的地基达到设计要求的质量，每根桩应灌入足够的砂量，以保证加固后土的密实度达到设计要求。

设加固后地基土和砂桩的孔隙比相同，均为 e_1，则每根砂桩的灌砂量为：

$$Q = \dfrac{\pi d^2}{4} l_0 \gamma \tag{3-3-11}$$

$$\gamma = \dfrac{\gamma_s(1+w)}{1+e_1} \tag{3-3-12}$$

式中：d——砂桩直径(m)；

l_0——砂桩长度(m)；

γ——加固后砂桩内砂石料的重度(kN/m^3)；

w——砂桩内砂石料的含水率(%)。

由式(3-3-11)计算所得灌砂量是理论计算值，施工时应考虑各种可能损耗，备砂量应大于此值。

砂桩用于加固黏性土时，地基承载力应按复合地基计算或复核，并在需要时进行沉降验算。

2．砂桩的施工

1）砂桩的材料要求

砂桩内填料宜采用砾砂、粗砂、中砂、圆砾、角砾、卵石、碎石等，填料中含泥量不应大于5%，并不宜含有粒径大于50mm 的粒料。

2）砂桩的施工要点

（1）砂桩施工可采用振动式或锤击式成孔。振动式是靠振动机的垂直上下振动作用，把带桩靴或底盖的钢套管打入土中成孔，填入砂料振动密实成桩(一边振动，一边拔出套管)；锤击式是将钢套管打入土中，其他工艺与振动式基本相同，但灌砂成桩和扩大是用内管向下冲击而成。

（2）砂料应分层填筑、分层夯实。

（3）确定砂料的最佳含水率。

（4）砂桩必须上下连续，确保设计长度。

（5）应保证砂桩的灌砂量，如实际灌砂量未达到设计用量时，应在原处复打，或在旁边补桩。

（6）为增加挤密效果，砂桩可从外圈向内圈施打。

（7）加固后地基承载力可用静载试验确定，桩及桩间土的挤密质量可采用标准贯入法、动力触探法、静力触探法等进行检测。

二、压实法

压实法主要适用于砂土及含水率在一定范围内的软弱黏性土地基，也适用于加固杂填土和黄土以及换土垫层的分层填土压实等。按采用的压实手段不同可分别对浅层或深层土起加固作用,常用的压实方法有机械碾压法、振动压实法、重锤夯实法及强夯法。

1. 机械碾压法

机械碾压法是一种采用平碾、羊足碾、压路机、推土机或其他机械压实松散土的方法。该法主要适用于大面积回填土和杂填土地基的浅层压实。经碾压后,地基土的密实度增加,压缩性减小。

碾压效果主要取决于被压实土的含水率和压实机械的压实能量,施工时应控制碾压土的最佳含水率,选择适当的碾压分层厚度和碾压遍数。

黏性土的碾压,通常用 80~100kN 的平碾或 120kN 的羊足碾,每层铺土厚度为 20~30cm,碾压 8~12 遍,如图 3-3-4 所示。杂填土的碾压,应先将建筑范围内一定深度的杂填土挖除,开挖深度视设计要求而定,用 80~120kN 压路机或其他压实机械将坑底碾压几遍,再将原土分层回填碾压,每层土的虚铺厚度约 30cm。有时还可在原土中掺入部分碎石、石灰等,以提高地基强度。

碾压的质量以分层检验压实土的干重度和含水率来控制,其控制值由试验确定。

图 3-3-4 羊足碾

2. 振动压实法

振动压实法是通过在地基表面施加振动,将浅层松散的地基土振压密实的地基处理方法。其可用于处理无黏性土或黏性土含量少、透水性较好的松散杂填土地基。实践证明,该方法在处理由炉灰、炉渣、碎砖、瓦块等组成的杂填土地基时,效果较好。

振动机械的垂直振动力由机内设置的两个偏心转块产生,在电动机的带动下,两个偏心转块以相同的速度反向转动,从而产生很大的垂直振动力,如图 3-3-5 和图 3-3-6 所示。

图 3-3-5 单钢轮振动压路机　　图 3-3-6 小型振动压路机

振动压实的效果与振动力的大小、填土的成分和振动时间有关。一般来说,振动时间越长,效果越好,但超过一定时间后,振动压实效果将趋于稳定,继续施振压实效果将不明显。因此,必须在施工前进行试振,以找出振实稳定下沉量与时间的关系。振实范围应从基础边缘放出 0.6m 左右,先振压基坑两边,后振压中间。

振实质量的检查应以振动机原地振实不再继续下沉为合格,并辅以轻便触探试验,以检验其均匀性和影响深度,触探深度不应小于1.5m,且应通过现场荷载试验确定振实地基的承载力,一般经振实的杂填土地基的承载力可达120kPa。

3. 重锤夯实法

重锤夯实法是用起重机械将重锤起吊到一定高度后,让其自由下落,利用产生的冲击能不断重复夯击地基,使地基表层变得密实,从而提高地基表土层承载能力的地基处理方法。它适用于砂土、稍湿的黏性土、部分杂填土和湿陷性黄土等的浅层处理。

夯锤通常采用截头圆锥体的形式,如图3-3-7所示。夯锤一般由钢筋混凝土制成,其底面焊有钢板,底面直径为1~1.5m,重量为15~30kN,落距为2.5~4.5m,锤底面自重静压力约为15~25kPa。夯锤顶面应设置吊耳,以便起吊。也可采用液压式夯实机压实地基,如图3-3-8所示。

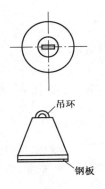

图3-3-7 夯锤

图3-3-8 液压式夯实机

重锤夯实的有效影响深度与锤重、夯锤底面直径、落距及地质条件有关。为达到预期的加固密实度和深度,应在现场进行试夯,以选定夯锤重量、夯锤底面直径、落距及最佳含水率,从而确定夯击的最后下沉量、夯击遍数、落距及总下沉量。

一般应在起吊能力许可的条件下尽量增大锤重。锤重越大,落距越高,所产生的夯击能越大,夯实效果越好。夯击8~12遍后,夯实的影响深度约为锤底直径的1倍。经夯击处理后的杂填土地基的承载力为100~150kPa。对于一般黏性土及湿陷性黄土或砂土来说,当其最后两遍的平均夯沉量不超过2cm或1cm时,即可停止夯击。

当采用重锤夯实分层填土地基时,每层土的虚铺厚度一般为锤底直径的1倍;基坑夯实范围应大于基础底面;夯击应按一夯挨一夯的顺序进行,在一次循环中同一夯位应连夯两次,下一循环的夯位与前一循环应错开半个锤底直径。

夯击时,土的饱和度不宜过高,对于软土层离夯击面很近或地下水位很高的情况,重锤夯实可能会破坏软土的结构而形成"橡皮土",此时要求夯击面必须高出地下水位0.8m。

对重锤夯实地基进行质量检验时,除应符合试夯最后下沉量的规定外,还应检查基坑表面的总下沉量,以不小于试夯总下沉量的90%为合格,否则应进行补夯。

4. 强夯法

强夯法是将很重的落锤(一般为100~600kN)从6~40m的高处自由落下,对较厚的软土层进行强力夯实的地基处理方法,如图3-3-9所示。强夯法的显著特点是夯击能量大,影响深

图 3-3-9　强夯法施工现场

度大，并具有工艺简单、施工速度快、费用低、适用范围广、效果好等优点。

强夯法适用于碎石类土、砂类土、杂填土、低饱和粉土和黏土、湿陷性黄土等地基的加固。对于高饱和软黏土（淤泥及淤泥质土），强夯处理效果较差，但若结合夯坑内回填块石、碎石或其他粗粒料，强行夯入形成复合地基（称为强夯置换或动力挤淤），处理效果较好。

1）强夯法加固机理

强夯法的加固机理与重锤夯实法有着本质的区别，强夯法主要是将势能转化为夯击能，在地基中产生强大的应力和冲击波，从而对土体产生加密和固结作用。

强夯法根据土的类别和强夯施工工艺的不同可分为以下三种加固机理。

（1）动力挤密

在冲击荷载作用下，多孔隙、粗颗粒和非饱和土中的土颗粒相对位移，孔隙中气体被挤出，从而使得土体的孔隙减小、密实度增加、强度提高、变形减小。

（2）动力固结

在饱和的细粒土中，土体在夯击能量作用下产生孔隙水压力使土体结构被破坏，土中出现裂隙，形成排水通道，渗透性改变，随着孔隙水压力的消散土开始密实，抗剪强度、变形模量增大。

（3）动力置换

在饱和软黏土特别是淤泥及淤泥质土中，通过强夯将碎石填充于土体中，形成复合地基，从而提高地基的承载力。

2）强夯法施工参数

强夯法施工前，应先在现场进行原位试验（旁压试验、十字板试验、触探试验等），取原状土样测定含水率、液塑限、粒度成分等，并在实验室进行动力固结试验，以取得有关数据。

根据初步确定的参数，施工前应选择有代表性并不小于 $500 m^2$ 的路段进行试夯，以确定工程采用的各项强夯参数。强夯参数包括以下内容：

（1）夯距

夯击点通常按正方形或梅花形网格布置，夯距为 5~15m，如图 3-3-10 所示。其加固范围应比建筑物基础平面有所扩大，以避免因夯击区边缘土性质的不同而造成建筑物的不均匀沉降。一般在基础平面外扩大 $H/2$~H 的宽度（H 为加固厚度），或多布置一圈加固夯击点。

为使深层土体得到加固，第一遍夯击点的间距要大一些，以使夯击能量传递到深处；下一

图 3-3-10　强夯夯点布置图

遍的夯点往往布置在上一遍的夯点的中间;最后一遍则以较低的夯击能一夯搭一夯地拍夯,以确保地表土的均匀性和较高的密实度。

(2)单位夯击能

单位夯击能是指单位面积上所施加的总夯击能。它与地基土的类别、荷载大小及要求的加固深度等因素有关,一般通过试夯确定。对于饱和黏性土,单位夯击能不应过大,否则会降低地基土的强度。

(3)夯击次数

各夯击点的击数,以使土体竖向压缩最大、侧向位移最小为原则,夯击次数应按现场试夯得到的夯击次数和夯沉量关系曲线确定。

(4)间歇时间

两遍夯击之间应有一定的间歇时间。间歇时间取决于土中超孔隙水压力的消散速度。当缺少实测资料时,可根据地基土的渗透性确定间歇时间,对于渗透性较差的黏性土地基,间歇时间为3~4周;对于渗透性较好的地基,可连续夯击。

(5)有效加固深度

影响有效加固深度的因素除了夯击能量外,还有地基土性质、土层分布顺序及其厚度、地下水位、夯距大小及夯击次数等,《公路桥涵地基与基础设计规范》(JTG D63—2007)规定有效加固深度应根据现场试夯确定。

(6)垫层

在拟加固场地的表面必须敷设一层松散材料作为垫层,以支撑起重设备的重荷,并增加地下水位的埋深,防止夯坑积水,从而避免地表土被夯成"橡皮土",同时也有利于夯击能的扩散。敷设垫层的材料中不能含有黏土,一般采用砂或碎石,垫层厚度为0.5~2.0m。

3)强夯法的施工要点

施工前应检查锤重和落距,单击夯击能量应符合设计要求。夯击前,应对夯点放样并复核,夯完后检查夯坑位置,发现偏差或漏夯应及时纠正。

强夯法的施工顺序应该是先深后浅,即先加固深层土,再加固中层土,最后加固表层土。强夯施工按下列步骤进行:

(1)在整平后的场地上标出第一遍夯击点的位置,并量测场地的高程;
(2)起重机就位,使夯锤对准夯击点位置;
(3)测量夯点锤顶高程;
(4)将夯锤起吊到预定高度,待夯锤脱钩下落后,放下吊钩,测量锤顶高程,若发现因坑底倾斜而造成夯锤歪斜时,应及时将坑底整平;
(5)重复步骤(4),按设计规定的夯击次数及控制标准,完成一个夯点的夯击;
(6)换夯点,重复步骤(2)~步骤(5),直至完成第一遍全部夯点的夯击;
(7)用推土机将夯坑整平,并测量场地高程;
(8)在规定的间隔时间后,按上述步骤完成全部夯击遍数,最后用低能量满夯,将表层松土夯实并测量场地高程。

施工过程中应记录每个夯点的夯沉量,原始记录应完整、齐全。

强夯施工完成后,应通过标准贯入、静力触探等原位测试,测量地基的夯后承载能力是否达到设计要求。一般检验强度效果,宜在强夯之后1~4周进行,不宜在强夯结束后立即进行测试,否则,测得的强度偏低,不能反映实际效果。

复习与思考

1. 砂桩挤密法的作用机理是什么？适用于什么条件？
2. 砂桩的设计主要包括哪些内容？
3. 砂桩的施工要点有哪些？
4. 常用的压实方法有哪些？各有什么特点？
5. 强夯法和重锤夯实法有哪些主要区别？

 任务实施

结合学习内容，并查阅相关技术规范和文献资料后，编写强夯法施工技术和安全交底文件，内容应包括：强夯法作用原理、施工前准备工作、施工流程图、施工质量和安全保障措施等。

任务四 排水固结法处理地基

 学习目标

1. 了解排水固结法的分类方法；
2. 掌握砂井预压法中砂井常见类型及其施工要点；
3. 了解真空预压、降水预压等方法的加固原理和适用范围。

 任务描述

通过对排水固结法加固原理、适用范围及施工方法等相关知识学习，能根据工程实际情况合理选择具体加固方法，描述砂井预压法、真空预压、降水预压等方法的工作原理与施工过程，进行简单的施工技术交底工作。

 相关知识

饱和软黏土地基渗透系数很低，在荷载作用下，由于土中孔隙水排出缓慢，土的固结速度较低，如在其上建造结构物或填土，地基可能产生较大的沉降，甚至由于强度不足而失稳破坏。排水固结法是通过在地基土中采用各种排水技术措施（设置竖向排水体和水平排水体），再分级加载预压，以加速饱和软黏土的排水固结，当地基土的固结度或强度达到规定要求后，卸去预压荷载，然后建造构筑物的一种地基处理方法。

排水固结法依据排水体系的构造及堆载方法的不同，一般可分为砂井堆载预压、天然地基堆载预压、真空预压及降水预压等方法。

一、砂井堆载预压法

砂井堆载预压法是在软弱地基中设置砂井作为竖向排水通道，并在砂井顶部设置砂垫层作为水平排水通道，形成排水系统（图3-4-1），借此增加排水通道，缩短排水距离，以改善地基土的渗透性能，然后在砂垫层上部堆载，以增加地基土中附加应力，使土体中孔隙水较快地通过竖向砂井和水平砂垫层排出,达到加速土体排水固结、提高软弱地基承载力之目的。

砂井堆载预压法适用于厚度较大和渗透系数很低的饱和软黏土,但对于泥炭土、有机质黏土和高塑性土等土层,采用该方法效果不明显。

砂井形式分为普通砂井、袋装砂井和塑料排水板。

1. 普通砂井

1)砂井的布置范围

由于基础以外一定范围内仍然存在压应力和剪应力,所以砂井的布置范围应比基础底面面积大,一般由基础的轮廓线向外增加 2~4m。

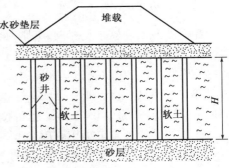

图 3-4-1　砂井堆载预压

2)砂井的平面布置、直径及间距

砂井的平面布置可采用正方形或等边三角形,后者排列较紧凑,应用较多。

砂井的直径和间距主要取决于土的固结特性和施工期的要求。在达到相同的固结度时,一般缩短砂井间距比增加砂井直径效果要好,即采用"细而密"的原则布置为佳。但砂井过细,则施工困难且不宜保证质量,因此,考虑到施工的可操作性,普通砂井的直径宜为 300~500mm。

在大面积荷载作用下,认为每个砂井均起独立排水作用。为了简化计算,将每个砂井平面上的排水范围以等面积的圆来代替,其直径为 d_e。如果砂井间距过密,则对周围土扰动较大,会降低土的强度和渗透性,影响加固效果,一般不应小于 1.5m。砂井的中距 l_s 可按下式计算:

等边三角形布置
$$l_s = \frac{d_e}{1.05} \tag{3-4-1}$$

正方形布置
$$l_s = \frac{d_e}{1.13} \tag{3-4-2}$$

式中:d_e——一根砂井的有效排水圆柱体直径,$d_e = n d_w$;

d_w——砂井直径;

n——井径比,普通砂井,$n = 6~8$;袋装砂井或塑料排水板,$n = 15~20$。

3)砂井的深度

砂井的深度应根据桥涵对地基的稳定性和变形要求确定。对以地基抗滑稳定性为主要因素的结构,如拱式结构的墩台,砂井深度应超过最危险滑动面 2.0m 以上。对以沉降控制的桥涵,当软土层不厚时,砂井深度宜贯穿软土层。当软土过厚时,砂井深度应根据在限定的预压时间内需消除的变形量确定;若施工设备条件达不到设计深度,则可采用超载预压等方法,来满足工程要求。

4)砂井填筑材料

砂井中的填料宜用中、粗砂,必须保证良好的透水性,含泥量应小于 3%。

5)砂井的施工

砂井的施工工艺与砂桩大体相近,具体参照砂桩的施工工艺。

6)砂垫层的设置

为了使砂井有良好的排水通道,砂井顶部应铺设砂垫层,其宽度应超出堆载宽度,并伸出砂井区外边线 2 倍砂井直径,厚度宜大于 0.4m,以免地基沉降时切断排水通道。

在预压区内宜设置与砂垫层相连的排水盲沟,并把地基中排出的水引出预压区。

垫层材料宜用中、粗砂,含泥量应小于5%,砂料中可混有少量粒径小于50mm的石粒。砂垫层的干密度应大于$1.5t/m^3$。

2. 袋装砂井

普通砂井处理软土地基时,如地基土变形较大或施工质量稍差,常会出现砂井被挤压截断的现象,使得砂井在软土中排水不畅,影响加固效果。采用袋装砂井和塑料排水板替代可避免砂井不连续的缺点,而且施工简便,加快了地基的固结,在工程中得到广泛应用。

袋装砂井的设计理论、计算方法与普通砂井基本相同。袋装砂井的直径宜为70~100mm,间距通常为1.0~2.0m,也可按式(3-4-1)或式(3-4-2)计算确定。

袋装砂井的砂袋可采用聚丙烯或聚乙烯等长链聚合物编织制成。砂袋应具有足够的抗拉强度、耐腐蚀性,较好的透水性和耐水性,其渗透系数不应小于砂的渗透系数。应以中砂、粗砂灌入砂袋,并振捣密实,扎紧袋口。

袋装砂井施工一般采用导管式振动打设机械,其施工工艺流程为:整平原地面(清除地表)→测设放样(布桩)→机具就位→打入钢套管→沉入砂袋→拔钢套管→机具移位→埋砂袋上口→摊铺砂垫层,如图3-4-2所示。图3-4-3为袋装砂井沉入施工现场。

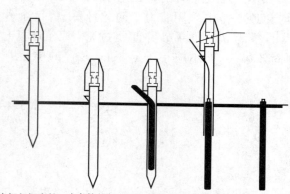

a)打入钢套管 b)套管就位 c)沉入砂井 d)提升套管 e)提升结束

图3-4-2 袋装砂井施工流程图

图3-4-3 袋装砂井沉入施工现场

袋装砂井施工时应注意以下事项:

(1)砂袋露天堆放时应有遮盖,不得长时间暴晒。

(2)砂袋应垂直下井,不得扭结、缩颈、断裂、磨损。

(3)拔钢套管时如将砂袋带出或损坏,应在原孔位边缘重打;连续两次将砂袋带出时,应停止施工,查明原因并处理后方可施工。

(4)砂袋的长度应超出孔口的长度,应能顺直伸入砂垫层至少300mm,以保证排水的连续性。

袋装砂井具有施工工艺和机具简单,用砂量少,间距较小,排水固结效率高,以及井径小,成孔时对软土扰动小,有利于地基土稳定的优点。

3. 塑料排水板

塑料排水板预压法是用插板机将塑料排水板插入待加固的软土中,然后在地基表面堆载预压,使土中孔隙水沿塑料板形成的通道向上经砂垫层排出,从而加速地基排水固结的方法。

塑料排水板根据所用材料、制造方法的不同,其结构也不同。塑料排水板通常可分为两类:一类为多孔单一结构型,是用单一材料制成的多孔管道的板带,表面刺有许多微孔;另一类为复合结构型,是由塑料芯板外套一层无纺土工织物滤膜组合而成。如图3-4-4和图3-4-5所示。

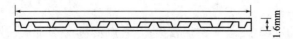

图3-4-4 多孔单一结构型塑料排水板

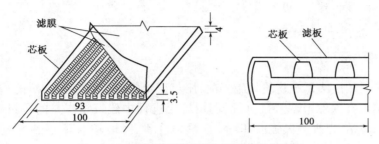

图3-4-5 复合结构型塑料排水板(尺寸单位:mm)

塑料排水板可采用砂井加固地基的固结理论和设计方法。

目前使用的塑料排水板产品都是成卷包装,每卷长约数百米,需用专门的插板机将其插入软土地基中(图3-4-6),具体施工步骤是:先在空心套管内装入塑料排水板,并将其一端与预制的专用钢靴连接,插入地基下设计高程处,然后拔出空心套管,由于土对钢靴的阻力,使塑料板留在软土中,在地面将塑料板切断,再移动插板机进行下一个循环的作业。图3-4-7为塑料排水板施工现场。

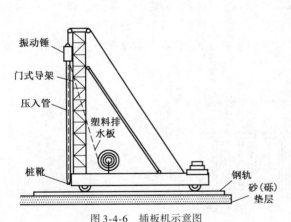

图3-4-6 插板机示意图

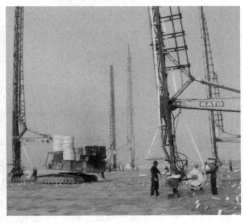

图3-4-7 塑料排水板施工现场

塑料排水板施工应符合以下规定:

(1)现场堆放的塑料排水板,应采取措施防止损坏滤膜。

(2)塑料排水板超过孔口的长度应能伸入砂垫层不小于500mm,预留段应及时弯折埋设于砂垫层中,与砂垫层贯通,并采取保护措施。

(3)塑料排水板不得搭接。

(4)施工中防止泥土等杂物进入套管内,一旦发现应及时清除。

(5)打设形成的孔洞应用砂回填,不得用土块堵塞。

4. 预压荷载的大小及堆载方案

为了加快地基土的压缩过程，可采用比建筑物设计荷载稍大的荷载进行预压，即超载预压。预压荷载一般为设计荷载的 1.1～1.2 倍。预压荷载的分布应与建筑物设计荷载的分布大致相同。

在施加预压荷载的过程中，若需施加较大荷载，则必须分级加载，使其与地基强度的增长速度相适应，待前一级荷载作用下的地基强度增加到一定程度后，才可施加下一级荷载。

堆载方案的计算步骤是：初步拟订一个加载计划，校核每个时刻地基的稳定性，计算各级荷载和停歇时间，确定加载计划。

二、天然地基堆载预压法

天然地基堆载预压法是在建筑物施工前，用与设计荷载相等（或略大）的预压荷载（如砂、土、石等重物）堆压在天然地基上，也可以利用施工过程中建筑物本身的重量缓慢预压，使地基软土得到压缩固结，以提高其强度和减少工后沉降量，待地基承载力、变形达到设计预期要求后，将预压荷载撤除，在经预压的地基上修建结构物的方法。

该方法费用较少，但工期较长。当软土层不太厚，或软土中夹有多层细（粉）砂夹层，渗透性能较好，不需很长时间就可获得较好预压效果时可考虑采用，否则排水固结时间很长，应用受到限制。

三、真空预压法

真空预压法是以大气压作为预压荷重的一种预压固结法，如图 3-4-8 所示。在拟加固的软土地基内埋设砂井、袋装砂井或塑料排水板，然后在表面敷设砂垫层，在砂垫层上覆盖不透气的封闭薄膜使之与大气隔绝。通过在砂垫层内埋设的吸水管道用真空泵进行抽气，在膜内形成真空状态。当真空泵抽气时，先后在地表砂垫层及竖向排水通道内逐渐形成负压，使土体内部与排水通道、垫层之间形成压力差，在此压力差的作用下，土体中的孔隙水不断排出，从而使土体固结。

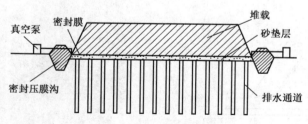

图 3-4-8 真空预压法结构示意图

1. 施工设备和材料

施工设备包括真空泵和一套膜内、外管路。要求真空设备具有效率高，能持续运转，重量轻，结构简单，便于维修等特点。密封材料一般采用聚氯乙烯薄膜或线性聚乙烯等专用薄膜。

2. 施工工艺流程

（1）设置排水通道。在土体中埋设袋装砂井或塑料排水板和在软基表面铺设砂垫层。

（2）铺设膜下管道。将真空滤管埋入软基表面的砂垫层中。

（3）铺设封闭薄膜。在加固区四周开挖深达 0.8～0.9m 的沟槽，铺上塑料薄膜，薄膜四周放入沟槽,将挖出的黏性土填回沟槽,封闭薄膜。

(4)连接膜上管道及抽真空装置。膜上管道的一端与串膜装置相连,另一端连接真空装置。主管与薄膜连接处必须处理好,保证密封,以保持气密性。

(5)打开真空泵正式抽气,施加真空荷载,测读真空度和沉降值,进行加载预压。

(6)沉降记录达到设计值,即可停止抽气,加载预压结束。

真空预压的效果和密封膜内所能达到的真空度的大小有很大关系。根据我国的工程经验,当采用合理的施工工艺和设备时,膜内真空度一般可维持在600mmHg(1mmHg = 133.322Pa)左右,相当于8kPa的真空压力,一次预压面积为500 ~ 5000m²。

当地基土有充足的水源补给,且地下水大量流入时,由于不可能达到预期的负压,因此预压效果将会受到影响。因此,真空预压法主要适用于软黏性土地基。

四、降水预压法

降水预压法是借助井点抽水降低地下水位,以增加土的自重应力,达到预压的目的。其降低地下水位的原理、方法和需要的设备基本与基坑井点法排水相同。

地下水位的降低使地基中的软弱土层承受了相当于水位下降高度水柱的质量,增加了土中的有效应力。当降水达 5 ~ 6m 时,降水预压荷载可达 60kPa。因为降水后土中孔隙水的压力会减小,所以土体不会发生破坏。

降水预压法适用于渗透性较好的砂土、粉土或含有砂土层的软黏土层。在使用降水预压法前应摸清土层分布及地下水位的情况。

采用各种排水固结方法加固后的地基,均应进行质量检验。检验方法可采用十字板剪切试验、旁压试验、荷载试验或常规土工试验,以测定其加固效果。

复习与思考

1. 什么是排水固结法?根据排水体系的构造及加载方式的不同,它可分为哪几种方法,各自适用条件如何?

2. 砂井的作用是什么?袋装砂井和塑料排水板预压法与普通砂井相比,具有哪些优点?

3. 真空预压法和降水预压法的加固机理是什么?

任务实施

结合学习内容,查阅技术规范及相关文献资料后,编写塑料排水板施工技术交底文件,内容应包括:施工前准备工作、施工工艺流程、施工机械、施工质量和安全保障措施等。

任务五 深层搅拌法处理地基

1. 理解深层搅拌法的作用机理和适用条件;

2. 掌握粉喷桩、水泥浆搅拌桩的施工方法；
3. 区分高压喷射注浆法不同的注浆方式和喷射方法；
4. 掌握高压旋喷桩的施工方法。

任务描述

通过对深层搅拌法加固原理、适用范围及施工方法等相关知识学习，能清楚解释粉喷桩、水泥浆搅拌桩、高压旋喷桩等方法的加固原理和适用范围，描述其施工过程和进行简单的施工技术交底工作。

相关知识

深层搅拌法是通过深层搅拌机械将水泥、石灰等固化剂和软弱土在地基深处就地强制搅拌，利用固化剂与软土之间所产生的一系列物理化学反应，使软土硬结成具有较好的整体性、水稳性及足够强度的固结体，并与天然地基形成复合地基，从而提高地基强度，减小地基沉降量的方法。

深层搅拌法适用于加固各种成因的饱和软黏土，一般来说，对于含有高岭石、多水高岭石、蒙脱石等黏土矿物的软土加固效果较好；而对于含有伊利石、氯化物、水铝石英等矿物及有机质含量高、酸碱度（pH值）较低的黏性土的加固效果较差。

深层搅拌法按加固材料的不同，可分为粉体搅拌法和浆液搅拌法；按施工工艺可分为低压搅拌法（粉体喷射搅拌桩、水泥浆搅拌桩）和高压喷射注浆法（高压旋喷桩）两种。

一、粉体喷射搅拌法

粉体喷射搅拌法是通过专用的施工机械，将搅拌钻头下沉到预计孔底后，用压缩空气将固化剂（生石灰或水泥粉体材料）以雾状喷入加固部位的地基土中，借助钻头和叶片旋转，使粉体加固料与软土原位搅拌混合，自下而上边搅拌边喷粉，直到设计高程。为保证质量，可再次将搅拌钻头下沉至孔底，重复搅拌。

粉体喷射搅拌桩施工作业顺序如图3-5-1所示，具体内容如下。

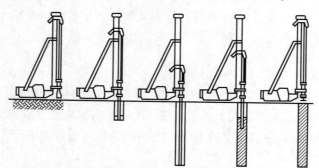

a)搅拌机对准桩位　b)下钻　c)钻进结束　d)提升喷射搅拌　e)提升结束

图3-5-1　粉体喷射搅拌法施工作业顺序

（1）定位。平整场地后将搅拌机移到桩位，调平机位、对中。

（2）预搅钻进下沉。启动搅拌机电机，使钻头正向转动钻进，匀速下沉至设计高程为止。

（3）喷粉搅拌提升。当深层搅拌机下沉到设计深度时，开启空压机待气粉混合物到达喷口时，按确定的提升速度开动钻机，反钻，一边喷灰，一边提升搅拌机。

(4)重复搅拌。搅拌机喷灰反转提升至原地面以下50cm时,关闭空压机。为使软土和固化剂搅拌均匀,可再次将搅拌机钻进下沉,直至设计深度,再将搅拌机按规定速度反转提升出地面。

(5)移位,准备打下一根桩。

施工结束后,对加固的地基应作质量检验,包括标准贯入试验、取芯抗压试验、荷载试验等。桩柱体的强度、压缩模量、搅拌的均匀性以及尺寸均应符合设计要求。粉体喷射搅拌桩加固地基的具体设计计算可按复合地基设计。桩柱长度确定原则上与砂桩相同。

石灰、水泥粉体加固形成的桩柱的力学性质、变形幅度相差较大,主要取决于软土特性、掺加料种类、质量、用量、施工条件及养护方法等。石灰用量一般为干土质量的6%~15%,软土含水率以接近液限时效果较好。水泥掺入量一般为干土质量5%以上(7%~15%)时效果较好。

粉体喷射搅拌法形成的粉喷桩直径为50~100cm,加固深度可达10~30m。石灰粉体形成的加固桩柱体抗压强度可达800kPa,压缩模量达2~3MPa。水泥粉体形成的桩柱体抗压强度可达5MPa,压缩模量达100MPa左右。地基承载力一般可提高2~3倍,减少沉降量1/3~2/3。

粉体喷射搅拌法是以粉体作为主要加固料,不需向地基注入水分,因此加固后地基土初期强度高。施工时不需高压设备,安全可靠,如严格遵守操作规程,可避免对周围环境产生污染、振动等不良影响。缺点是受施工工艺的限制,加固深度不能过深。

二、水泥浆搅拌法

水泥浆搅拌法是用回转的搅拌叶片将压入软土内的水泥浆与周围软土强制拌和形成水泥加固体。搅拌机由电动机、中心管、输浆管、搅拌轴和搅拌头组成,并有灰浆搅拌机、灰浆泵等配套设备。

水泥浆搅拌法的施工作业顺序如图3-5-2所示,具体内容如下。

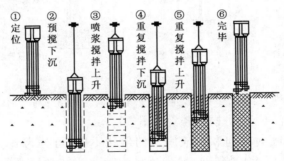

图3-5-2 水泥浆搅拌法施工作业顺序

(1)在深层搅拌机起吊就位后,搅拌机先沿导向架切土下沉。

(2)下沉到设计深度后,开启灰浆泵将制备好的水泥浆压入地基。

(3)边喷边旋转搅拌头,并按设计确定的提升速度,进行提升、喷浆、搅拌作业,使软土与水泥浆搅拌均匀。

(4)提升到设计高程后,再次控制速度将搅拌头搅拌下沉,达到设计加固深度后,再搅拌提升出地面。

为控制加固体的均匀性和加固质量,施工时应严格控制搅拌头的提升速度,并保证喷压阶段不出现断桩现象。

水泥浆搅拌法加固形成的桩柱体强度与加固时所用水泥强度等级、用量、被加固土含水率等有密切关系,应在施工前通过现场试验取得有关数据。一般用42.5级水泥,水泥用量为加固土干重度的 2% ~ 15%,3 个月龄期试块变形模量可达 75MPa 以上,抗压强度达 1500 ~ 3000kPa 以上,加固软土含水率为 40% ~ 100%。按复合地基设计计算,加固软土地基承载力可提高 2 ~ 3 倍以上,沉降量减少,稳定性也明显提高,而且施工方便。

水泥浆搅拌法由于水泥浆与原地基软土的搅拌结合对周围建筑物的影响很小,且施工时无振动和噪声,对环境影响小。

三、高压喷射注浆法

高压喷射注浆法是利用钻机把带有喷嘴的注浆管钻进土层预定位置后,以高压设备使浆液或水(空气)形成 20 ~ 40MPa 的高压射流从喷嘴中喷射出来,冲切、扰动、破坏土体,同时钻杆以一定速度逐渐提升,将浆液与土粒强制搅拌混合,浆液凝固后,在土中形成一个圆柱状固结体(即旋喷桩),以达到加固地基或止水防渗的目的。

1. 旋喷桩的喷射方式

旋喷桩的喷射方式主要有单管、二重管及三重管等,如图 3-5-3 所示。单管法以水泥浆液作为喷流的载能介质,其稠度及黏滞力较大,形成的旋喷桩直径较小;二重管法则为同轴复合喷射高压水泥浆和压缩空气两种介质;三重管法则为同轴复合喷射高压水、压缩空气和水泥浆三种介质,它以水作为喷流的载能介质,水在管路中的流动阻力较小,在同样的压力下所形成的旋喷桩的直径较大。

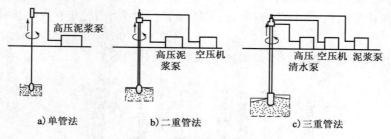

图 3-5-3 高压喷射注浆方法

对于大型或重要工程,旋喷桩的直径应通过现场试验确定;对于小型或不太重要的工程,如无试验资料时,旋喷桩的直径可根据经验选用。

高压喷射注浆法按喷射方向和形成固体的形状不同,可分为旋转喷射、定向喷射和摆动喷射三种,如图 3-5-4 所示。旋转喷射为喷嘴边喷边旋转和提升,固结体呈圆柱状,此法又称为旋喷法,主要用于加固地基。定向喷射为喷嘴边喷边提升,喷射方向固定,固结体呈壁状。摆动喷射时喷嘴边喷边左右摆动,固结体呈扇状墙。后两种方法常用于基坑防渗和边坡稳定等工程。

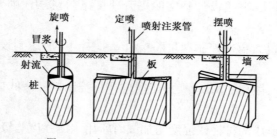

图 3-5-4 高压喷射注浆的三种基本形式

2. 高压旋喷桩施工方法

旋喷法的施工程序如图 3-5-5 所示。

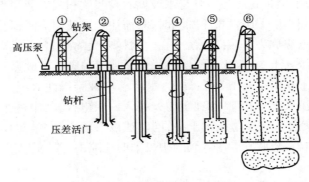

图 3-5-5　旋喷法的施工程序

(1) 钻机就位,进行射水试验,以检查喷嘴是否畅通,压力是否正常。

(2) 钻杆旋转下沉,直到设计高程为止。

(3) 插管(单重管法、二重管法)。当采用旋喷注浆管进行钻孔作业时,钻孔和插管二道工序可合二为一。当第一阶段贯入土中时,可借助喷射管本身的喷射或振动贯入。其过程为:启动钻机,同时开启高压泥浆泵低压输送水泥浆液,使钻杆沿导向架振动、射流成孔下沉;直到桩底设计高程,观察工作电流不应大于额定值。三重管法钻机钻孔后,拔出钻杆,再插入旋喷管。在插管过程中,为防止泥砂堵塞喷嘴,可用较小压力(0.5~1.0MPa)边下管边射水。

(4) 提升喷浆管、搅拌。喷浆管下沉到达设计深度后,停止钻进,旋转不停,高压泥浆泵压力增到施工设计值(20~40MPa),底部喷浆 30s 后,边喷浆,边旋转提升。

(5) 严格按照设计和试桩确定的提升速度提升钻杆,直至达到预期的加固高度后停止。

(6) 旋喷成桩后,再移动钻机重新以步骤(2)~步骤(6)进行下一桩位施工。

高压喷射注浆加固技术能灵活地成形,既能垂直喷射注浆,也可倾斜或水平喷射注浆;既可在钻孔的全长成柱型固结体,也可仅作其中一段。所以它可作为既有建筑和新建建筑的地基加固之用,也可作为基础防渗之用。

实践证明,砂类土、黏性土、黄土和淤泥都可以进行喷射加固,但对于直径过大的砾石、砾石含量过多及含有大量纤维质的腐殖土,喷射质量较差,有时甚至不如静压注浆的加固效果。当地下水的流速过大,喷射浆液无法在注浆管周围凝固时,也不宜采用高压喷射注浆法。

四、浆液灌注胶结法

浆液灌注胶结法是指利用一般的液压、气压或电化学法,通过注浆管把浆液注入地层中,浆液以填充、渗透和挤密等方式进入土颗粒间的孔隙中或岩石裂隙中,经过一定时间后,将原来松散的土粒或裂隙胶结成整体,形成一个强度大、防渗性能高及化学稳定性良好的固结体,以改善地基土的物理和力学性质的方法。

常用注浆材料主要有粒状悬浮浆液和液态化学浆液两大类。

粒状悬浮浆液主要有水泥浆、水泥黏土浆、水泥砂浆、水泥粉煤灰浆等,适用于最小粒径为 0.4mm 的砂砾地基。

当细粒土的孔隙较小,水泥浆液不易掺入土中孔隙,需借助压力来克服地层的初始应力和抗拉强度,从而引起岩石和土体结构的破坏及扰动,使地层中原有的裂隙或孔隙张开,形成水力劈裂或孔隙,提高浆液的可注性及增大扩散距离,此种方法称为劈裂注浆。

液态化学浆液主要指以水玻璃(硅酸钠)为主剂的混合溶液,适用于土粒较细的地基土。

粉砂加固时,通过下端带孔的注液管将水玻璃和磷酸调和成单液注入地基,利用化学反应后生成的硅胶使土粒胶结。湿陷性黄土加固时,只需注入水玻璃溶液,利用黄土中的钙盐与其反应生成凝胶。此种方法称为单液硅化法。在透水性较大的土中,采用双液硅化法,即将水玻璃和氯化钙溶液轮流压入土中,氯化钙溶液的作用是加速硅胶的形成。

对于渗透系数小于 0.1~2m/d 的各类土,水玻璃溶液难以注入土中孔隙,这时需借助电渗作用将水玻璃溶液注入土中孔隙,即在土中先打入两根电极,其中注浆管为阳极,滤水管为阴极,然后将化学浆液通过注浆管压入土中,同时通以直流电,在电渗作用下,孔隙水流向阴极,通过滤水管将水抽出,浆液则能渗入到土中更细的孔隙中,并使其分布更为均匀,这种加固方法被称为电渗硅化法。

硅化法的优点是加固作用快、工期短。但化学溶液价格高,造价高,所以只在特殊工程中应用。

复习与思考

1. 注浆法按加固材料可分为哪几类,按施工工艺又可分为哪几类?
2. 什么是深层搅拌法,其作用机理是什么?
3. 粉体喷射搅拌(桩)法和水泥浆搅拌(桩)法有什么区别?
4. 高压旋喷桩是如何进行施工的?
5. 什么是电渗加固法,其适用条件是什么?

任务实施

1. 绘制粉喷桩和高压旋喷桩施工工艺流程图。
2. 结合学习内容,查阅技术规范以及相关文献资料后,编写水泥搅拌桩技术交底文件,内容应包括:施工前准备工作、施工工艺流程、施工机械、施工质量和安全保障措施等。

学习项目四 天然地基浅基础

任务一 浅基础施工图识读

1. 了解浅基础的常用类型及适用条件；
2. 掌握浅基础的构造特点及设计要求。

通过对浅基础结构形式及设计要求等相关知识的学习，能识读工程图纸，计算工程量。检验基础高程和尺寸是否符合《公路桥涵地基与基础设计规范》(JTG D63—2007)的基本要求。

一、浅基础的类型及适用条件

根据受力条件及构造不同，天然地基浅基础可分为刚性基础和柔性基础。

基础底面在地基反力作用下，基础悬出部分 $a\text{-}a$ 断面将产生弯曲拉应力和剪应力。当基础圬工具有足够的截面使材料的容许应力大于地基反力产生的弯曲拉应力和剪应力时，$a\text{-}a$ 断面不会出现裂缝，基础内不需配置受力钢筋，这种基础称为刚性基础，如图4-1-1a)所示。

刚性基础常用水泥混凝土、粗料石或片石等材料砌筑。刚性基础具有稳定性好，施工简便，能承受较大作用的特点；缺点是自重大，对地基承载力要求高。对于承受作用大或上部结构对沉降差较敏感的建筑物，如果持力层土质较差又较厚时，不宜选用刚性基础。

基础在基底反力作用下，在 $a\text{-}a$ 断面产生的弯曲拉应力和剪应力若超过基础圬工的强度极限值，为了防止基础在 $a\text{-}a$ 断面开裂甚至断裂，需在基础中配置足够数量的钢筋，这种基础称为柔性基础，如图4-1-1b)所示。

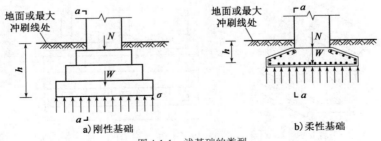

a) 刚性基础   b) 柔性基础

图 4-1-1 浅基础的类型

柔性基础主要是用钢筋混凝土浇筑。它的优点是适应性好，对地基强度要求较低，整体性能较好，抗弯刚度较大；缺点是钢筋用量大，施工技术要求高。

二、浅基础的结构形式

1. 刚性扩大浅基础

基础平面形式一般应考虑墩、台身底面形状而定,矩形因其计算简单,施工方便,成为最常采用的基础平面形式。考虑到地基强度一般较墩、台等结构物圬工强度低,设计时需要将基础平面尺寸扩大,以增大基底受压面,减小地基压应力,满足地基强度要求,这种基础又称为扩大基础,如图 4-1-2 所示。

刚性扩大浅基础由于埋入地层深度较浅,设计计算时可以忽略基础侧面土体的影响,结构形式简单,施工方法简便,是桥涵及其他构造物首选的基础形式。

2. 单独和联合基础

单独基础是柱式桥墩常用的基础形式之一。它的纵横剖面均可砌筑成台阶式,如图 4-1-3a)所示。柱下单独基础用石或砖砌筑时,立柱与基础之间应用混凝土连接。为了满足地基强度要求,常需扩大基础平面尺寸,如扩大结果使相邻的单独基础在平面上相连甚至重叠时,则可将它们连在一起形成联合基础,如图 4-1-3b)所示。

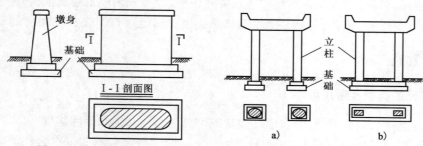

图 4-1-2　刚性扩大浅基础　　　　图 4-1-3　单独基础和联合基础

3. 条形基础

条形基础分为墙下和柱下条形基础。墙下条形基础是挡土墙或涵洞常用的基础形式,其横剖面可以是矩形或将一侧筑成台阶形。如挡土墙很长,为了避免在沿墙长方向因沉降不匀而开裂,可根据土质和地形予以分段,设置沉降缝,如图 4-1-4 所示。有时为了增强桥柱下基础的承载能力,将同一排若干个柱子的基础联合起来,称为柱下条形基础,如图 4-1-5 所示。其构造与倒置的 T 形截面梁相类似,在沿柱子的排列方向的剖面可以是等截面的,也可以如图 4-1-5 所示在柱位处加腋。

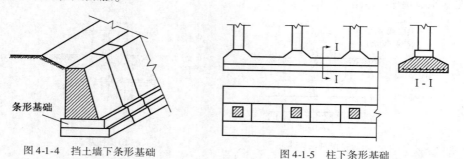

图 4-1-4　挡土墙下条形基础　　　　图 4-1-5　柱下条形基础

4. 筏板和箱形基础

筏板和箱形基础是房屋建筑常用的基础形式。当立柱或承重墙传来的作用较大,地基土质软弱又不均匀,采用单独或条形基础均不能满足地基承载力或沉降要求时,可采用筏板式钢筋混凝土基础(图4-1-6)。既能扩大基底面积又增加基础的整体性,并避免建筑物局部发生不均匀沉降。筏板基础分为平板式和梁板式。其中,平板式常用于柱的作用较小而且柱子排列较均匀、间距较小的情况。

箱形基础由钢筋混凝土顶板、底板及纵横隔墙组成(图4-1-7),它的刚度远大于筏板基础,而且基础顶板和底板间的空间常可利用作地下室。它适用于地基较软弱、土层厚、建筑物对不均匀沉降较敏感或作用较大而基础建筑面积不太大的高层建筑。

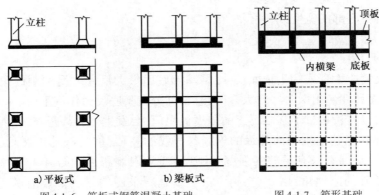

图 4-1-6　筏板式钢筋混凝土基础　　图 4-1-7　箱形基础

三、刚性扩大浅基础的尺寸

刚性扩大浅基础尺寸包括立面尺寸和平面尺寸两个方面,如图 4-1-8 所示。

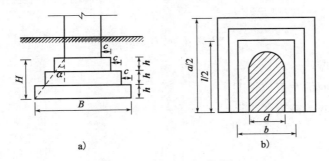

图 4-1-8　基础立面和平面图

1. 基础立面尺寸

基础厚度应根据墩台身结构形式、作用大小、基础埋置深度、地基承载力容许值等因素确定。考虑到整个建筑物的美观,并保护基础不受外力破坏,一般要求基础顶面不外露,因此基础顶面不宜高于最低水位或地面高程。基础埋置深度确定后,即可知基础底面高程。基础厚度 H 即为基础顶面与底面高程之差,一般情况下,大、中桥墩台基础厚度在 1.0~2.0m。

基础较厚(超过 1m)时,可将基础的剖面浇(砌)筑成台阶形,如图 4-1-8 所示。台阶数和台阶高度按基础总厚度和底面尺寸,视具体情况而定,混凝土基础每级台阶高度一般不小于 50cm,砌石基础每级台阶高度一般不小于 75cm。一般情况下各层台阶宜采取相同厚度。

2. 基础平面尺寸

基础平面尺寸包括基础顶面尺寸和底面尺寸。

1）基础顶面尺寸

基础顶面尺寸应大于墩台底部平面尺寸。基础顶面边缘到墩台底部边缘的距离，称为基础的襟边宽度，如图 4-1-8 中的 c。襟边宽度一般不小于 15~30cm，其作用一方面是扩大基础底面受压面积，减小基底压应力；另一方面是纠正基础施工时可能产生的偏差；同时也便于搭置浇筑墩台所需要的模板。因此，基础顶面尺寸应满足：

$$b \geqslant d + 2c_{min} \tag{4-1-1}$$

式中：b——基础顶面的宽度或长度；

d——墩台身底部的宽度或长度；

c_{min}——最小襟边宽度。

2）基础底面尺寸

基础底面尺寸应大于或等于顶面尺寸，但基础底面最大尺寸要受到刚性角的限制。如前所述，当基础底面尺寸悬出墩台底部太多时，悬出部分在基底反力作用下，在 $a-a$ 断面产生的弯曲拉应力和剪应力若超过了基础圬工的强度极限值，会发生开裂甚至破坏。

从墩台底部外缘到基础底面外缘的连线与竖线的夹角，称为基础扩展角，如图 4-1-8 中的 α，为保证刚性基础本身有足够的强度和刚度，通常限制扩展角 α 不超过一定的极限值，该极限值称为基础的刚性角，用 α_{max} 表示，它与基础所采用的材料强度有关，一般按下列数值选用：

用 M5 以下水泥砂浆砌筑块石时，$\alpha_{max} \leqslant 30°$；

用 M5 以上水泥砂浆砌筑块石时，$\alpha_{max} \leqslant 35°$；

水泥混凝土 $\alpha_{max} \leqslant 45°$。

因此，基础底面尺寸应满足：

$$B \leqslant d + 2H\tan\alpha_{max} \tag{4-1-2}$$

式中：H——基础高度；

B——基础底面的宽度或长度；

d——墩台身底部的宽度或长度。

复习与思考

1. 拟定基础尺寸时，应考虑哪些要求？
2. 什么是襟边？设置襟边的作用是什么？
3. 什么是基础的扩展角和刚性角？为什么要求扩展角不得超过刚性角？

任务实施

根据提供的某桥基础施工图（图 4-1-9~图 4-1-11），读识下列内容：

1. 浅基础的类型、基础的平面尺寸和基顶高程、基底高程；
2. 基础襟边尺寸和扩展角，并检验是否满足结构设计要求；
3. 混凝土强度等级和数量，钢筋种类与型号；
4. 描述持力层地质条件，并确定其承载力大小。

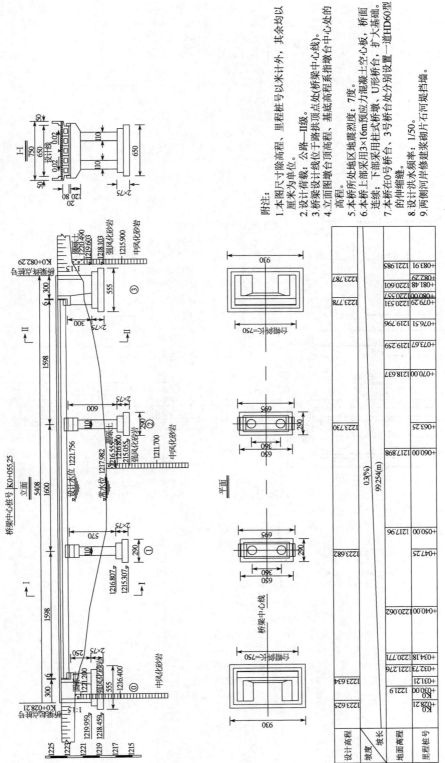

图 4-1-9 桥型布置图

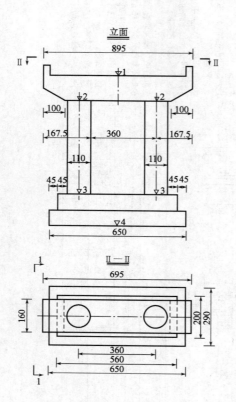
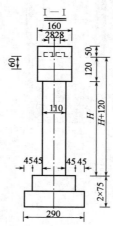

尺寸表

项目编号	▽1 (m)	▽2 (m)	柱高 H(cm) 1	柱高 H(cm) 2	▽3 (m)	▽4 (m)
1	1222.506	1221.30	450.0	450.0	1212.806	1215.306
2	1222.554	1221.35	480.0	480.0	1216.554	1215.054

附注：
1. 图中尺寸均以厘米为单位。
2. 支座及垫块位置本图未标出，另见设计保留。
3. 桥墩中心线指与两侧外边柱距离相等的位置处。
4. 本图为1、2号桥墩一般构造图。

图 4-1-10　桥墩一般构造图

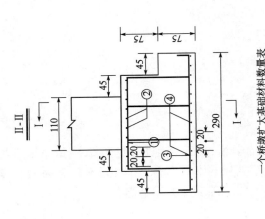

一个桥墩扩大基础材料数量表

编号	直径(mm)	单根长度(cm)	根数	共长(m)	共重(kg)	总重(kg)
1	⌀16	225	28	63.00	99.54	99.5
2	⌀12	576	10	57.60	51.15	51.2
3	⌀22	328	33	108.24	322.56	322.6
4	⌀16	675	15	101.25	159.98	160.0
5	⌀16	150	40	60.0	94.80	94.8
C25混凝土 (m³)						22.54

附注：
1. 图中尺寸除钢筋直径以毫米计，余均以厘米为单位。
2. 注意预埋墩身钢筋。
3. 本图用于1号、2号桥墩。

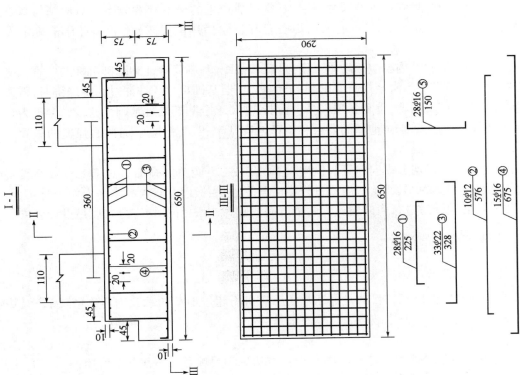

图4-1-11 桥墩扩大基础钢筋构造图

任务二　刚性浅基础设计

1. 明确浅基础的设计原理与计算步骤；
2. 掌握刚性扩大浅基础的设计计算方法与要求。

通过对刚性浅基础设计计算方法等相关知识的学习，能正确地按照《公路桥涵地基与基础设计规范》(JTG D63—2007)中计算要求，拟定基础尺寸和埋置深度，根据基础底面荷载作用组合情况完成地基强度、基底偏心距、基础稳定性和基础沉降的设计验算。

一、浅基础的设计计算内容

浅基础设计时，首先应对地基工程特性作出评价，结合上部结构物和其他工程条件初步拟定基础的类型、材料、埋置深度及尺寸，然后根据可能产生的最不利效应组合对地基与基础进行验算，以证实各项设计是否满足结构物安全和正常使用的要求，最后通过比选确定设计方案。

地基与基础的验算内容包括地基强度、基底偏心距、基础稳定性和基础沉降的验算。验算中，如果发现某项设计不满足规范要求，或虽然满足，但基础尺寸或埋深过大不经济时，需适当修改基础尺寸或埋置深度，重复各项验算，直到各项要求全部满足且基础尺寸较为合理为止。

柔性基础与刚性基础对地基的要求和验算内容基本相同，但应增加截面强度的验算。本书只介绍刚性浅基础。

每一个验算项目均分纵向验算和横向验算两部分，不能予以叠加。对于大多数桥梁基础来说，往往纵向验算控制设计，一般不进行横向验算，但当横向有较大的水平力作用时，除了纵向验算外，还必须同时进行横向验算。两个方向的验算方法相同，均应分别满足设计要求。

二、地基与基础的验算

1. 持力层地基强度验算

持力层地基强度验算的目的是保证基底压应力不超过地基的承载力容许值，以确保基础不会应地基强度不足而发生破坏。具体要求是：

$$p_{\max} \leq \gamma_R [f_a] \tag{4-2-1}$$

式中：$[f_a]$——地基承载力容许值(kPa)，确定方法见学习项目二中任务四所述；

　　　γ_R——地基承载力容许值抗力系数；

　　　$p_{\max}$——基底最大压应力(kPa)，计算方法见学习项目二中任务二所述。

通过分析基底压应力计算公式可知，当基础底面尺寸一定时，N 和 M 值越大，$p_{\max}$ 越大。因此验算地基强度时，应选用 N 值和 M 值尽可能大的效应组合为最不利效应组合。

注意：当桥台台背填土的高度 H_1 在 5m 以上时，如图 4-2-1 所示，应考虑台背填土对桥台基底或桩端平面处的附加竖向压应力 p_1。

$$p_1 = \alpha_1 \gamma_1 H_1 \qquad (4\text{-}2\text{-}2)$$

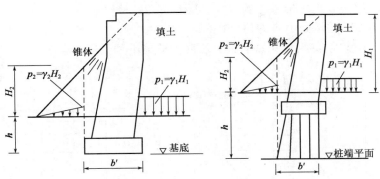

图 4-2-1　桥台填土荷载对基底应力的影响

对软土或软弱地基，如相邻墩台的距离小于 5m 时，应考虑邻近墩台对软土或软弱地基所引起的附加竖向压应力。对于埋置式桥台，应计算台前锥体对基底（或桩端平面）处前边缘引起的附加压应力 p_2。

$$p_2 = \alpha_2 \gamma_2 H_2 \qquad (4\text{-}2\text{-}3)$$

其中：p_1——台背路基填土对原地面的竖向压应力（kPa）；

$\quad\quad p_2$——台前锥体对原地面的竖向压应力（kPa）；

$\quad\quad \gamma_1$——路基填土的天然重度（kN/m³）；

$\quad\quad \gamma_2$——台前锥体填土的天然重度（kN/m³）；

$\quad\quad H_1$——台背路基填土高度（m）；

$\quad\quad H_2$——基底（或桩端平面）处前边缘上的锥体高度（m）；

$\quad\quad b'$——基底（或桩端平面）处的前后边缘上的锥体高度（m）；

$\quad\quad h$——原地面至基底（或桩端平面）处的深度（m）；

$\quad\quad \alpha_1$、α_2——附加竖向压应力系数，具体取值可参见《公路桥涵地基与基础设计规范》(JTG D63—2007) 附录 J 表中值。

将 p_1 和 p_2 与其他荷载引起的基底应力相加，即得基底总压应力。

2. 软弱下卧层强度验算

当地基中存在软弱下卧层时，应参照图 4-2-2 按式(4-2-4)验算软弱下卧层的承载力：

$$p_z = \gamma_1(h+z) + \alpha(p - \gamma_2 h) \leq \gamma_R [f_a] \qquad (4\text{-}2\text{-}4)$$

式中：p_z——软弱下卧层顶面压应力（kPa）；

$\quad\quad h$——基底或桩端处的埋置深度（m）；当基础受水流冲刷时，由一般冲刷线算起；当不受水流冲刷时，由天然地面算起；如位于挖方内，则由开挖后地面算起；

$\quad\quad z$——从基底到软弱下卧层顶面的距离（m）；

$\quad\quad \gamma_1$——深度 $(h+z)$ 范围内各土层的换算重度（kN/m³）；

$\quad\quad \gamma_2$——深度 h 范围内各土层的换算重度（kN/m³）；

$\quad\quad \alpha$——土中附加压应力系数，由 l/b、z/b 查表可得，表值参见《公路桥涵地基与基础设计规范》(JTG D63—2007) 附录 M 第 M.0.1 条；

p——基底压应力(kPa);当 $z/b>1$ 时,p 采用基底平均压应力;当 $z/b\leqslant 1$ 时,p 按基底压应力图形采用距最大压应力点 $b/3$ 或 $b/4$ 处的压应力(对于梯形图形前后端压应力差值较大时,可采用上述 $b/4$ 点处的压应力值;反之,则采用上述 $b/3$ 处压应力值),以上 b 为矩形基底的宽度,见图4-2-3;

$[f_a]$——软弱下卧层承载力容许值(kPa)。

软弱下卧层强度验算时,计算基底最大压应力的最不利效应组合应同持力层强度验算。

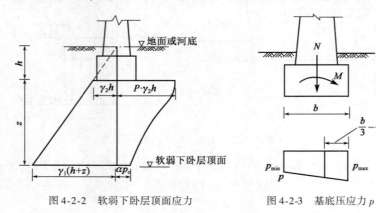

图4-2-2 软弱下卧层顶面应力   图4-2-3 基底压应力 p

3. 基底偏心距验算

墩台基础设计计算时,必须控制基底的合力偏心距,以尽可能使基底压应力分布比较均匀,避免基底两侧压应力相差过大,使基础发生较大的不均匀沉降,致使墩台倾斜,影响正常使用,具体应符合表4-2-1 规定。

墩台基底的合力偏心距容许值 $[e_0]$ 表4-2-1

作用情况	地基条件	合力偏心距	备注
墩台仅承受永久作用标准值效应组合	非岩石地基	桥墩$[e_0]\leqslant 0.1\rho$	拱桥、刚构桥墩台,其合力作用点应尽量保持在基底重心附近
		桥台$[e_0]\leqslant 0.75\rho$	
墩台承受作用标准值效应组合或偶然作用(地震作用除外)标准值效应组合	非岩石地基	$[e_0]\leqslant \rho$	拱桥单向推力墩不受限制,但应符合《公路桥涵地基与基础设计规范》(JTG D63—2007)表4.3.3 规定的抗倾覆稳定系数
	较破碎～极破碎岩石地基	$[e_0]\leqslant 1.2\rho$	
	完整、较完整岩石地基	$[e_0]\leqslant 1.5\rho$	

基础底面中心单向偏心受压时,应满足式(4-2-5)的要求:

$$e_0 = \frac{M}{N} \leqslant [e_0] \qquad (4\text{-}2\text{-}5)$$

式中:N、M——作用于基底的竖向力和所有外力(竖向力、水平力)对基底截面重心的弯矩。

当基底承受双向偏心受压或基底截面不对称时,ρ 可按式(4-2-6)计算:

$$\rho = \frac{e_0}{1 - \dfrac{p_{\min}A}{N}} \qquad (4\text{-}2\text{-}6)$$

其中:

$$p_{\min} = \frac{N}{A} - \frac{M_x}{W_x} - \frac{M_y}{W_y} \qquad (4\text{-}2\text{-}7)$$

进行该项验算时,应选取 N 值小、M 值大的效应组合为最不利效应组合。

4. 基础稳定性验算

当基础承受较大的偏心距和水平力时,有产生倾覆和滑动的危险,为保证基础具有足够的稳定性,需分别进行倾覆稳定性验算和滑动稳定性验算。

1)基础倾覆稳定性验算

桥涵墩台的抗倾覆稳定性系数,按式(4-2-8)计算:

$$k_0 = \frac{s}{e_0} \tag{4-2-8}$$

$$e_0 = \frac{\sum P_i e_i + \sum H_i h_i}{\sum P_i} \tag{4-2-9}$$

式中:k_0——墩台基础抗倾覆稳定性系数;

s——在截面重心至合力作用点的延长线上,自截面重心至验算倾覆轴的距离(m);

e_0——所有外力的合力 R 在验算截面的作用点对基底重心轴的偏心距(m);

P_i——不考虑其分项系数和组合系数的作用标准值组合或偶然作用(地震除外)标准值组合引起的竖向力(kN);

e_i——竖向力 P_i 对验算截面重心的力臂(m);

H_i——不考虑其分项系数和组合系数的作用标准值组合或偶然作用(地震除外)标准值组合引起的水平力(kN);

h_i——水平力 H_i 对验算截面重心的力臂(m),见图4-2-4。

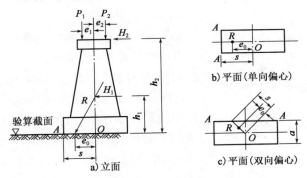

图 4-2-4 墩台基础的稳定验算示意图

O-截面重心;R-合力作用点;A-A-验算倾覆轴

该项验算时应选取 N 值小、M 值大的效应组合为最不利效应组合。

2)基础滑动稳定性验算

桥涵墩台的抗滑动稳定性系数,按式(4-2-10)计算:

$$k_e = \frac{\mu \sum P_i + \sum H_{ip}}{\sum H_{ia}} \tag{4-2-10}$$

式中:k_e——桥涵墩台基础的抗滑动稳定性系数;

$\sum P_i$——竖向力总和(kN);

$\sum H_{ip}$——抗滑稳定水平力总和(kN);

$\sum H_{ia}$——滑动水平力总和(kN);

μ——基础底面与地基土之间的摩擦系数,通过试验确定;当缺少实际资料时,可参照表 4-2-2 采用。

注意:$\sum H_{ip}$、$\sum H_{ia}$ 分别为两个相对方向的各自水平力总和,绝对值较大者为滑动水平力 $\sum H_{ia}$,另一为抗滑稳定力 $\sum H_{ip}$。

基底摩擦系数表 表 4-2-2

地基土分类	μ	地基土分类	μ
黏土(流塑~坚硬)、粉土	0.25	软岩(极软岩~较软岩)	0.40~0.60
砂土(粉砂~砾砂)	0.30~0.40	硬岩(软硬岩~坚硬岩)	0.60~0.70
碎石土(松散~密实)	0.40~0.50		

该项验算时应选取 P 值小、H 值大的效应组合为最不利效应组合。

3)验算抗倾覆和抗滑动稳定性时,稳定性系数不应小于表 4-2-3 的规定。

抗倾覆和抗滑动的稳定性系数 表 4-2-3

	作用组合	验算项目	稳定性系数
使用阶段	永久作用(不计混凝土收缩及徐变、浮力)和汽车、人群的标准值效应组合	抗倾覆 抗滑动	1.5 1.3
	各种作用(不包括地震作用)的标准值效应组合	抗倾覆 抗滑动	1.3 1.2
	施工阶段作用的标准值效应组合	抗倾覆 抗滑动	1.2

4)深层滑动验算

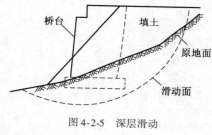

图 4-2-5 深层滑动

对于高填土的桥台和挡土墙,当地基土质很差时,基础除了有可能沿基底面滑动外,还有可能出现沿着图 4-2-5 中的滑动面,与地基土一起滑动的可能,这种滑动称为深层滑动。这时需另行验算其稳定性,验算方法可参照路基土坡稳定验算的原理进行,但应计入桥台所受外荷载及桥台或挡土墙和基础重量的影响。一般墩台基础出现这种滑动现象的可能性很小,所以通常可以不进行这项验算。

5.基础沉降计算

一般对小桥或跨径不大的简支梁桥,在满足地基承载力容许值的情况下,可以不进行沉降计算。

桥梁墩台符合下列情况之一时,应验算基础沉降量。

(1)墩台建于地质情况复杂、土质不均匀及承载力较差地基上的一般桥梁。

(2)修建在非岩石地基上的拱桥、连续梁桥等超静定结构的基础。

(3)当相邻基础下地基土的强度有显著不同或相邻跨度相差悬殊而必须考虑其沉降差时。

(4)对于跨线桥、跨线渡槽要保证桥(或槽)下净空高度时。

墩台的沉降,应符合下列规定:

(1)相邻墩台间不均匀沉降差值(不包括施工中的沉降),不应使桥面形成大于 0.2% 的附加纵坡(折角)。

(2)外超静定结构桥梁墩台间不均匀沉降差值,还应满足结构的受力要求。墩台基础的最终沉降量,可按式(4-2-11)计算:

$$S = \varphi_s S_0 = \varphi_s \sum_{i=1}^{n} \frac{p_0}{E_{si}} (z_i \overline{\alpha_i} - z_{i-1} \overline{\alpha_{i-1}}) \tag{4-2-11}$$

$$p_0 = p - \gamma h \tag{4-2-12}$$

式中:S——地基最终沉降量(mm);

S_0——按分层总和法计算的地基沉降量(mm);

φ_s——沉降计算经验系数,根据地区沉降观测资料及经验确定,缺少沉降观测资料及经验数据时,可按表4-2-4确定;

n——地基沉降计算深度范围内所划分的土层数(图4-2-6);

p_0——对应于荷载长期效应组合时的基础底面处附加压应力(kPa)(表4-2-4);

E_{si}——基础底面下第i层土的压缩模量(MPa),应取土的"自重压应力"至"土的自重压应力与附加压应力之和"的压应力段计算;

$z_i、z_{i-1}$——基础底面至第i层土、第$i-1$层土底面的距离(m);

$\overline{\alpha_i}、\overline{\alpha_{i-1}}$——基础底面计算点至第$i$层土、第$i-1$层土底面范围内平均附加压应力系数,可由$l/b$、$z/b$按《公路桥涵地基与基础设计规范》(JTG D63—2007)附录M第M.0.2条查用;

p——基底压应力(kPa);当$z/b>1$时,P采用基底平均压应力;当$z/b≤1$时,p按基底压应力图形采用距最大压应力点$b/3$或$b/4$处的压应力(对于梯形图形前后端压应力差值较大时,可采用上述$b/4$点处的压应力值;反之,则采用上述$b/3$处压应力值),以上b为矩形基底宽度。

沉降计算经验系数 φ_s 表4-2-4

基底附加压应力	$\overline{E}_s$(MPa)				
	2.5	4.0	7.0	15.0	20.0
$p_0 \geq [f_{a0}]$	1.4	1.3	1.0	0.4	0.2
$p_0 \leq 0.75[f_{a0}]$	1.1	1.0	0.7	0.4	0.2

注:1. 表中为地基承载力基本容许值。
2. 表中为沉降计算范围内压缩模量的当量值,应按下式计算:

$$\overline{E}_s = \frac{\sum A_i}{\sum \frac{A_i}{E_{si}}}$$

地基沉降计算时设定计算深度为z_n,在z_n以上取Δz厚度,其沉降量应符合式(4-2-13)规定:

$$\Delta S_n \leq 0.025 \sum_{i=1}^{n} \Delta S_i \tag{4-2-13}$$

式中:ΔS_n——计算深度底面向上为Δz的土层的计算沉降量(mm),Δz选取与基础宽度b有关,见表4-2-5;

ΔS_i——计算深度范围内第i层土的计算沉降量(mm)。

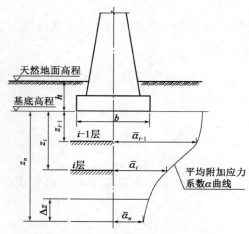

图 4-2-6 基底沉降计算分层示意图

Δz 值　　　　　　　　　　　　　　　　　　　　　　　　表 4-2-5

基底宽度 b(m)	$b \leq 2$	$2 < b \leq 4$	$4 < b \leq 8$	$b > 8$
Δz(m)	0.3	0.6	0.8	1.0

当无相邻荷载影响,基础宽度为 1～30m 范围内时,基底中心的地基沉降计算深度 z_n 也可按简化公式(4-2-14)计算。

$$z_n = b(2.5 - 0.4\ln b) \tag{4-2-14}$$

式中:b——基础宽度(m)。

在计算深度范围内存在基岩时,z_n 可取至基岩表面;当存在较厚的坚硬黏土层,其孔隙比小于 0.5、压缩模量大于 50MPa,或存在较厚的密实砂卵石层,其压缩模量大于 80MPa 时,z_n 可取至该土层表面。

 复习与思考

1. 刚性扩大浅基础设计时要进行哪些项目验算?各项验算如何选取最不利效应组合?如何考虑不同水位时,水对墩台及基础的浮力?
2. 地基承载力容许值与计算应力的不同效应组合是否有关?应如何考虑?
3. 计算下卧层顶面应力时,基础底面压应力如何选取?在软弱下卧层顶面应力计算及其承载力容许值的计算中,埋置深度和土的重度的选取有何区别?
4. 什么情况下应验算基础沉降?

 任务实施

计算资料:

(1)上部构造:30m 预应力钢筋混凝土空心板,桥面净宽为净 8m+2×1.5m。

(2)下部构造:混凝土重力式桥墩。

(3)设计荷载:公路—Ⅱ级,人群荷载为 3.0kN/m³。作用于基顶(墩底)处的效应组合见表 4-2-6。

作用于基顶(墩底)处的效应组合 表 4-2-6

序号	效应组合情况	作用于基顶(墩底)处的力和力矩		
		N(kN)	H(kN)	M(kN·m)
1	用于验算地基强度和偏心距 组合 I 　A:恒载+双孔车辆+双孔人群 　B:恒载+单孔车辆+单孔人群 组合 II 　A:恒载+双孔车辆+双孔人群+双孔制动力+常水位时风力 　B:恒载+单孔车辆+单孔人群+单孔制动力+常水位时风力	9876 9846 9876 9846	0 0 226 226	26 328 2110 2412
2	用于验算基础稳定性 组合 I 　恒载+单孔车辆+单孔人群+设计水位时的浮力 组合 II 　A:恒载+单孔车辆+单孔人群+单孔制动力+设计水位时风力+设计水位时浮力 　B:恒载+单孔车辆+单孔人群+单孔制动力+常水位时风力+常水位时浮力	8542 8542 7541	0 226 226	328 2041 2111

(4)地质资料。

①地质柱状图见图 4-2-7。

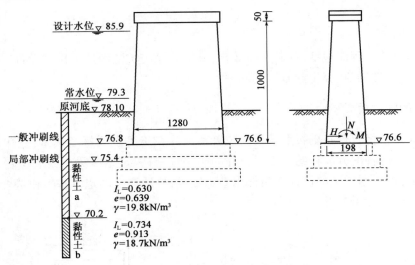

图 4-2-7　地质柱状图(尺寸单位:cm)

②地基土的物理性质指标见表 4-2-7。

地基土物理性质指标 表 4-2-7

层次	土名	γ(kN/m³)	G_s	w(%)	w_L(%)	w_P(%)	e	I_L
1	黏性土 a	19.8	2.72	21.60	26.88	12.60	0.639	0.630
2	黏性土 b	18.7	2.74	33.09	38.64	17.75	0.913	0.734

③黏性土 a 和黏性土 b 的压缩模量分别为 10.3MPa 和 5.7MPa。

 **任务要求**

1. 根据设计资料,确定基础埋置深度。
2. 初步拟定基础的尺寸。
3. 完成地基与基础的各项验算。

任务三　刚性浅基础施工

 学习目标

1. 熟悉浅基础的施工内容和程序;
2. 掌握浅基础各工序施工方法与基本要求;
3. 了解常用围堰类型及适用条件。

 任务描述

通过对浅基础施工内容和方法等相关知识的学习,能根据提供的桥梁施工图,参阅《公路桥涵施工技术规范》(JTG/T F50—2011)及相关技术文献资料,编制简单的浅基础施工方案,进行施工技术交底。

 相关知识

刚性浅基础施工程序包括:基础定位放样,基坑开挖与坑壁围护结构的设置,基坑排水,基底检验与处理,基础砌筑、养生和基坑的回填。

一、基础的定位放样

定位放样是指将墩台基础按照设计的位置和尺寸在施工现场标定出来,它包括基础和基坑平面位置和基础各部分高程的标定。放样的顺序是:首先定出桥梁中线和墩台基础底面形心点的定位桩,再根据桥涵的设计交角标出基础轴线,最后详细确定各基础和基坑的尺寸和边线,如图4-3-1和图4-3-2所示。

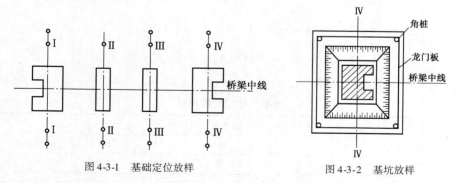

图4-3-1　基础定位放样　　　　图4-3-2　基坑放样

由于基底形心处的定位桩会随着基坑的开挖被挖除,所以必须在基坑范围以外,不受施工影响的地方钉立护桩,以备随时核对基坑与基础的位置。基坑外围通常可用龙门板固定(图 4-3-2)或在地面上用石灰线标出轮廓线。如施工现场附近没有水准点,还必须专门设置临时水准点,方便随时核查基坑开挖高程。

二、基坑开挖及坑壁围护

旱地基坑开挖,常采用机械与人工开挖相结合的施工方法。常用机具有位于坑顶的由起吊机械操纵的抓土斗;在坑内操作的挖掘机、铲运机和装载车等。采用机械挖土时,挖至距基坑底设计高程 0.3m 时,应采用人工挖除并修整,以保证地基土不受扰动。开挖工作尽量避开雨季进行。

基坑底面的形状必须与基础底面形状相适应,对于具有凹形底面的 U 形基础等,为了施工方便,常将基坑底面形状简化为矩形,如图 4-3-2 所示。

基坑平面尺寸应满足基础施工要求,对渗水的土质基坑,一般按基底的平面尺寸,每边增宽 0.5~1.0m,以便在基底外设置排水沟、集水坑和基础模板。对无水且土质密实的基坑,如不设基础模板,可按基底的平面尺寸开挖。

基坑断面形式以及是否设坑壁围护结构,应视土的类别、形状,基坑暴露时间,开挖基坑期间的气候,地下水位,土的透水性及建筑场地大小等因素而定。

1. 不设围护的基坑

当基坑较浅,地下水位较低或渗水量较少,不影响坑壁稳定时,坑壁可不设置围护,将坑壁挖成竖直或斜坡形,如图 4-3-3 所示。竖直坑壁只适宜在岩石地基或基坑较浅又无地下水的硬黏土中采用。一般土质条件下,坑壁应采用放坡开挖的形式。当基坑深度在 5m 以内、地基土质湿度正常、开挖暴露时间不超过 15d 的情况下,可参照表 4-3-1 选定坑壁坡度。

a) 垂直坑壁   b) 斜坡坑壁

图 4-3-3　不设围护的基坑坑壁形式

基坑坑壁坡度　　　　　　　　　　　表 4-3-1

坑壁土类	坑壁坡度		
	坡顶无荷载	坡顶有静荷载	坡顶有动荷载
砂类土	1:1	1:1.25	1:1.5
卵石、砾类土	1:0.75	1:1	1:1.25
粉质土、黏质土	1:0.33	1:0.5	1:0.75
极软岩	1:0.25	1:0.33	1:0.67
软质岩	1:0	1:0.1	1:0.25
硬质岩	1:0	1:0	1:0

注:1. 挖基经过不同土层时,边坡可分层决定,并酌情设平台。
　　2. 在山坡上开挖基坑,如土质不良,应注意防止坍滑。

为了保证坑壁边坡的稳定,当基坑深度大于 5m 时,可将坑壁坡度适当放缓或增设宽为 0.5~1.0m 的平台,如图 4-3-4 所示。若穿过不同土层时,坡度可分层决定,层间应留够平台。

坑顶周围必要时应挖排水沟,以防地面水流入坑内冲刷坑壁。当基坑顶缘有动载时,顶缘与动载之间至少应留1m的护道。

2. 基坑围护结构的设置

当坑壁土质松软,边坡不易稳定,或放坡开挖受场地限制,或危及邻近建筑物安全,或土方量过大时,可采用坑壁竖直开挖并加设围护的方法。

基坑围护结构作为加固坑壁的临时性措施,常用方法有以下几种:

1)挡板支撑

挡板支撑适用于开挖面积不大、挖基深度较浅、地下水位较低的基坑。挡板支撑的作用是挡土,工作特点是先开挖,后设围护结构。

若坑壁土质密实,不会边挖边坍,可将基坑一次挖至设计高程,然后沿着坑壁竖向撑以挡板,再在挡板上压以横枋,中间用顶撑撑住,如图4-3-5a)所示。若坑壁土质较差,或所挖基坑较深,坑壁土有随挖随坍的可能时,可用水平挡板支撑,分层开挖,随挖随撑,如图4-3-5b)所示。

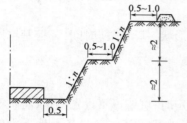

图4-3-4 基坑坑壁边坡(尺寸单位:m)

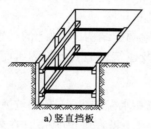

a)竖直挡板

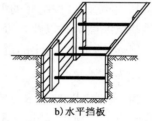

b)水平挡板

图4-3-5 挡板支撑结构示意图

为便于挖基出土,上、下顶撑应设在同一竖直面内。根据土质情况,挡板排列可采用连续式和间断式,图4-3-6所示挡板为间断式排列。

2)钢板结合支撑

钢板组合支撑适用于挖基深度在3m以上,或基坑过宽由于支撑过多而影响出土时的基坑。挖坑前,先沿基坑四边每隔1~2m打下一根工字钢桩或钢轨至坑底面以下1m左右,并以钢拉杆把型钢上端锚固于锚桩上,然后边向下挖土,边在两相邻工字钢之间紧贴坑壁安设水平衬板,并用木楔使衬板与土壁位置固定,如图4-3-7所示。

图4-3-6 挡板支撑现场

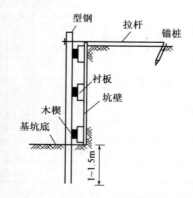

图4-3-7 钢板结合支撑结构示意图

3)板桩支撑

当基坑平面尺寸较大,且基坑较深,尤其是当基坑底面在地下水位以下超过1m,且涌水量较大不宜用挡板支撑时，或因土质、水文资料、场地的限制，基坑开挖对邻近建筑物有影响时，可以采用板桩支撑。

板桩支撑是先在基坑四周沉入板桩，如图 4-3-8 所示，当桩尖深入到基坑底面以下一定深度后再开挖基坑。它的工作特点是先设围护结构，后开挖。板桩支撑既能挡土，又能隔水。当基坑较深时，可待基坑挖至一定深度后，再在板桩上部加设横向支撑或设置锚桩，以增强板桩的稳定性，如图 4-3-9 所示。

图 4-3-8 插打板桩

图 4-3-9 设横向支撑的板桩围护

板桩常用的材料有木、钢、钢筋混凝土三种。

木板桩成本较低，易加工制作，但强度较低，不适用于含卵石的和坚硬的土层。同时受木材长度的限制，基坑深度在 3~5m 内时才采用。为减少渗水，木板桩的接缝应密合。在断面形式上，板厚大于 80mm 时应采用凸凹形榫口的企口缝，小于 80mm 时，可采用人字形榫口，如图 4-3-10 所示。

钢板桩的优点是强度大，能穿透半坚硬黏土层、碎卵石类和风化岩层。钢板桩断面间用锁口搭接，如图 4-3-11 所示，连接紧密不易漏水，且能承受锁口拉力。板桩可焊接接长，能多次重复使用。它的断面形式较多，可适应不同的基坑形状需要，目前桥梁基础使用较为普遍。

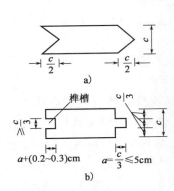
图 4-3-10 木板桩断面形式

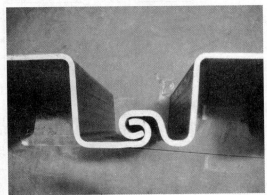
图 4-3-11 钢板桩搭接断面

钢筋混凝土板桩的优点是耐久性好，缺点是制造较复杂，重量大，运输和施工不便，所以除大桥的深基础外，一般中小桥梁工程不采用。

板桩的施工程序如图 4-3-12 和图 4-3-13 所示。先沿基坑边缘外侧打入导桩，在导桩上用螺栓装上两根水平导框，作为固定板桩位置之用，再在两根水平导框之间插入板桩。按照一定顺序方向，逐根将板桩打入土中。导桩的入土深度视基坑深度而定，桩尖至少沉入基坑底面以下 2~4m。插打板桩常从角上开始。

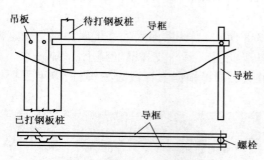
图 4-3-12 板桩的施工示意图

图 4-3-13 插打板桩施工现场

4) 混凝土护壁

混凝土护壁适用于深度较大的各种土质基坑。基坑开挖前,先界定基坑开挖面,在基坑口设置预制或就地浇制的混凝土护筒,护筒顶端应高出地面 10~20cm,护筒长 1~2m,护筒厚度视基坑直径大小和土质情况而定,一般为 10~40mm。护筒以下的坑壁,采用喷射或现浇混凝土,一般是随挖随喷(浇),直至坑底。

(1) 喷射混凝土护壁

喷射混凝土护壁一般用于土质稳定性较好,渗水量不大、深度小于 10m、直径为 6~12m 的圆形基坑。

喷射混凝土护壁的基本原理是以高压空气为动力,将搅拌均匀的砂、石、水泥和速凝剂干料,由喷射机经输料管吹送到喷枪,在通过喷枪的瞬间,加入高压水进行混合,自喷嘴射出,喷射在坑壁,形成环形混凝土护壁结构,以承受土压力作用,其喷射作业如图 4-3-14 所示。

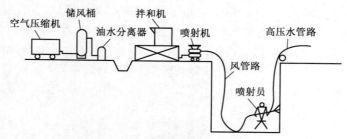
图 4-3-14 喷射混凝土护壁作业示意图

采用喷射混凝土护壁时,坑壁可根据土质和渗水等情况接近陡立或稍有坡度。每开挖一层喷护一层,每层高度为 1m 左右,土层不稳定时应酌减,渗水较大时不宜超过 0.5m。

喷射混凝土厚度主要取决地质条件、渗水量大小、基坑直径和基坑深度等因素。根据实践经验,对于不同土层,可采取下列数值:一般黏性土、砂土和碎卵石类土层,如无渗水,厚度为 3~8cm;如有少量渗水,厚度为 5~10cm。对稳定性较差的土,如淤泥、粉砂等,如无渗水,厚度为 10~15cm;如有少量渗水,厚度为 15cm。

当基坑为不稳定的强风化岩质地基或淤泥质黏土时,可用锚杆挂网喷射混凝土护坡,如图 4-3-15 和图 4-3-16 所示。要求各层锚杆或锚索进入稳定层的长度和间距、钢筋的直径或钢绞线的束数,应符合设计要求。对于浅孔或中孔锚杆,成孔后及时安插锚杆并注浆,注浆至孔口溢浆,并在初凝前补注两次混凝土。喷射表面应平顺,钢筋和锚杆不外露。

一次喷射能否达到规定的厚度,主要取决于混凝土与土之间的黏结力和渗水量大小。如一次喷射达不到规定的厚度,则应在混凝土终凝后再补喷,直至达到规定厚度为止。施工过程中应经常注意检查护壁,如有变形开裂或空壳脱皮等现象,应立即加厚补喷或凿除重喷,以确保坑内施工安全。

图 4-3-15　锚杆挂网

图 4-3-16　喷射混凝土护壁

(2) 现浇混凝土护壁

现浇混凝土护壁适应性较强,可以按一般混凝土施工,基坑深度可达 15～20m,除流沙及呈流塑状态的黏土外,可适用于其他各种土类。

现浇混凝土护壁壁厚较喷射混凝土大,一般为 15～30cm,也可计算确定。

采用现浇混凝土护壁时,基坑应自上而下分层垂直开挖,每开挖一层后随即浇筑混凝土。为防止已浇筑的围圈混凝土施工时因失去支承而下坠,顶层混凝土应一次整体浇筑,以下各层均间隔开挖和浇筑,并将上下层混凝土纵向接缝错开。开挖面应均匀分布对称施工,每层混凝土壁支护总长度应不大于周长的一半。分层高度以垂直开挖面不坍塌为原则,一般顶层高 2m 左右,以下每层高 1～1.5m。

现浇混凝土应紧贴坑壁浇筑,不用外模板,内模板可做成圆形或多边形。施工中注意使层、段间各接缝密贴,防止其间夹泥土和有浮浆等而影响围圈的整体性。现浇混凝土一般采用 C15 早强混凝土。它和喷射混凝土护壁一样,要防止地面水流入基坑,要避免在坑顶周围土的破坏棱体范围有不均匀附加荷载。

目前也有采用混凝土预制块分层砌筑来代替就地浇筑的混凝土,它可以省去现场混凝土浇筑和养护的时间,使开挖与支护砌筑连续不间断进行,且混凝土质量容易得到保证。

三、基坑排水

基坑底面如在地下水位以下,随着基坑的下挖,渗水将不断涌入基坑,因此基坑开挖过程中必须不断地排水,以保持基坑干燥,便于挖土和基础的砌筑与养护。

1. 表面排水法

表面排水法也称集水沟排水法,是在基坑四周开挖集水沟,用以汇集坑壁及基底的渗水,并引向一个或数个更深一些的集水坑,然后用机械将水排走,如图 4-3-17 所示。集水沟底应始终低于基坑底 0.3～0.5m,集水坑则应始终低于基坑底 0.8～1.0m。集水坑中的水深应能淹没抽水机的吸水龙头,坑壁用竹筐围护,吸水龙头应用麻袋包住,以防被泥沙堵塞。

施工前必须对基坑的涌水量进行估算,拟定排水方案。要求机械排水能力大于基坑的涌水量。基坑涌水量大小与土的透水性、基坑内外的水头差、基坑坑壁围护结构的类型以及基坑渗水面积等因素有关。

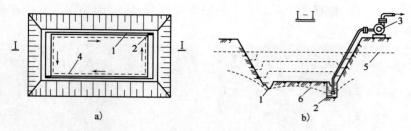

图 4-3-17 表面排水法
1-集水沟；2-集水坑；3-水泵；4-基础外缘线；5-原地下水位线；6-降水后的水位线

涌水量确定的方法，一种是通过抽水试验确定，另一种是利用经验公式估算。当涌水量很小时，可用人工抽水或小型水泵排水；当涌水量较大时，一般用电动或内燃机发动的离心式抽水机。考虑排水过程中，机械可能发生故障，应有备用的水泵。根据基坑深度、水深及吸程大小，抽水机应分别安装在坑顶、坑中护坡道或活动脚手架上。坑深大于吸程加扬程时，可用多台水泵串联或采用高压水泵。

表面排水法设备简单、费用低，一般土质条件下均可采用。但当地基土为饱和粉细砂土等黏聚力较小的细粒土层时，抽水会引起流砂现象，造成基坑的破坏和坍塌，应避免采用。此时可以采用井点降水法。

2. 井点降水法

根据使用设备的不同，井点法施工的主要类型有轻型井点、喷射井点、管井井点、深井泵以及电渗井点等，可根据土的渗透系数、降低水位的深度、工程特点及设备条件等参照表 4-3-2 选用。下面只介绍轻型井点法。

各种井点法的适用范围   表 4-3-2

井点类别	土壤渗透系数（m/d）	降低水位深度（m）	井点类别	土壤渗透系数（m/d）	降低水位深度（m）
一级轻型井点法	0.1~80	3~6	电渗井点法	<0.1	5~6
二级轻型井点法	0.1~80	6~9	管井井点法	20~200	3~5
喷射井点法	0.1~50	8~20	深井泵法	10~80	>15
射流泵井点法	0.1<50	<10			

注：1. 降低土层中地下水位时，应将滤水管埋于透水性较大的土层中。
　　2. 井点管的下端滤水长度应考虑渗水土层的厚度，但不得小于1m。

轻型井点法是井点降水施工最常用的方法，是在基坑开挖前，沿基坑的四周将许多直径较细的井点管埋入地下蓄水层内，井点管的上端通过弯联管与总管相连接，利用抽水设备将地下水从井点管内不断抽出，将原有地下水位降至坑底以下，如图 4-3-18 所示，以保证基坑开挖工作在无水情况下进行。

1）轻型井点主要设备

轻型井点设备由管路系统和抽水设备组成，管路系统包括滤管、井点管、弯联管及总管等。抽水装备主要由真空泵、离心水泵和集水箱组成。

其中井点管下端滤管的构造对抽水效果影响较大。如图 4-3-19 所示，滤管直径宜为 38mm 或 51mm，长度为 1.0~1.5m，管壁上钻有直径为 12~18mm 的小孔，分别用细、粗两层滤网外包。为使水流畅通，避免滤孔淤塞，在管壁与滤网间用小塑料管（或铁丝）绕成螺旋形隔开。滤网外用带孔的薄铁管或粗铁丝网保护；滤管下端有一锥形铸铁头，以利于井管插埋。

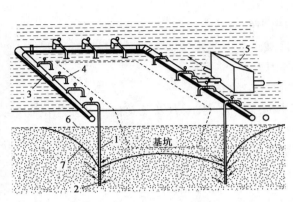
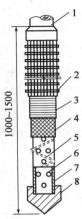

图 4-3-18 井点排水示意图
1-井点管；2-滤管；3-总管；4-弯联管；5-水泵房；6-原有地下水位线；7-降低后地下水位线

图 4-3-19 滤管的构造（尺寸单位：mm）
1-井点管；2-粗铁丝保护网；3-粗滤网；4-细滤网；5-缠绕的塑料管；6-管壁上的小孔；7-钢管；8-铸铁头

井点管的上端用弯联管与总管相连。弯联管用胶皮管、塑料管或钢管弯头制成，每个连接管上宜安装阀门，以便检修井点。

总管采用内径为 102～127mm 的钢管，每间隔 1～2m 设一个与井点管连接的短接头。图 4-3-20 为井点排水施工现场。

2）井点的布置

井点的布置应根据基坑的大小、平面尺寸和降水深度的要求，以及土层的渗透性和地下水流向等因素确定。若要求降水深度在 3～6m，可用单排井点；若降水深度要求大于 16m，则可采用两级或多级井点；如基坑宽度小于 5m，则可在地下水流的上游设置单排井点；当基坑面积较大时，可设置不封闭井点或封闭井点（如环形、U形），井管距基坑壁不小于 1～2m，井点管的间距为 1.0～1.8m，不超过 3m。

图 4-3-20 井点排水施工现场

井管的成孔可根据土质分别用射水成孔、冲击钻机、旋转钻机及水压钻探机成孔。井点降水曲线至少应深于基底设计高程 0.5m。降水过程中应加强井点降水系统的维护和检修，保证降水效果，确保基坑表面无集水。基础施工完成后应及时拆除或回填井点。

3. 帷幕法排水

帷幕法是在基坑边线外设置一圈隔水幕，用以隔断水源，减少渗流水量，防止流沙、突涌、管涌、潜蚀等地下水的作用。具体方法有深层搅拌桩隔水墙、压力注浆、高压喷射注浆、冻结围幕法等，采用时均应进行具体设计，并符合有关规定。

四、水中基坑开挖时的围堰工程

处于河流中的桥梁墩台基础，开挖基坑前，必须先在基坑外围设置一道封闭的临时挡水结构物，这种挡水结构物称为围堰。围堰修筑好后，才可以排水开挖基坑，或在静水条件下进行水下开挖基坑作业。

围堰有土围堰、土袋围堰、竹(铅丝)笼围堰、板桩围堰及套箱围堰等类型,应根据水深、流速、地质情况以及通航要求等因素选用。围堰内既可以修筑浅基础,也可以修筑桩基础等。无论哪种类型围堰,均应满足下列基本要求:

(1)堰顶高度。宜高出施工期间可能出现的最高水位(包括浪高)50~70cm。

(2)围堰形状。设置围堰后,河流断面减小会引起水流速度增大,应考虑由此而导致水流对围堰、河床的冲刷以及影响通航、导流等因素。

(3)堰内面积。应满足坑壁放坡和基础施工的要求。

(4)围堰结构,应能承受施工期间产生的土压力、水压力以及其他可能发生的荷载,满足强度和稳定性要求。

(5)围堰应具有良好的防渗性能,以减轻排水工作。

围堰宜安排在枯水时期施工。如有洪水或流水冲击,则应有可靠的防护措施。

1. 土围堰

水深不超过2m,流速在0.5m/s以内,河床土层不透水或渗水较小的情况可采用土围堰,如图4-3-21所示。土堰宜用黏性土填筑,缺少黏土时也可用砂土。堰顶宽一般为1~2m,堰外边坡视填土在水中的自然坡度而定,一般为1:2~1:3;堰内边坡坡度一般为1:1.5~1:1,坡脚距基坑边缘距离根据河床土质及基坑深度而定,但不得小于1m。用砂土填筑的围堰坡度均应比黏土围堰的内外坡度平缓一些。为了减少砂土渗水,需在外坡侧面用黏土覆盖或设黏土填心墙。

筑堰前应先将堰底河床的树根、石块、杂草等清除,然后从上游开始填筑堰体至下游合龙,注意不要直接向水中倾卸填土,而应顺已出水面的填土坡面往下倾倒,填土出水面后应进行夯实。为防止水流对围堰外侧的冲刷,可在外坡面用草皮、柴排、片石或内填沙土的草袋等加以防护。

2. 土袋围堰

用草袋、麻袋、玻璃纤维袋等装土码叠而成的围堰统称土袋围堰。当水深不超过3m,流速在1.5m/s以内,河床土质渗水性较小时,可采用土袋围堰,如图4-3-22所示。堰顶宽度一般为1~2m,有黏土心墙时为2~2.5m;堰外边坡视水深及流速而定,坡度一般为1:1~1:0.5,堰内坡度一般为1:0.5~1:0.2,内坡脚距基坑边缘距离不小于1m。土袋中宜装不渗水的黏性土,装土量宜为袋容量的1/2~2/3,装土过多,堆码不平稳,袋间空隙多,易渗漏,袋口应缝合。

堰底处理同土围堰,在水中堆码土袋,可用带钩的杆子钩送就位。土袋上下层和内外层均应相互错缝,力求堆码整齐密实;必要时可派潜水工配合堆码,整理坡脚,不得乱抛。

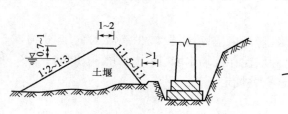

图4-3-21 土围堰(尺寸单位:m)

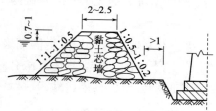

图4-3-22 土袋围堰(尺寸单位:m)

3. 竹(铅丝)笼围堰

竹(铅丝)笼围堰适用于流速较大,水深在1.5~4m的情况。

竹(铅丝)笼必须制作坚固,应用钢筋、螺栓、铁丝等连接加固,以防填土石时被胀坏。它可用浮运、吊装或滑移就位,就位后填石(装土)下沉,如图4-3-23所示。为防止堰底渗漏和河床被水冲刷,可在堰底外围抛堆土袋。

按水深、流速、基坑大小及防渗要求,竹(铅丝)笼围堰可做成单层或双层。双层在两层之间可填黏土,防止渗漏,也可在竹、铅丝笼的一侧绑附防水胶布等防渗。围堰宽度一般为水深的1.0~1.5倍。

以上围堰均是利用自重维持其稳定,故又称为重力式围堰,主要是防地面水,但堰身断面大,堵水严重。如河底土质为粉砂、细砂,则在排水挖基坑时,可能会发生流砂现象,此时不宜采用这类围堰,而要考虑选用板桩围堰。

4. 钢板桩围堰

钢板桩围堰适用于各类土(包括强风化岩)的水中基坑,它具有材料强度高,防水性能好,穿透土层能力强,堵水面积最小,并可重复使用的优点。因此,当水深超过5m或土质较硬时,可选用这种围堰,如图4-3-24所示。

图4-3-23 石笼围堰

图4-3-24 单层钢板桩围堰

钢板桩成品长度有多种规格,最长20m,可根据需要接长,但相邻的接缝要错开2m以上。施工前要详细检查每块钢板桩是否平直,特别是锁口部分。插打顺序是由上游插向下游。一般先将全部钢板桩逐根或逐组插打到稳定深度,然后再依次打入到设计高程。如果能保证钢板桩垂直沉入的条件下,每根或每组钢板桩也可一次打到设计深度。沉桩方法有锤击、振动和射水等,但在黏土中不宜使用射水下沉方法。在开始沉入几根或几组钢板桩时,要注意检查其平面位置是否正确,桩身是否垂直,如发现倾斜应立即纠正或拔起重插。

在深水处修筑围堰,为确保围堰不渗水,或基坑范围大,不便设置横向支撑时,可采用双层钢板桩围堰,如图4-3-25和图4-3-26所示。

当钢板桩围堰较高且水深较大时,常用围囹(即以钢或钢木构成的框架)作为板桩定位和支撑。先在岸上或驳船上拼装好围囹,拖运至基础位置定位后,在围囹中插打定位桩使围囹挂在定位桩上,即可在围囹四周的导桩间插打钢板桩。插打时应先从上游打起,如图4-3-27所示。

5. 套箱围堰

套箱是一种无底的围套,内设木、钢支撑组成支架。木板套箱在支架外面钉装两层企口板,用油灰捻缝以防漏水;钢套箱则设焊接或铆合而成的钢板外壁。套箱围堰适用于埋置不深的水中基础。

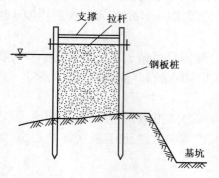
图 4-3-25 双层钢板桩结构示意图

图 4-3-26 双层钢板桩围堰堰体

木套箱采用浮运就位,然后加重下沉。钢套箱则要用船运起吊就位下沉。如图 4-3-28 所示为吊放钢套箱。下沉套箱前,应清除河床覆盖层并整平岩层。套箱沉至河底后,宜在箱脚外侧填以黏土或用土袋抛填护脚。

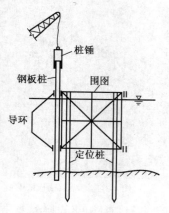
图 4-3-27 设围图钢板桩

图 4-3-28 吊放钢套箱

五、基底检验与处理

1. 基底检验

基坑开挖至设计高程后,应对基底进行检验,以确定是否达到设计要求,检验的主要内容为:

(1)基底平面位置、尺寸大小和基底高程是否与原设计相符。

(2)基底地质情况和承载力是否与设计资料相符。如不符,应取样做土质分析试验,同时施工单位应及时会同设计监理等有关单位共同研究处理办法,并加以实施。

(3)基底处理和排水情况是否符合施工规范要求。

(4)检查施工日志及有关试验资料等。

检查完毕,应办理检验的签证手续,经检验签证的地基检验表由施工单位保存,作为竣工交验资料的一部分,存入工程档案中,以备查阅;未经签证,不得砌筑基础。

2. 基底处理

(1)微风化的岩石基底

全部开挖到新鲜岩面。岩面倾斜时,应予凿平或凿成台阶,使承重面与墩台压力线垂直。岩面上的淤泥、苔藓及松碎石块应清除干净。岩面如有部分溶沟、溶洞或破碎带等难以清理到新鲜岩面的情况时,应会同设计人员研究处理。

(2) 风化岩基底

岩石的风化程度对其承载力影响很大,应会同设计、地质人员分析判断能否满足设计承载力的要求,并注意基底各部位的风化程度是否相同。如基底承载力不够,可适当降低基底高程,如风化层不厚,宜清理到新鲜岩面。

(3) 碎石土或砂土基底

将基底修理平整并夯实,砌筑基础圬工时,先铺一层 2cm 厚水泥砂浆。

(4) 黏土基底

基底分两阶段开挖,先挖到距设计高程 20~30cm 处,大致整平,做好排水和砌筑圬工的准备工作后,再开挖到基底并铲平。铲平时要注意不得扰动基底原状土,超挖处不得用土回填。基底铲平后应在最短时间内砌筑基础圬工,以免原状土暴露过久浸水变质。如基底原状土含水率较大或在施工中被浸水泡软,可向基底夯入 10cm 以上厚度的碎石,但碎石顶面应不高于基底设计高程。如基底土质不匀,部分软土层厚度不大时,可挖除后分层夯填砂土或碎石。

(5) 泉眼

泉眼应用堵塞或导流的方法处理。可先用水玻璃和水泥以 1:1 比例调匀捻团后,堵塞泉眼。如经多次堵塞无效,应改用导流方法处理。可将钢管插入泉眼,封闭钢管四周,使水沿钢管上升;或在泉眼处设置小井,将水引出基础圬工之外抽排,然后再用水下混凝土填井,如泉眼位置不明确,可在基底以下设置暗沟或盲沟,将水引至基础圬工以外的汇水井中抽排。基坑有渗漏水时,基坑抽水应待基础圬工终凝后才能停止,以免圬工早期浸水,影响质量。

六、基础的浇筑、养生和基坑回填

基础浇砌一般都在排水条件下进行,只有当渗水量很大,排水很困难时,才采用水下灌注混凝土的方法。

基础底为非黏性土或干土时,应将其润湿,再浇筑一层厚 200~300mm 的混凝土垫层,垫层顶面不得高于基础底面设计高程。基底面为岩石时,应加以润湿,铺一层厚 20~30mm 的水泥砂浆,然后在水泥砂浆凝结前浇筑扩大基础混凝土。

扩大基础混凝土,应在整个水平截面范围内水平分层进行浇筑。大体积扩大基础混凝土,当水平截面过大,不能在前层混凝土初凝或重塑前浇筑完成次层混凝土时,可分块进行浇筑。

石砌基础在砌筑中应使石块大面朝下,外圈块石及所有砌体均必须坐浆饱满,石块要求丁顺相间,以加强石块间的连接,每层应保持基本水平。

圬工在终凝后才允许浸水养生,不浸水部分仍须养生。基础施工完成后,应检查质量和各部分尺寸是否符合设计要求,如无问题,即可选土质较好的土回填基坑,回填土要分层夯实,每层厚约为 30cm。

复习与思考

1. 明挖法浅基础施工程序和主要内容有哪些?
2. 基坑支护方式有哪些?简述挡板支撑与板桩支撑的区别。

3. 基坑排水方法有哪些?各适用于什么条件?
4. 基底检验与处理要注意些什么问题?
5. 围堰的作用是什么?设置围堰有哪些基本要求?围堰有哪些类型?它们各自的适用范围如何?
6. 基础浇筑和基坑回填时应注意哪些问题?

 任务实施

根据提供的扩大基础施工设计图和有关资料,查阅《公路桥涵施工技术规范》(JTG/T F50—2011)等相关文献资料,编制施工方案。施工方案中应包含以下内容:施工所需主要施工机械设备,绘制施工流程图,主要施工方法和工艺要求,质量控制措施和检测技术标准,施工安全和环保措施。

任务四　刚性浅基础施工质量检测

 学习目标

1. 了解地基的检验方法和基本要求;
2. 掌握砌体基础质量检测内容和方法;
3. 掌握扩大基础质量检测内容和方法。

 任务描述

通过对浅基础施工质量检验内容与方法等相关知识的学习,在基础施工结束后,能正确按照《公路工程质量检验评定标准》(JTG F80/1—2017)和《公路桥涵施工技术规范》(JTG/T F50—2011)中的有关要求,对基础质量进行检测与评定,填写质量检验原始记录单和质量检验报告单。

 相关知识

一、地基的检验

1. 地基检验方法

按桥涵大小、地基土质复杂(如溶洞、断层、软弱夹层、易溶岩等)情况及结构对地基有无特殊要求,一般采用以下不同检查方法。

(1)小桥涵地基检验:一般采用直观或触探方法,必要时可进行土质试验;
(2)大、中桥和地基土质复杂、结构对地基有特殊要求的地基检验,一般采用触探和钻探(钻深至少4m)取样作土工试验,或按设计的特殊要求进行现场试验。

2. 基底平面位置和高程允许偏差规定

(1)平面周线位置:+20cm;
(2)基底高程:土质±5cm;石质±5cm,-20cm。

二、砌体基础质量检验

1. 基本要求

（1）石料或混凝土预制块的强度、质量和规格必须符合有关规范要求。
（2）砂浆所用的水泥、砂和水的质量必须符合有关规范要求，按规定的配合比施工。
（3）地基承载力应满足设计要求，严禁超挖回填虚土。
（4）砌块应错缝、坐浆挤紧，缝宽均匀，砌块间嵌缝料和砂浆应饱满。
（5）勾缝砂浆强度不得小于砌筑砂浆强度。

2. 实测项目与检查方法

砌体基础实测项目与检查方法见表4-4-1。

砌体基础质量检验标准　　　　　　　　　　　　　　表4-4-1

项次	检查项目		规定值或允许偏差	检查方法和频率
1	砂浆强度(MPa)		在合格标准内	按《公路工程质量检验评定标准》(JTG F80/1—2017)附录F检查
2	轴线偏位(mm)		≤25	经纬仪：纵、横各测量2点
3	平面尺寸(mm)		±50	尺量：长、宽各3处
4	顶面高程(mm)		±30	水准仪：测5处
5	基底高程(mm)	土质	±50	水准仪：测5处
		石质	+50，-200	

3. 砌体外观质量应符合下列规定

（1）砌缝开裂、勾缝不密实和脱落的累积换算面积不得超过该面面积的1.5%，单个换算面积不应大于0.04mm^2，且不应存在高度超过0.5mm，长度大于砌块尺寸的非受力砌缝裂隙。换算面积应按缺陷缝长度乘以0.1m计算。
（2）砌缝应无空洞、宽缝、大堆砂浆填隙和假缝。

三、扩大基础质量检验

1. 基本要求

（1）所用的水泥、砂、石、水外掺剂及混合材料的质量和规格必须符合有关规范的要求，按设计的配合比施工。
（2）基底处理及地基承载力必须满足设计要求。
（3）地基超挖后，严禁回填虚土。
（4）扩大基础混凝土，应在整个水平截面范围内水平分层进行浇筑。
（5）大体积扩大基础混凝土，分块浇筑时应符合下列规定：
①分块宜合理布置，各分块平均面积不宜小于50m^2；
②每块高度不宜超过2m；
③块与块间的竖向接缝面应与基础平截面短边平行，与平截面长边垂直；
④上下邻层混凝土间的竖向接缝，应错开位置做成企口，并按施工缝处理。

2. 实测项目与检查方法

扩大基础实测项目与检查方法见表4-4-2。

扩大基础质量检验标准　　　　表4-4-2

项次	检查项目		规定值或允许偏差	检查方法和频率
1	混凝土强度(MPa)		在合格标准内	按《公路工程质量检验评定标准》(JTG F80/1—2017)附录D检查
2	平面尺寸(mm)		±50	尺量:长、宽各3处
3	基底高程(mm)	土质	±50	水准仪:测5处
		石质	+50,-200	
4	顶面高程(mm)		±30	水准仪:测5处
5	轴线偏位(mm)		≤25	全站仪:纵横各测量2点

3. 混凝土扩大基础外观质量应符合下列规定:

(1)表面应无垃圾、杂物、临时预埋件;

(2)混凝土表面不应存在《公路工程质量检验评定标准》(JTG F80/1—2017)附录P所列的限制缺陷。

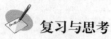 复习与思考

1. 基坑开挖完毕后,应做哪些项目的检测?
2. 刚性扩大浅基础施工质量检测项目有哪些?简述各项目检测方法和评价标准。
3. 如何检测混凝土的强度?

任务实施

根据所学知识,按照表4-4-3"分项工程质量检验评定表"表格制式,完成扩大基础质量检验评定表中相关内容的填写。根据教师后期提供的现场检测数据,完成工程质量的评定。

表 4-4-3

分项工程质量检验评定表

分项工程名称：　　　　　　　　　工程部位：　　　　　　　　　　　所属建设项目(合同段)：
所属分部工程名称：　　　　　　　所属单位工程：　　　　　　　　　分项工程编号：
　　　　　　　　　　　　　　　　施工单位：

基本要求：
1.
2.
…

项次	检查项目	规定值或允许偏差	实测值或实测偏差值											质量评定	
			1	2	3	4	5	6	7	8	9	10	平均、代表值	合格率(%)	合格判定
实测项目															

外观质量	
质量保证资料	
工程质量等级评定	

检验负责人：　　　　　　　　　检测：　　　　　　　　　记录：　　　　　　　　　复核：

年　　月　　日

学习项目五 桩 基 础

任务一 桩基础施工图识读

1. 了解桩基础常用类型及适用条件;
2. 掌握桩基础的构造特点及设计要求。

通过对桩基础类型及构造等相关知识的学习,能根据提供的桩基础设计图纸,识读桩与承台的高程、构造尺寸及材料组成等,并检验其是否符合《公路桥涵地基与基础设计规范》(JTG D63—2007)的基本构造要求。

一、桩基础的组成及适用条件

桩基础是由若干根桩以及连接桩顶的承台或系梁组成的基础,如图 5-1-1 所示。墩台结构物的作用是通过承台或系梁,由各桩通过桩侧土的摩阻力及桩端土的抵抗力传递到较深的地基持力层中,承台将各桩联成一整体共同承受荷载。桩身可全部或部分埋入地基土中,当桩身露出地面(自由长度)较高时,在桩之间应加设横系梁,以增强各桩间的横向联系。

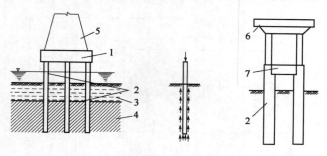

图 5-1-1 桩基础

1-承台;2-基桩;3-软土层;4-持力层;5-墩身;6-盖梁;7-系梁

桩基础具有自重轻、承载力高、稳定性好、沉降量小而均匀等特点,是公路桥梁常用的深基础形式。它适用于下列条件:

(1)桥梁上部结构物作用较大、浅层地基土质不良时,可用桩穿越浅层土,将荷载传到深层承载力较大的地基土中,以满足结构物的使用要求。

(2)地基计算沉降过大或结构物对不均匀沉降较敏感时,可用桩穿过高压缩性土层,将荷载传到低压缩性土层中,以减少结构物沉降。

(3)河床冲刷较大,河道不稳定或冲刷深度不易计算正确;或施工水位较高,采用浅基础施工困难或不能保证基础安全时,借助桩群穿越水流将荷载传到深层稳定地基中,以避免(或减少)水下工程,简化施工设备,加快施工速度和改善劳动条件。

(4)在地震区可液化的地基中,采用桩基础穿越可液化土层并伸入下部密实土层,可增加建筑物的抗震能力,消除或减轻地震对结构物的危害。

二、桩和桩基础的类型

1.按承载性状分类

结构物荷载是通过桩基础传递给地基的。桩顶所受到的竖向荷载一般由桩侧与土产生的摩阻力以及桩端土对桩产生的桩端阻力来支承。水平荷载一般由桩和桩侧土的水平抗力来支承,而桩承受水平荷载的能力与桩轴线方向的倾斜度有关,因此,根据桩的承载性状可分为:

1)端承桩和摩擦桩

当桩端支承在岩层或坚硬的土层上时,桩顶荷载主要通过桩身直接传到桩端下的土层中,产生的桩侧阻力相对较小。这种桩顶荷载主要由桩端阻力承受,并考虑桩侧阻力的桩称为端承桩,如图5-1-2a)所示。穿过并支承在各种分散土层中,桩顶荷载主要由桩侧阻力承受,并考虑桩端阻力的桩称为摩擦桩,如图5-1-2b)所示。端承桩承载力较大,基础沉降小,较为安全可靠,但如岩层或硬土层埋置很深时,就需要考虑摩擦桩。

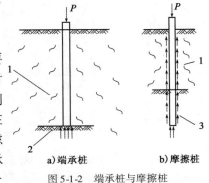

图 5-1-2　端承桩与摩擦桩
1-软弱土层;2-岩层或硬土层;3-中等土层

注意:由于端承桩和摩擦桩在土中工作条件不同,设计计算时采用的计算方法和参数也不同。同一桩基础中,除特殊设计外,不宜同时采用端承桩和摩擦桩;也不宜采用直径不同、材料不同和桩端深度相差过大的桩,以免产生不均匀沉降。

2)竖直桩和斜桩

按桩轴方向可分为竖直桩和斜桩,如图5-1-3所示。斜桩的特点是能承受较大的水平荷载,但需要相应的施工设备和工艺。一般当水平力和外力矩不大,桩自由长度不长,桩身截面较大,具有一定的抗弯和抗剪强度时,桩基础常采用竖直桩。对于拱桥墩台等结构物的桩基础,往往需设斜桩以承受上部结构传来的较大水平推力,减小桩身弯矩、剪力和整个基础的侧向位移。斜桩的桩轴线与竖直线所成倾斜角的正切值不宜小于1/8,否则斜桩的作用就不大,且施工斜度误差将显著影响桩的受力情况。

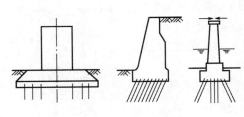

图 5-1-3　竖直桩与斜桩

2.按成桩方法分类

1)非挤土桩

非挤土桩是指在施工现场钻或挖桩孔,然后吊放钢筋骨架,浇筑混凝土而形成的桩,其成桩过程对周围土体扰动很小。其分为干作业法钻(挖)孔灌注桩、泥浆护壁法钻孔灌注桩、套管护壁法钻孔灌注桩等。

2）部分挤土桩

部分挤土桩是指施工时采用打入木桩、钢套管等方法，在地基土中挤扩土成孔，再放置钢筋骨架，浇筑混凝土而形成的桩。成桩过程中，桩周围土体仅受到轻微挤压扰动，土体原状结构及工程性质没有大的变化。其分为冲孔灌注桩、挤扩孔灌注桩、预钻孔沉桩、敞口预应力混凝土管桩等。

3）挤土桩

挤土桩是指施工时将各种预先制好的桩（主要是钢筋混凝土实心桩或管桩），通过锤击、静压、振动等方式沉入地基所需深度的桩。成桩过程中，桩周围的土被挤开，土的原始结构遭到破坏，土的工程性质也发生很大变化。它分为预制沉桩及闭口预应力混凝土管桩等。

3. 按承台位置分类

桩基础按承台位置可分为高桩承台基础和低桩承台基础。低桩承台基础的承台底面位于地面（或局部冲刷线）以下，如图5-1-4a）所示。高桩承台基础的承台底面位于地面（或局部冲刷线）以上，如图5-1-4b）所示。

高桩承台基础由于承台位置较高，可减少墩台圬工数量，避免或减少水下作业，施工较为方便，但由于承台及露出地面的基桩周围无土体来共同承受水平外力作用，因此桩身内力和位移都将大于在相同水平力作用下的低桩承台。而低桩承台基础的基桩则全部埋入土中，在稳定性方面较高桩承台要好。

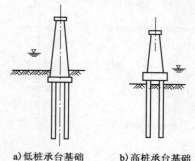

a）低桩承台基础　b）高桩承台基础

图5-1-4　高桩承台基础和低桩承台基础

三、桩与桩基础的构造

1. 基桩的构造

1）就地灌注钢筋混凝土桩

钻（挖）孔桩采用就地灌注的钢筋混凝土桩，桩身常为实心断面。钻孔桩的设计直径不宜小于0.8m，挖孔桩的直径或最小边的宽度不宜小于1.2m。混凝土强度等级不应低于C25。

钻（挖）孔桩内的钢筋应按照内力和抗裂性要求布设，如图5-1-5所示。长摩擦桩应根据桩身弯矩的分布情况分段配筋，短摩擦桩和端承桩可按桩身最大弯矩通长均匀配筋。当按内力计算桩身不需要配筋时，应在桩顶3.0~5.0m内设置构造钢筋。

为了便于吊装及保证主筋受力后的纵向稳定，基桩内主筋的直径不应小于16mm，每桩的主筋数量不应少于8根，其净距不应小于80mm且不应大于350mm。

如配筋较多，可采用束筋。组成束筋的单根钢筋直径不应大于36mm，组成束筋的单根钢筋根数，当其直径不大于28mm时不应多于3根，当其直径大于28mm时应为2根。束筋成束后等代直径为$d_e = \sqrt{n}d$，式中n为单束钢筋根数，d为单根钢筋直径。主筋若需焊接，焊接长度

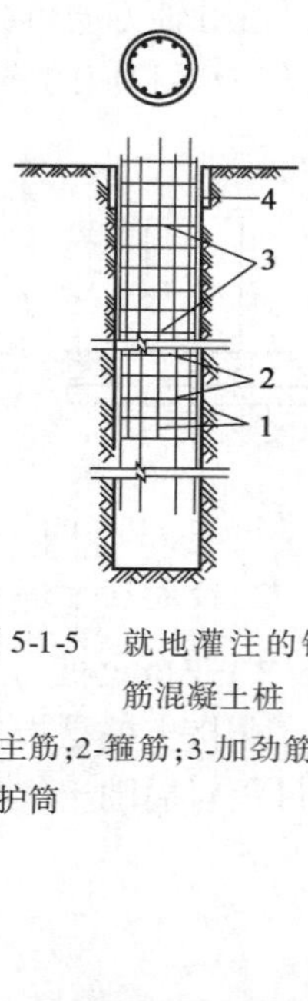

图5-1-5　就地灌注的钢筋混凝土桩
1-主筋；2-箍筋；3-加劲筋；4-护筒

应符合以下规定:双面缝大于 $5d$(d 为钢筋直径),单面缝大于 $10d$。钢筋笼底部的主筋宜稍向内弯曲,作为导向。

为防止因骨架移动发生露筋现象,主筋保护层净距不应小于 60mm。钢筋笼四周应设置凸起的定位钢筋、定位混凝土块,或采取其他定位措施,如图 5-1-6 所示。

闭合式箍筋或螺旋筋的直径不应小于主筋直径的 1/4,且不应小于 8mm,其中距不应大于主筋直径的 15 倍且不应大于 300mm。为了增加

图 5-1-6 钢筋骨架实物图

吊装时的骨架刚度,钢筋笼骨架每隔 2.0~2.5m 设置直径为 16~32mm 的加劲箍一道。

若钻(挖)孔桩根据桩底受力情况需要嵌入岩层时,嵌入深度应通过计算确定,并不得小于 0.5m。

2) 钢筋混凝土预制桩

钢筋混凝土预制桩有实心的圆桩和方桩,空心管桩,管柱(用于管柱基础)等形式。预制钢筋混凝土方桩通常采用的横断面尺寸为 20cm×20cm~50cm×50cm,桩身混凝土强度等级不低于 C25。

桩身应按制造、运输、施工和使用各阶段的受力要求配筋,如图 5-1-7 所示。主筋直径一般为 12~25mm,净距不小于 5cm;箍筋直径为 6~8mm,其间距一般不大于 40cm(在两端处间距宜减小,一般为 5cm)。桩顶处为了承受直接的锤击应设钢筋网加固;为了便于吊运,应在桩顶预设吊耳,吊耳一般用直径为 20~25mm 的圆钢制成。

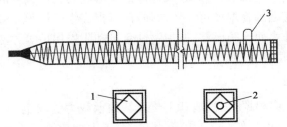

图 5-1-7 预制的钢筋混凝土方桩
1-实心方桩;2-空心方桩;3-吊耳

钢筋混凝土管桩,如图 5-1-8 所示,由预制厂用离心式旋转机生产,有普通钢筋混凝土管桩和预应力钢筋混凝土管桩两种。目前大直径管桩多采用预应力钢筋混凝土管桩。管桩直径可采用 0.4~0.8m,管壁最小厚度不宜小于 80mm。混凝土强度等级为 C25~C40,管桩填芯混凝土强度等级不低于 C15。每节管桩的长度为 4~15m,管桩的两端装有法兰盘,以供现场用螺栓进行连接(也可采用焊接接头)。一般在最下一节管桩的底端设置桩尖,桩尖内部可预留圆孔,以便安装射水管辅助沉桩。

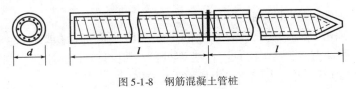

图 5-1-8 钢筋混凝土管桩

钢筋混凝土预制桩的分节长度应根据施工条件决定,并应尽量减少接头数量。接头强度不应低于桩身强度,接头法兰盘不应突出于桩身之外,在沉桩和使用过程中接头不应松动和开裂。

3) 钢桩

钢桩可采用管型或 H 型,常用的是钢管桩,其材质应符合现行国家有关规范、标准规定。钢桩的端部形式,应根据桩所穿越的土层、桩端持力层性质、桩的尺寸、挤土效应等因素综合考虑确定。钢管桩的桩端形式可分为敞口式、半闭口式和闭口式,如图 5-1-9 所示。H 型钢桩的桩端形式有带端板和不带端板两种。

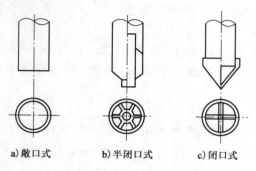

图 5-1-9　钢管桩的桩端形式

钢管桩在出厂时,两端应有防护圈,以防坡口受损。H 型钢桩,因其刚度不大,若支点不合理,堆放层数过多,会造成桩体弯曲,影响施工。

钢管桩的分段长度应根据施工条件而定,不宜超过 12～15m,常用直径为 400～1000mm。分节钢管桩应采用焊接连接,选择的焊条或焊丝的型号应与构件钢材的强度相适应,实现等强度连接。在桩顶和桩底端的管壁处可设置加强箍,以提高钢管桩承受锤击和穿透地层的能力。钢桩防腐处理可采用外表面涂防腐层、增加腐蚀余量和阴极保护等方法;当钢管桩内壁同外界隔绝时,可不考虑内壁防腐。

2. 桩的布置和间距

基桩平面布置形式应根据荷载、地基土质及基桩承载力等确定。对于采用大直径钻孔灌注桩的中小桥梁常用单排式,如图 5-1-10a) 所示;对于大型桥梁或当水平推力较大时,则采用多排式(行列式或梅花式),如图 5-1-10b)、c) 所示。

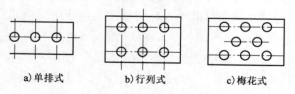

图 5-1-10　基桩的平面布置形式

桩间的中心距应符合以下要求:

(1) 摩擦桩。锤击、静压沉桩,在桩端处的中距不应小于桩径(或边长)的 3 倍,对于软土地基宜适当增大;振动沉入砂土内的桩,在桩端处的中距不应小于桩径(或边长)的 4 倍。桩在承台底面处的中距不应小于桩径(或边长)的 1.5 倍。

钻(挖)孔桩中距不应小于桩径的2.5倍。

(2)端承桩。支承或嵌固在基岩中的钻(挖)孔桩中距,不应小于桩径的2.0倍。

(3)扩底灌注桩。钻(挖)孔扩底灌注桩中距不应小于1.5倍扩底直径或扩底直径加1.0m,取较大者。

为了避免承台边缘距桩身过近而发生破裂,边桩(或角桩)外侧与承台边缘的距离,对于直径(或边长)小于或等于1.0m的桩,不应小于0.5倍桩径(或边长),并不应小于250mm;对于直径大于1.0m的桩,不应小于0.3倍桩径(或边长),并不应小于500mm。

3. 承台和横系梁的构造

承台的平面形状和尺寸应根据上部墩台身的底部尺寸与形状,以及基桩的平面布置而定,一般采用矩形、圆形和圆端形。排架桩式墩台盖梁的平面形状一般为矩形,其平面尺寸应根据支座的尺寸及布置情况而定。

为保证承台有足够的强度和刚度,承台的厚度宜为桩直径的1.0倍及以上,且不宜小于1.5m,混凝土强度等级不应低于C25。对于盖梁式承台和柱式墩台、空心墩台的承台,应验算承台强度并设置必要的钢筋,承台厚度可不受上述限制。

当桩顶直接埋入承台连接时,应在每根桩的顶面上设1~2层钢筋网。当桩顶主筋伸入承台时,承台在桩身混凝土顶端平面内须设一层钢筋网,如图5-1-11a)所示。在每米内(按每一方向)设钢筋网1200~1500mm^2,钢筋直径采用12~16mm,钢筋网应通过桩顶且不应截断。当桩中心距大于3倍桩直径时,受力钢筋也可均匀布置于距桩中心1.5倍桩直径范围内,在此范围以外应布置配筋率不小于0.1%的构造钢筋,如图5-1-11b)所示。

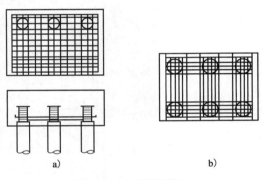

图5-1-11 承台底钢筋网

承台的顶面和侧面应设置表层钢筋网,每个面在两个方向的截面面积均不宜小于400mm^2/m,钢筋间距不应大于400mm。

当用横系梁加强桩之间的整体性时,横系梁的高度可取为0.8~1.0倍桩的直径,宽度可取为0.6~1.0倍桩的直径。混凝土的强度等级不应低于C25。纵向钢筋不应少于横系梁截面面积的0.15%;箍筋直径不应小于8mm,其间距不应大于400mm。

4. 桩与承台、横系梁的连接

(1)桩顶直接埋入承台连接。当桩径(或边长)小于0.6m时,埋入长度不应小于2倍桩径(或边长);当桩径(或边长)为0.6~1.2m时,埋入长度不应小于1.2m;当桩径(或边长)大于1.2m时,埋入长度不应小于桩径(或边长)。

(2)桩顶主筋伸入承台连接。桩身嵌入承台内的深度可采用100mm;伸入承台内的桩顶主筋可做成喇叭形(与竖直线夹角大约为15°),如图5-1-12所示。伸入承台内的主筋长度,光圆钢筋不应小于30倍钢筋直径(设弯钩),带肋钢筋不应小于35倍钢筋直径(不设弯钩)。对于大直径灌注桩,当采用一柱一桩时,可设置横系梁或将桩与柱直接连接。

(3)钢管桩与承台连接。钢管桩与承台连接,如图5-1-13所示。伸入承台内的纵向钢筋如采用插筋,插筋数量不应少于4根,直径不应小于16mm,锚入承台长度不宜少于35倍钢筋直径,插入管桩顶填芯混凝土长度不宜小于 1.0m。

(4)横系梁的主钢筋应伸入桩内,其长度不小于 35 倍主筋直径。

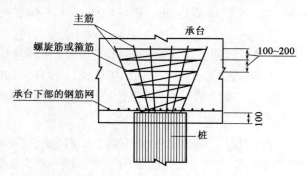

图 5-1-12　桩顶与承台的连接(尺寸单位:mm)

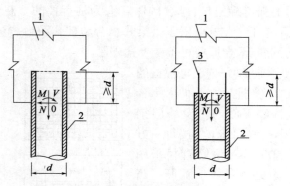

图 5-1-13　钢管桩与承台连接
1-承台;2-钢管桩;3-锚固插件

复习与思考

1. 桩基础有哪些类型?各自特点和适用条件是什么?
2. 端承桩和摩擦桩的受力情况和支承条件有何不同?
3. 就地灌注钢筋混凝土桩和钢筋混凝土预制桩的构造是什么?
4. 桩与承台如何连接?

任务实施

根据提供的某桥桩基础施工图(图 5-1-14 ~ 图 5-1-16),读识桩基础的结构,并检验其构造尺寸是否符合《公路桥涵地基与基础设计规范》(JTG D63—2007)中的设计基本要求。要求标明下列内容:

1. 桩的类型、桩径和桩长;
2. 桥墩桩基在不同土层的埋置深度;
3. 桩底、桩顶、盖梁顶和桥面设计高程;
4. 桥墩桩基不同编号钢筋直径、型号、间距、根数和总长;
5. 说明桥墩桩基混凝土强度等级和数量。

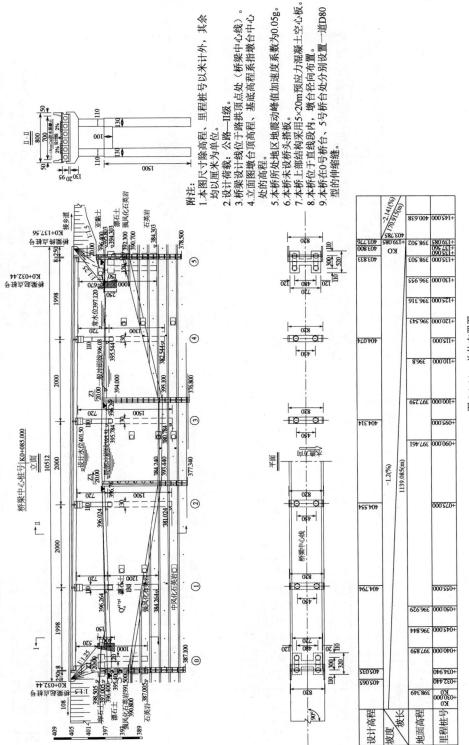

图 5-1-14 总体布置图

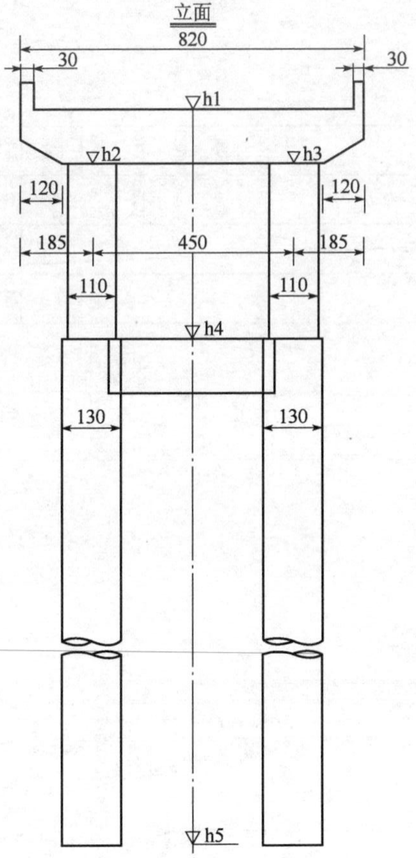

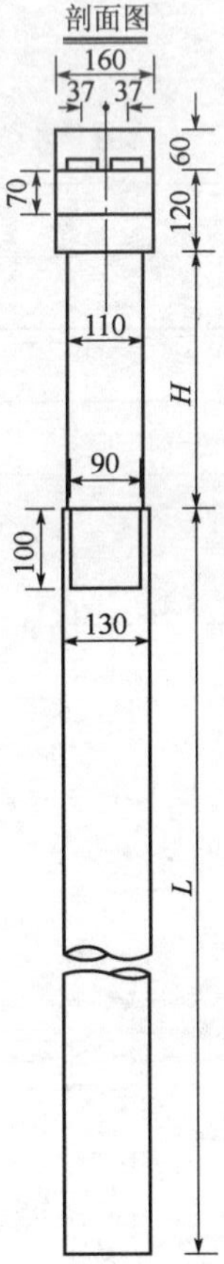

设计参数表

	1号墩	2号墩	3号墩	4号墩
横坡i	0	0	0	0
柱高H(m)	6	6	6	6
桩长L(m)	12	15	15	13
h_1(m)	403.464	403.224	402.984	402.744
h_2(m)	402.264	402.024	401.784	401.544
h_3(m)	402.264	402.024	401.784	401.544
h_4(m)	396.264	396.024	395.784	395.544
h_5(m)	384.264	381.024	380.784	382.544

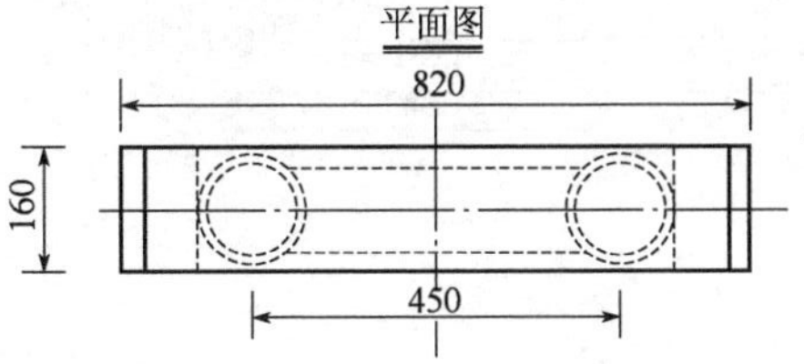

附注：
1. 图中尺寸均以厘米为单位。
2. 图中支座+垫块=20cm，其中支座厚度4.1cm，垫石厚度15.9cm。
3. 桥墩采用GYZ25042板式橡胶支座，全桥共需96块。
4. 桥墩桩基按照嵌岩桩设计，中风化石英岩饱和单轴抗压极限强度78MPa，桩基嵌入基岩长度按照不小于2m控制。

图 5-1-15　桥墩一般构造图

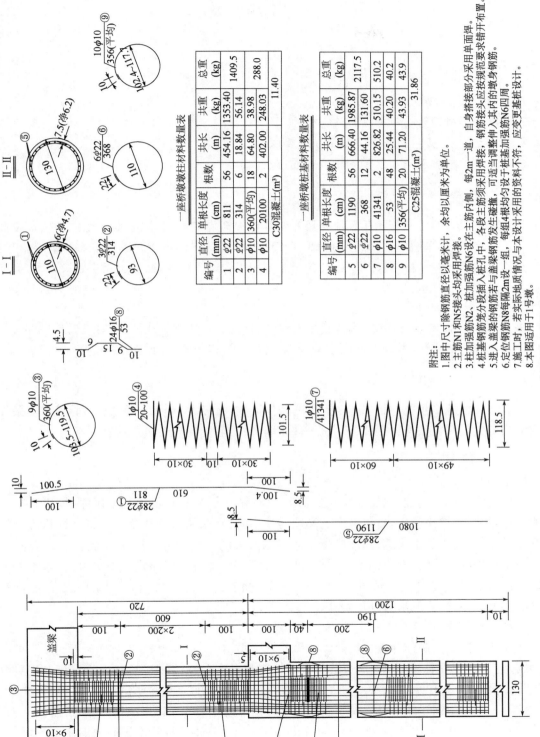

图5-1-16 桥墩桩柱钢筋构造图

任务二 灌注桩施工

1. 了解灌注桩的类型及适用条件；
2. 掌握各类型灌注桩的施工方法和程序；
3. 掌握钻、挖孔灌注桩各施工环节技术要点；
4. 了解灌注桩施工常见质量问题及处理方法。

通过对各类型灌注桩施工工艺流程及方法等相关知识的学习，能够根据提供的桥梁设计资料，参阅《公路桥涵施工技术规范》(JTG/T F50—2011)及相关的技术文献资料，编制简单的灌注桩施工方案，进行施工技术交底；能分析施工中出现的工程问题，提出初步解决方案。

桩基础施工前首先应定出墩台纵横中心轴线，再定出桩基础轴线和各基桩桩位。目前，普遍应用全站仪直接定位，并设置好固定桩标志或控制桩，以便施工时随时校核。

一、钻孔灌注桩的施工

钻孔灌注桩施工主要包括：施工前准备，根据土质、桩径大小、入土深度和机具设备等条件选用适当的钻具和方法进行钻孔，清孔，吊放钢筋骨架，灌注混凝土和修筑承台等。

1. 施工准备

1) 准备场地

施工前应平整好场地，以便安装钻机（架）进行钻孔。当基础位于无水岸滩时，应清除钻架所在位置杂物，挖换软土，整平夯实。场地为浅水时，宜采用筑岛法施工。筑岛面积应按钻孔方法、机具大小等要求决定，高度应高于最高施工水位0.5~1.0m。场地为深水或陡坡时，可采用钢管桩施工平台、双壁钢围堰平台等固定式平台，也可采用浮式施工平台，在施工平台上安装钻机（架）。平台须牢靠稳定，能承受工作时所有静、动荷载。平台的结构强度、刚度和船只的浮力、稳定性等应事前进行验算。

2) 埋置护筒

钻孔前应按要求制作并埋置护筒。护筒要求坚固、有一定的刚度，接缝严密不漏水。护筒的作用是：①固定钻孔位置；②开始钻孔时对钻头起导向作用；③保护孔口，防止孔口土层坍塌；④隔离孔内外表层水，并保持钻孔内水位高出施工水位，以产生足够的静水压力稳固孔壁。

护筒一般用薄钢板或钢筋混凝土制成。钢护筒常用4~8mm钢板制作，既易拼装接长，又可重复使用，施工中采用较多，如图5-2-1和图5-2-2所示。钢筋混凝土护筒一般用于深水，节长一般为2~3m，壁厚和配筋应根据吊装、下沉加压等计算确定，通常与桩身混凝土浇筑在一起，不拔出，位于桩身范围以上部分，可以取出再用。

图 5-2-1 钢护筒

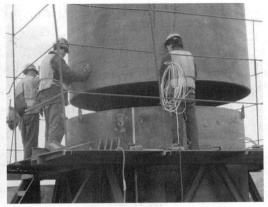

图 5-2-2 拼接长钢护筒

护筒内径宜比桩径大 200~400mm,护筒的长度要考虑桩位处地质和水位情况确定。

护筒埋设可采用下埋式[适于旱地埋置,如图 5-2-3a)所示],上埋式[适于地下水位较高的旱地或浅水筑岛埋置,如图 5-2-3b)、c)所示]和下沉埋设[适于深水埋置,如图 5-2-3d)所示]。

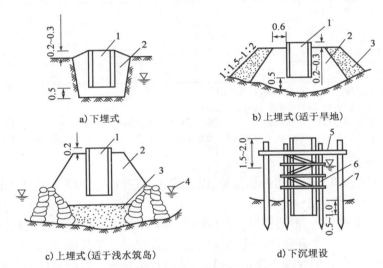

图 5-2-3 护筒埋置形式(尺寸单位:m)
1-护筒;2-夯实黏土;3-砂土;4-施工水位;5-施工平台;6-导向架;7-脚手桩

埋置护筒时应注意下列几点:

(1)护筒中心竖直线应与桩中心线重合,除设计另有规定外,平面允许误差为 50mm,竖直线倾斜不大于 1%。干处可实测定位,水域可依靠导向架定位。

(2)护筒顶标高宜高出地下水位和施工最高水位 1.5~2.0m;无水地层应在护筒顶部设有溢浆口,筒顶也应高出地面 0.3m。

(3)护筒底部应低于施工最低水位(一般低于 0.1~0.3m)。深水下沉埋设的护筒应沿导向架借自重、射水、振动或锤击等方法将护筒下沉至稳定深度。护筒埋置深度应根据设计要求或桩位的水文地质情况确定,一般情况埋置深度宜为 2~4m,特殊情况应加深以保证钻孔和灌注混凝土的顺利进行。有冲刷影响的河床,护筒应沉入局部冲刷线以下不小于 1.0~1.5m。

(4)上埋式护筒挖坑不宜太大(一般比护筒直径大 0.1~0.6m),护筒底部和四周所填黏质土必须分层夯实。否则应换填黏土并夯填密实,其厚度一般为 0.5m。

(5)护筒连接处要求筒内无突出物,应耐拉、压、不漏水。

3)制备泥浆

钻孔过程中,孔内应保持一定稠度的泥浆。泥浆的作用是:在孔内产生较大的静水压力,防止坍孔;泥浆向孔外土层渗漏,在孔壁表面形成一层胶泥,具有护壁作用;泥浆还可将孔内外水流切断,稳定孔内水位;同时泥浆密度大,具有挟带钻渣的作用,有利于钻渣的排出。

泥浆一般由水、黏土(或膨润土)和添加剂按适当配合比配制而成,注入孔内。在较好的黏性土层中钻孔时,也可灌入清水,在钻头作用下自造泥浆。泥浆性能指标可参照表5-2-1选用。

泥浆的调制和使用技术要求　　　　表5-2-1

钻孔方法	地层情况	泥浆性能指标							
		相对密度	黏度(Pa·s)	含砂率(%)	胶体率(%)	失水率(mL/30min)	泥皮厚(mm/30min)	静切力(Pa)	酸碱度(pH)
正循环	一般地层	1.05~1.20	16~22	8~4	≥96	≤25	≤2	1.0~2.5	8~10
	易塌地层	1.20~1.45	19~28	8~4	≥96	≤15	≤2	3~5	8~10
反循环	一般地层	1.02~1.06	16~20	≤4	≥95	≤20	≤3	1~2.5	8~10
	易塌地层	1.06~1.10	18~28	≤4	≥95	≤20	≤3	1~2.5	8~10
	卵石土	1.10~1.15	20~35	≤4	≥95	≤20	≤3	1~2.5	8~10
推钻冲抓冲击	一般地层	1.10~1.20	18~24	≤4	≥95	≤20	≤3	1~2.5	8~11
	易塌地层	1.20~1.40	22~30	≤4	≥95	≤20	≤3	3~5	8~11

注:1. 地下水位高或其流速大时,指标取高限,反之取低限。
2. 地质状态较好,孔径或孔深较小的取低限,反之取高限。
3. 在不易坍塌的黏质土层中,使用推钻、冲抓、反循环回转钻进时,可用清水提高水头(≥2m)维护孔壁。
4. 若当地缺乏优良黏质土,远运膨润土亦很困难,调制不出合格泥浆时,可掺用添加剂改善泥浆性能。

4)制作钢筋骨架

钻孔之前或钻孔同时,应制作钢筋骨架,以便成孔、清孔后尽快吊装钢筋骨架入孔,灌注混凝土,以防止塌孔事故发生。

钢筋骨架要求主筋平直,箍筋圆顺,尺寸准确。钢筋骨架的制作应符合设计要求和施工技术规范相关规定。长桩骨架宜分段制作,分段长度应根据吊装条件确定,应确保不变形。主筋接头应错开。为保证设计的混凝土保护层厚度,应在骨架外侧设置控制保护层厚度的垫块,其间距竖向为2m,横向圆周不得少于4处。骨架顶端应设置吊环。

5)安装钻机或钻架

钻架是钻孔、吊放钢筋骨架,灌注混凝土的支架。我国生产的定型旋转钻机和冲击钻机都附有定型钻架,除此之外,还有木制和钢制的四脚架、三脚架或人字扒杆。

钻机就位前,应对钻孔各项准备工作进行检查。钻机安装后的底座和顶端应平稳,在钻进中不应产生位移、倾斜或沉陷,否则应及时处理。钻机(架)安装就位时,应详细测量,底座应用枕木垫实塞紧,顶端应用缆风绳固定平稳,并在钻孔过程中经常检查。

2. 钻孔

钻孔时应按设计资料绘制的地质剖面图,选用适当的钻具和泥浆。钻头的直径要求:对于回旋钻,钻头不宜小于设计桩径;对于冲击钻,以冲锤直径小于设计桩径20mm为宜。

钻孔作业应分班连续进行,填写钻孔施工记录,交接班时应交代钻进情况及下一班应注意事项。应经常对钻孔泥浆进行检测和试验,不符合要求时,应随时改正。应经常注意地层变化,在地层变化处均应捞取渣样,判明后记入记录表中并与地质剖面图核对。

目前我国常用的钻具有旋转钻、冲击钻和冲抓钻三种类型。钻孔灌注桩根据钻具的不同有以下三种成孔方法。

1)旋转钻进成孔

旋转钻进成孔是利用钻具的旋转切削土体钻进,钻进的同时采用循环泥浆的方法护壁排渣,随着孔的加深,不断接长钻杆直至设计深度。我国现用的旋转钻机按泥浆循环程序的不同分为正循环旋转钻机与反循环旋转钻机两种。

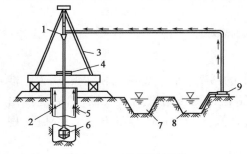

图 5-2-4 正循环旋转钻孔

1-泥浆笼头;2-钻杆;3-钻架;4-钻机;5-护筒;6-钻头;7-沉淀池;8-泥浆池;9-泥浆泵

正循环旋转钻孔是在钻进的同时,泥浆泵将泥浆压进泥浆笼头,通过钻杆内腔从钻头出口喷入钻孔,泥浆携带钻渣沿钻孔上升,从护筒顶部的排浆孔排出至沉淀池,钻渣沉淀后,泥浆仍进入泥浆池循环使用,如图 5-2-4 所示。

正循环成孔设备简单,操作方便,当孔深不超过 40m、孔径小于 800mm 时钻进效率高。其适用于淤泥、黏土、粉土、砂土等地层,对于卵砾石含量不大于 15%、粒径小于 10mm 的部分砂卵砾石层和软质及较硬基岩也可使用。

反循环旋转钻孔是用泥浆泵将泥浆直接送至钻孔内,同钻渣混合,在压缩空气或高压水造成的负压下,将钻渣通过钻头下口吸进,通过钻杆中心排出至沉淀池,泥浆经沉淀后再循环使用。反循环钻机根据吸渣动力不同,分为泵吸反循环和气举反循环,如图 5-2-5 所示。

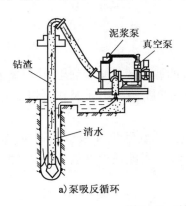
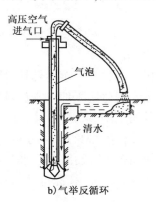

a)泵吸反循环   b)气举反循环

图 5-2-5 反循环旋转钻孔

反循环钻机的钻进及排渣效率较正循环高,但在接长钻杆时装卸较麻烦,当钻渣粒径超过钻杆内径(一般为 120mm)时易堵塞管路,不宜采用。

旋转钻进成孔适用于较细、软的土层,如各种塑性状态的黏性土、砂土、夹少量粒径小于 100～200mm 的砂卵石土层,在软岩中也可使用。

我国定型生产的旋转钻机在转盘、钻架、动力设备等方面均配套定型。钻头的构造根据土质情况采用不同的形式。

(1)普通旋转钻机成孔

正循环旋转钻机的钻头有鱼尾锥、圆柱形钻头(刮刀设置在钻头前端,又称为超前钻)、刺猬钻头等,如图 5-2-6 所示。常用的反循环旋转钻机的钻头为三翼空心钻,如图 5-2-7 所示。

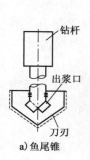 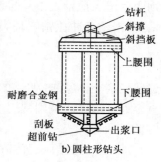 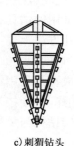

a) 鱼尾锥　　b) 圆柱形钻头　　c) 刺猬钻头

图 5-2-6　正循环旋转钻机的钻头

(2) 人工或机动推钻成孔

旋转钻孔过去采用简易的机具施工，只要配置必要的钻架、钻杆、卷扬机和钻头，用人工推钻或机动旋转钻机，钻头一般用大锅锥（图5-2-8）。钻孔时旋转钻锥削土入锅，然后提锥出渣，再放锥入孔继续钻进。这种方法钻进速度较慢，效率低，遇大卵石、漂石土层不易钻进，现在已很少采用。

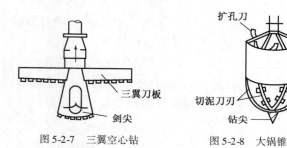

图 5-2-7　三翼空心钻　　图 5-2-8　大锅锥

(3) 螺旋钻机成孔

螺旋钻机成孔是通过动力旋转钻杆，使钻头的螺旋叶片旋转削土，土沿螺旋叶片提升并排出孔外。这种钻孔方法适用于地下水位较低的一般黏土层、砂土及人工填土地基，不适用于有地下水的土层和淤泥质土。

螺旋钻机根据钻杆上螺旋叶片的多少分为长螺旋钻机和短螺旋钻机，如图5-2-9所示。长螺旋钻机钻头外径较小，成孔深度一般为 8~12m，目前最深可达 30m，短螺旋钻机成孔直径和深度较大，孔径可超过 2m，孔深可达 100m。

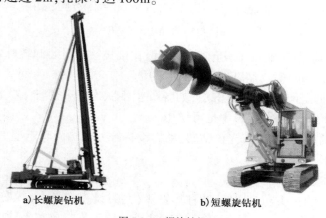

a) 长螺旋钻机　　b) 短螺旋钻机

图 5-2-9　螺旋钻机

在软塑土层,含水率大时,可用疏纹叶片钻杆,便于较快钻进。在可塑或硬塑黏土中,或含水率较小的砂土中应用密纹叶片钻杆,缓慢、均匀地钻进。

操作时要求钻杆垂直,钻孔过程中如发现钻杆摇晃或难钻进时,可能是遇到石块等异物,应立即停机检查。钻进速度应根据电流值变化及时调整。钻进过程中,应随时清理孔口积土,遇到塌孔、缩孔等异常情况,应及时研究解决。

(4)旋挖钻机成孔

旋挖钻机(图 5-2-10、图 5-2-11)钻孔取土时,依靠钻杆和钻头自重切入土层,斜向斗齿在钻斗回转时切下土块向斗内推进而完成钻孔取土。遇硬土时,自重不足以使斗齿切入土层,可通过加压油缸对钻杆加压,强行将斗齿切入土中,完成钻孔取土。钻斗内装满土后,由起重机提升钻杆及钻斗至地面,拉动钻斗上的开关即打开底门,钻斗内的土依靠自重作用自动排出。钻杆向下放,关好斗门再回转到孔内进行下一斗的挖掘。旋挖钻机行走机动、灵活,终孔后能快速移位至下一桩位施工。

图 5-2-10　旋挖钻机　　　　　图 5-2-11　旋挖钻施工现场

旋挖钻机一般适用黏土、粉土、砂土、淤泥质土、人工回填土及含有部分卵石、碎石的地层,借助钻具自重和钻机加压力,耙齿切入土层,在回转力矩的作用下钻斗同时回转配合不同钻具,适用于干式(短螺旋)、湿式(回转斗)及岩层(岩心钻)的成孔作业。

(5)潜水钻机成孔

潜水钻机钻进成孔的方法与正循环法相同,钻头与动力装置(电动机)联成一体,电动机直接驱动钻头旋转切土,并在钻头端部喷出高速水流冲刷土体,以水力形式排渣,电动机及变速装置均经密封后安装在钻头与钻杆之间,如图 5-2-12 所示。潜水钻机的使用更轻便和高效。

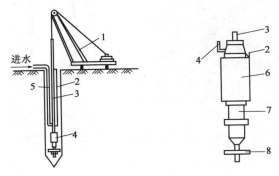

图 5-2-12　潜水钻机

1-钻机架;2-电缆;3-钻杆;4-潜水电钻头;5-进水高压水管;6-密封电动机;7-密封变速箱;8-钻头母体

2) 冲击成孔

冲击成孔是利用钻锥(重量为 10～35kN)不断地提锥、落锥,反复冲击孔底土层,把土层中的泥砂、石块挤向四壁或打成碎渣,再用掏渣筒将悬浮于泥浆中的钻渣取出,重复上述过程冲击钻进成孔。

冲击成孔主要采用的机具有定型冲击钻机(包括钻架、动力、起重装置等)[图 5-2-13a)和图 5-2-14]、冲击钻头、转向装置和掏渣筒等;也可用 30～50kN 带离合器的卷扬机配合钢(木)钻架组成简易冲击钻机,如图 5-2-13b)所示。

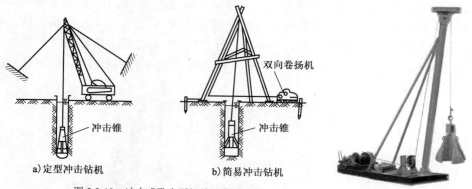

图 5-2-13 冲击成孔主要机具示意图　　　　图 5-2-14 冲击钻机

冲击钻头一般是由整体铸钢做成的实体钻锥,钻刃为十字形,用高强度耐磨钢材制成,底刃最好不完全平直以加大单位长度上的压重,如图 5-2-15 所示。冲击时钻头应有足够的重量、适当的冲程和冲击频率,以保证有足够的能量将岩块打碎。

冲锥每冲击一次应旋转一个角度,才能得到圆形钻孔,因此在钻头和提升钢丝绳连接处设有转向装置,常用的有合金套或转向环。转向装置在保证冲锥转动的同时,也可避免钢丝绳打结扭断。

掏渣筒是用以掏取孔内钻渣的工具,如图 5-2-16 所示,它是用厚 30mm 左右的钢板制成的,下面的碗形阀门应与渣筒密合,以防止漏水、漏浆。

 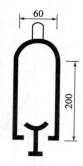

图 5-2-15 冲击钻头　　　　图 5-2-16 掏渣筒(尺寸单位:cm)

冲击成孔适用于含有漂卵石、大块石的土层及岩层,也能用于其他土层。其成孔深度一般不宜大于 50m。

3) 冲抓成孔

冲抓成孔是将兼有冲击和抓土作用的抓土瓣,通过钻架由带离合器的卷扬机操纵,靠冲锥自重(重量为 10~20kN)冲下,使抓土瓣的锥尖张开插入土层,然后由卷扬机提升锥头,收拢抓土瓣将土抓出,弃土后继续冲抓钻进成孔,如图 5-2-17 所示。

钻锥常采用四瓣或八瓣冲抓锥,如图 5-2-18、图 5-2-19 所示,当收紧外套钢丝绳、松内套钢丝绳时,内套钢丝绳在自重作用下相对外套钢丝绳下坠,从而使锥瓣张开插入土中。

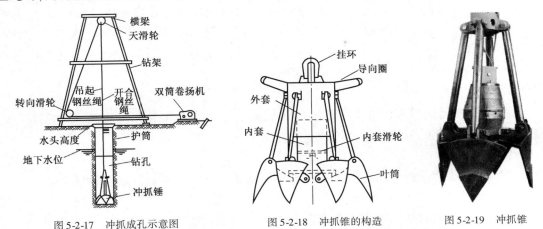

图 5-2-17 冲抓成孔示意图　　图 5-2-18 冲抓锥的构造　　图 5-2-19 冲抓锥

冲抓成孔适用于较松或紧密黏性土、砂性土及夹有碎卵石的砂砾土层,成孔深度一般小于 30m。

无论采用何种方法成孔,钻孔过程中应注意以下几点:

(1)钻孔的孔位必须准确。钻孔过程中,应根据土质等情况控制钻进速度,调整泥浆稠度。开钻时应慢速钻进,待导向部位或钻头全部进入地层后,方可加速钻进。钻孔宜一气呵成,不宜中途停钻以免塌孔,塌孔严重的应回填重钻。

(2)采用正、反循环钻孔(含潜水钻)均应采用减压钻进,即钻机的主吊钩始终要承受部分钻具的重力,而孔底承受的钻压不超过钻具重力之和(扣除浮力)的 80%。

(3)用全护筒法钻进时,为使钻机安装平正,压进的首节护筒必须竖直。钻孔开始后应随时检测护筒水平位置和竖直线,如发现偏移,应将护筒拔出,调整后重新压入钻进。

(4)在钻孔排渣、提钻头除土或因故停钻时,应保持孔内具有规定的水位及要求的泥浆相对密度和黏度。处理孔内事故或因故停钻时,必须将钻头提出孔外。

(5)钻孔过程中,应加强对桩位、成孔情况的检查工作。终孔时应对桩位、孔径、形状、深度、倾斜度及孔底土质等情况进行检验,合格后应立即清孔,吊放钢筋骨架,灌注混凝土。

当钻孔桩桩径较大,或钻孔机械的能力不能满足一次成孔的要求时,可采用二次成孔的方式进行钻孔施工。对于溶洞发育较为发达的地区,为了保证施工安全,可用地质 CT 法探测桩位处地下溶洞的分布情况,并用小钻头先试钻,探明溶洞分布情况后,再进行二次成孔。对于大直径的回旋钻成孔,一次成孔的钻头阻力较大时,可先用小钻头成孔,再二次扩孔至设计桩径。

3. 清孔

当钻孔达到设计要求深度并经检查合格后,应立即进行清孔,目的是清除钻渣与孔底沉淀层,减少桩基沉降量,提高其承载能力,同时为水下灌注混凝土创造良好条件,确保桩基质量。

清孔方法有抽浆、换浆、掏渣、空压机喷射、砂浆置换等,可根据设计要求、钻孔方法、机具设备条件和地层情况选择使用。不得用加深钻孔深度的方式代替清孔。

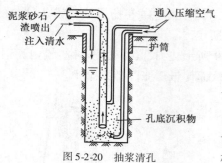

图 5-2-20　抽浆清孔

1）抽浆清孔

抽浆清孔是用空气吸泥机吸出含钻渣的泥浆而达到清孔的目的（图 5-2-20）。它由风管将压缩空气输进排泥管，使泥浆形成密度较小的泥浆空气混合物，在水柱压力下沿排泥管向外排出泥浆和孔底沉渣，同时用水泵向孔内注水，保持水位不变直至喷出清水或沉渣厚度达到设计要求为止，适用于孔壁不易坍塌、各种钻孔方法的端承桩和摩擦桩。

2）换浆清孔

正、反循环旋转钻机可在钻孔完成后不停钻、不进尺，继续循环换浆清渣，直至达到规定的泥浆清理要求，适用于各类土层的摩擦桩。

3）掏渣清孔

用掏渣筒或大锅锥掏清孔内粗粒钻渣，适用于冲抓、冲击、简便旋转成孔的摩擦桩。

4）喷射清孔

喷射清孔只宜配合换浆法或抽浆法清孔后使用，该法是在灌注水下混凝土前，对孔底进行高压射水或射风数分钟，使孔底剩余少量沉淀物漂浮后，立即灌注水下混凝土。

5）砂浆置换清孔

砂浆置换清孔适宜于掏渣清孔后使用，应按下述工序进行：

（1）用掏渣筒尽量清除钻渣。

（2）以高压水管插入孔底射水，降低泥浆相对密度。

（3）用活底箱在孔底灌注 0.6m 厚的特殊砂浆，其所用材料和配合比为水泥∶粉煤灰∶砂∶加气剂 = 1∶0.4∶1.4∶0.007（质量比），砂浆初凝时间应延长到 6~12h。

（4）插入比孔径稍小的搅拌器，慢速旋转，将孔底残渣搅入砂浆中。

（5）吊出搅拌器，吊入钢筋骨架，灌注水下混凝土，搅入残渣的砂浆被混凝土置换后，一直被顶托在混凝土面以上而被推到桩顶后，再予以清除。

无论采用何种方法清孔，清孔排渣时，必须注意保持孔内水头，防止坍孔。清孔后应从孔底提出泥浆试样，进行性能指标试验，清孔后泥浆指标应符合：相对密度为 1.03~1.10；黏度为 17~20Pa·s；含砂率小于 2%；胶体率大于 98%。

4. 吊放钢筋骨架

钢筋骨架吊放前，应检查孔底深度是否符合设计要求；孔壁有无妨碍骨架吊放和正确就位的情况。骨架入孔一般用吊机，无吊机时，可采用钻机钻架、灌注塔架。起吊应按骨架长度的编号入孔。钢筋骨架主筋的现场连接，宜采用机械连接接头。吊放时应随时校正骨架位置，避免骨架碰撞孔壁，并保证骨架外混凝土保护层厚度。钢筋骨架达到设计高程后，将骨架牢固定位于孔口，立即灌注混凝土。

钢筋骨架的制作和吊放的允许偏差为：主筋间距 ±10mm；箍筋间距 ±20mm；骨架外径 ±10mm；骨架倾斜度 ±0.5%；骨架保护层厚度 ±20mm；骨架中心平面位置 20mm；骨架顶端高程 ±20mm，骨架底面高程 ±50mm。

在吊入钢筋骨架后，灌注水下混凝土之前，应再次检查孔内泥浆性能指标和孔底沉淀厚度，如超过规定，应进行第二次清孔，符合要求后方可灌注水下混凝土。

5. 灌注水下混凝土

1）灌注水下混凝土的方法

目前我国多采用直升导管法灌注水下混凝土，其施工过程如图 5-2-21 所示。

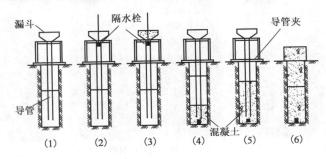

图 5-2-21 直升导管法的施工过程

(1) 安设导管，将导管居中插入到离孔底 0.3~0.4m 处，下放导管、导管上口接漏斗分别如图 5-2-22 和图 5-2-23 所示。

(2) 在漏斗与导管接口处悬挂隔水栓，以隔绝料斗中混凝土与导管内的水。

(3) 漏斗中储备足够数量的混凝土。

(4) 放开隔水栓，储备的混凝土连同隔水栓向孔底猛落，将导管内的水挤出，孔内水位骤涨外溢，说明混凝土已灌入孔内。

(5) 连续灌注混凝土，同时不断地提升和拆除导管，应始终保持导管埋入混凝土中，拆除导管时间不超过 15min，钻孔内初期灌注的混凝土及其上面的水或泥浆不断被顶托升高。

(6) 混凝土灌注完毕，拔出护筒。灌注最后部分的混凝土时，漏斗顶端至少应高出桩顶（桩顶在水面以下时应为水面）3m，以保证管内混凝土能满足顶托管外混凝土及其上面的水或泥浆重力的需要。

图 5-2-22 下放导管

图 5-2-23 安设漏斗

2）灌注水下混凝土的主要设备

(1) 导管。为内径 200~350mm 的钢管，壁厚为 3~4mm，视桩径大小而定。导管每节长度为 1~2m，最下面一节一般长 3~4m，如图 5-2-24 所示。导管接头宜采用卡口式螺纹连接法或法兰盘螺栓连接。导管使用前应进行水密承压和接头抗拉试验，严禁用压气试压。导管内壁应光滑，内径大小应一致，连接牢固，在压力下不漏水。导管应自下而上顺序编号，单节导管作好标示尺度，吊装导管设备能力应充分满足施工要求。

a)导管

b)导管口双密封圈

c)导管夹

图 5-2-24 导管

(2)隔水栓。常用直径较导管内径小 20~30mm 的木球,或混凝土球、砂袋等,将其用粗铁丝悬挂在导管上口或近导管内水面处,要求隔水栓能在导管内滑动自如不致卡管。目前也有采用在漏斗与导管接头处设置活门或铁抽板来代替隔水栓的。

(3)料斗。首批混凝土灌注时,应采用大、小料斗同时储料,两者相加的储料体积应大于或等于首次灌注混凝土的体积。首批混凝土灌注后可仅用小料斗进行灌注。料斗的出口应能方便开启和关闭。

(4)混凝土运送机具。泵送机具宜采用混凝土泵,距离稍远的宜采用混凝土搅拌运输车。采用普通汽车运输时,运输容器应严密坚实,不漏浆、不吸水,便于装卸,混凝土不应离析。

(5)混凝土搅拌机。搅拌能力应能满足桩孔在规定时间内灌注完毕。灌注时间不得长于首批混凝土初凝时间。若估计灌注时间长于首批混凝土初凝时间,则应掺入缓凝剂。

(6)测深锤。混凝土浇筑过程中,为了随时掌握钻孔内混凝土顶面的实际高度,可用测绳和测深锤直接测定。测深锤一般用锥形锤,锤的质量为 5kg,外壳可用钢板焊制,内装铁砂配重后密封,如图 5-2-25 所示。

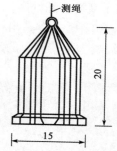
图 5-2-25 测深锤(尺寸单位:cm)

3)对混凝土材料的要求

为保证水下灌注混凝土的质量,混凝土的配合比应按设计的混凝土强度等级提高 20% 进行设计。可采用火山灰水泥、粉煤灰水泥、普通硅酸盐水泥或硅酸盐水泥,使用矿渣水泥时应采取防离析措施。水泥的初凝时间不宜早于 2.5h,水泥的强度等级不宜低于 32.5。每立方米水下混凝土的水泥用量不宜小于 350kg,当掺有适宜数量的减水缓凝剂或粉煤灰时,其不少于 300kg。含砂率宜采用 0.4~0.5,水灰比宜采用 0.5~0.6。粗集料宜优先选用卵石,集料的最大粒径不应大于导管内径的 1/8~1/6 和钢筋最小净距的 1/4,同时不应大于 40mm。细集料宜采用级配良好的中砂。混凝土灌注时应保持足够的流动性,其坍落度一般情况下宜为 180~220mm,特殊情况时宜通过试验确定。

4)灌注水下混凝土的注意事项

(1)混凝土拌和必须均匀,尽可能缩短运输距离和减少颠簸,防止因混凝土离析而发生卡管事故。混凝土拌和物运至灌注地点时,应检查其均匀性和坍落度等,如不符合要求,应进行二次拌和,二拌后仍不符合要求时,不得使用。

(2)灌注混凝土时必须连续作业、一气呵成,避免因任何原因中断灌注。

(3)首批灌注混凝土的数量应能满足导管首次埋置深度(≥1.0m)和填充导管底部的需要(图5-2-26),所需混凝土数量可参考公式(5-2-1)计算:

$$V \geqslant \frac{\pi D^2}{4}(H_1 + H_2) + \frac{\pi d^2}{4} h_1 \qquad (5\text{-}2\text{-}1)$$

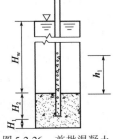

图 5-2-26 首批混凝土数量计算

式中:V——灌注首批混凝土所需数量(m^3);
　　D——桩孔直径(m);
　　H_1——桩孔底至导管底端间距,一般为0.4m;
　　H_2——导管初次埋置深度(m);
　　d——导管内径(m);
　　h_1——桩孔内混凝土达到埋置深度H_2时,导管内混凝土柱平衡导管外(或泥浆)压力所需的高度,即 $h_1 = \dfrac{H_w \gamma_w}{\gamma_c}$;
　　H_w——井孔内混凝土面以上水或泥浆深度(m);
　　γ_w——井孔内水或泥浆的重度(kN/m^3);
　　γ_c——混凝土拌和物的重度(kN/m^3)。

(4)在灌注过程中,导管的埋置深度宜控制在2~6m,并保持孔内水头。

(5)在灌注过程中,应经常测探井孔内混凝土面的位置,及时调整导管埋深,防止导管因提升过猛而使管底提离混凝土面或埋入过浅,而使导管内进水造成断桩夹泥;也要防止导管埋入过深,造成导管内混凝土压不出来或导管被混凝土埋住而不能提升,导致浇灌中止而断桩。

(6)为防止钢筋骨架上浮,当灌注的混凝土顶面距钢筋骨架底部1m左右时,应降低混凝土的灌注速度。当混凝土拌和物上升到骨架底口4m以上时,提升导管,使其底口高于骨架底部2m以上,即可恢复正常灌注速度。

(7)灌注的桩顶高程应比设计高出一定高度,一般为0.5~1.0m,以保证混凝土强度,多余部分接桩前必须凿除,桩头应无松散层。在灌注将近结束时,应核对混凝土的灌入数量,以确定所测混凝土的灌注高度是否正确。

待桩身混凝土达到设计强度的要求,按规定检查合格后才可以灌注系梁、盖梁或承台。

二、挖孔灌注桩的施工

挖孔灌注桩适用于无地下水或少量地下水,且较密实的土层或风化岩层。挖孔桩直径不应小于1.2m,挖孔的深度不宜大于15m,孔深大于10m时必须强制采取机械通风措施。

挖孔灌注桩的施工必须在保证安全的前提下不间断地快速进行。每处桩孔的开挖、提升出土、排水、支撑、立模板、吊装钢筋骨架、灌注混凝土等作业都应事先做好准备,各步骤紧密配合完成。

1. 施工准备

施工前必须对作业人员进行安全技术交底。清除现场四周及山坡上的悬石、浮土等,排除一切不安全因素,做好孔口四周的临时围护,孔口处应设置高出地面至少300mm的护圈。布置好排土提升设备和弃土通道,必要时,孔口搭设雨棚。井孔内要求设100W防水带罩灯泡照明,电压为12V低电压,电缆为防水绝缘电缆。挖孔桩施工现场如图5-2-27和图5-2-28所示。弃土要及时转运,距井口四周5m范围内不得堆积余土杂物;禁止任何车辆在桩孔边5m内行驶。

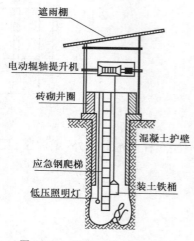

图5-2-27 挖孔桩施工现场示意图

图5-2-28 挖孔桩孔口安全防护

2. 开挖桩孔

挖孔桩施工一般采用人工开挖。施工时相邻两桩孔间净距离不得小于3倍桩径,当桩孔间距小于3倍桩径时,必须间隔交错跳挖。挖孔过程中,应经常检查桩孔尺寸、平面位置和竖轴线倾斜情况,如有偏差应随时纠正。

井下作业人员必须佩戴安全帽、安全带,安全绳必须系在孔口。提取土渣的机具必须进行经常检查。同时必须经常检查孔内空气情况。孔内遇到岩层需爆破时,应专门设计,宜采用浅眼松动爆破法,严格控制用药量并在炮眼附近加强支护,孔深大于5m时,必须采用电雷管爆破。孔内爆破后应先通风排烟15min并经检查无有害气体后,施工人员方可下井继续施工。

3. 护壁和支撑

为了防止施工过程中孔壁坍塌,必须挖一节桩孔、浇筑一节护壁,地质较好时护壁高度一般为1m,严禁只挖而不及时浇筑护壁的冒险作业。对软弱地层、涌水、涌沙地层,护壁段高可减少为0.3~0.5m一段。

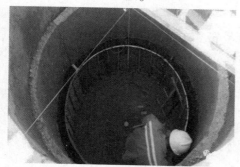

图5-2-29 浇筑混凝土护壁

孔壁支护方案应根据地质和水文地质等情况因地制宜选择,需经过计算和报批,以确保施工安全并满足设计要求。护壁方式主要有:

1) 现浇混凝土护圈

该法是就地支模浇筑混凝土护壁,如图5-2-29所示。护壁厚度一般采用0.15~0.2m,混凝土的强度等级为C15~C20,必要时可配置少量钢筋。有时也可在架立钢筋网后直接锚喷砂浆形成护圈,来代替现浇混凝土护圈。

2）沉井护圈

该法是先在桩位上制作钢筋混凝土井筒,然后在井筒内挖土,井筒靠自重或附加荷载克服井壁与土之间的摩阻力,使其下沉至设计高程,再在井内吊装钢筋骨架及灌注桩身混凝土。

3）钢套管护圈

该法是在桩位处先用桩锤将钢套管打入土层中,在钢套管的保护下,挖土,吊放钢筋骨架,浇筑桩基混凝土。待浇筑混凝土完毕后,拔出钢套管移至下一桩位使用。它适用于地下水丰富的强透水地层或承压水地层,可避免产生流沙和管涌现象,能确保施工安全。

当土质较松散且渗水量不大时,可考虑用木料作框架式支撑或在木框架后面铺架木板作支撑。当土质情况尚好且渗水量不大时,也可用荆条、竹笆作护壁,随挖随护壁,以保证挖土安全进行。

在保证桩孔直径的前提下,孔壁凹凸可不进行处理,孔壁支护不得占用桩径尺寸。

4. 孔内排水

孔内若渗水量不大,可采用人工排水(手摇小绞车或小卷扬机配合提升);若渗水量较大,可用高扬程抽水机或将抽水机吊入孔内抽水。若同一墩台有几个桩孔同时施工,则可以安排一孔超前开挖,使地下水集中到一孔内排除。

5. 吊装钢筋骨架及灌注桩身混凝土

挖孔达到设计深度后,应检查和处理孔底、孔壁,清除孔壁及孔底的浮土,孔底必须平整,符合设计条件及尺寸,以保证桩身混凝土与孔壁及孔底密贴,受力均匀。

吊装钢筋骨架和灌注水下混凝土的施工方法及注意事项与钻孔灌注桩基本相同。孔内无积水时,灌注混凝土可通过串筒、溜管(槽)等设施滑落孔内,以防混凝土离析。倾落高度超过 10m 时,应设置减速装置。桩顶混凝土应用插入式振动棒振捣密实。孔内有积水且无法排净时,应按水下灌注混凝土的要求施工,超灌混凝土宜高出设计桩顶高程 $1.0\sim1.5\mathrm{m}$。

三、沉管灌注桩的施工

沉管灌注桩适用于黏性土、粉土、淤泥质土、砂土及填土。在厚度较大、灵敏度较高的淤泥和流塑状态的黏性土等软弱土层中采用时,应制定质量保证措施,并经工艺试验成功后方可实施。

沉管灌注桩是利用锤击打桩法或振动沉桩法,将带有活瓣式桩尖或带有钢筋混凝土桩靴的钢套管(图 5-2-30)压入土中成孔后,边拔管边灌注混凝土,利用拔管的振动力将混凝土捣实,形成混凝土桩。若配有钢筋时,则在灌注混凝土前先吊放钢筋骨架。其施工过程如图 5-2-31 所示。

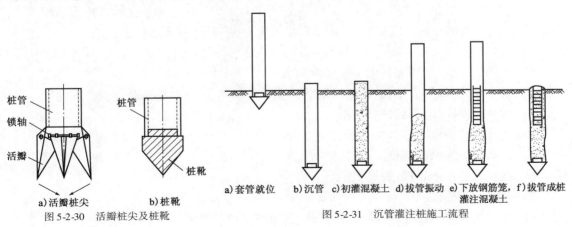

图 5-2-30 活瓣桩尖及桩靴　　图 5-2-31 沉管灌注桩施工流程

沉管灌注桩的施工要点：

(1) 就位。沉入套管前应检查套管与桩锤是否在同一垂直线上，套管偏斜不大于0.5%，锤沉套管时先用低锤轻击，观察无偏移后，才可正常施打，直至符合设计要求的贯入度或沉入高程，并做好打桩记录。

(2) 灌注混凝土。沉管至设计高程后，应立即灌注混凝土，尽量减少间隔时间。灌注混凝土之前，必须检查桩管内有无吞桩尖或进泥、进水。

(3) 拔管。拔管时应先振后拔，满灌慢拔，边振边拔。开始拔管时应测得桩靴活瓣确已张开，或钢筋混凝土管靴确已脱离，灌入混凝土已从套管中流出，方可继续拔管。拔管速度要均匀，宜控制在每分钟1.5m之内，软土中不宜大于每分钟0.8m。套管每拔起0.5m宜停拔，振动片刻，如此反复进行，直至将套管全部拔出。

(4) 间隔跳打。在软土中沉管时，由于排土挤压作用会使周围土体侧移及隆起，可能会挤断邻近已完成，但混凝土强度还不高的灌注桩，因此桩距不宜小于3~3.5倍桩径，并宜采用间隔跳打的施工方法，以避免对邻桩挤压过大。如采用跳打方法，中间空出的桩须待邻桩混凝土达到设计强度的50%以后方可施打。

(5) 复打。由于沉管的挤压作用，在软黏土中或软硬土层交界处所产生的孔隙水压力较大或侧压力大小不一而易产生混凝土桩缩颈，处理此现象可采取"复打"措施。同时为了提高桩的质量和承载能力，也可采用复打法。

复打法是在第一次灌注桩施工完毕，拔出套管后，清除管外壁上的污泥和桩孔周围地面的浮土，立即在原桩位再埋设预制桩靴第二次复打套管，使未凝固的混凝土向四周挤压扩大桩径，然后第二次灌注混凝土。拔管方法与初打时相同。施工时前后两次沉管的轴线应重合，复打施工必须在第一次灌注的混凝土初凝之前进行，也有采用内夯管进行夯扩的施工方法。复打法第一次灌注混凝土前不能放置钢筋笼，如配有钢筋，应在第二次灌注混凝土前放置。

四、钻孔灌注桩施工中常见事故预防及处理

灌注桩施工中常见事故主要是坍孔和桩中夹泥及断裂，此外还可能出现弯孔、斜孔、缩孔、梅花孔、卡钻和掉钻等现象，施工中应尽可能采取预防措施，避免出现此类工程问题。如出现问题应分析原因，及时做出处治。

1. 坍孔

钻孔和清孔过程中，常易发生坍孔，特别是砂性土地基。其迹象是孔内水位骤然降落，并冒细密水泡，长时间钻进深度很小，钻机负荷显著增加，甚至锥头运转不起来。

1) 原因分析

(1) 护筒埋置太浅，周围封填不密实而漏水。
(2) 操作不当，如提升钻头、冲击（抓）锥或掏渣筒倾斜，或吊放钢筋骨架时碰撞孔壁。
(3) 泥浆稠度小，起不到护壁作用。
(4) 泥浆水位高度不够，对孔壁压力小。
(5) 向孔内加水时流速过大，直接冲刷孔壁。
(6) 在松软砂层中钻进，进尺太快。

2) 预防与处理措施

(1) 孔口坍塌时，可拆除护筒，回填钻孔、重新埋设护筒再钻。

(2)轻度坍孔,可加大泥浆相对密度和提高水位。
(3)严重坍孔,用黏土泥膏(或纤维素)投入,待孔壁稳定后采用低速钻进。
(4)汛期或潮汐地区水位变化大时,应采取升高护筒,增加水头或用虹吸管等措施,保证水头相对稳定。
(5)提升钻头、下钢筋骨架时保持垂直,尽量不要碰撞孔壁。
(6)在松软砂层钻进时,应控制进尺速度,且用较好泥浆护壁。
(7)坍塌情况不严重时,可回填至坍孔位置以上 1~2m,加大泥浆相对密度,继续钻进。
(8)遇流沙坍孔情况严重,可用沙夹黏土或小砾石夹黏上,甚至块片石加水泥回填,再行钻进。

2. 钻孔偏斜

造孔过程中要经常用检孔器吊入孔内进行检查。检孔器可用较粗钢筋焊成圆笼状,其外径等于桩的设计孔径,长为直径的 4~6 倍。当检孔器不能沉到已钻的深度或发现钻杆倾斜、吊绳偏移护筒中心、或锥头上提困难、转动不灵等情况,应考虑可能发生弯孔、缩孔和梅花孔等现象,如图 5-2-32 所示。

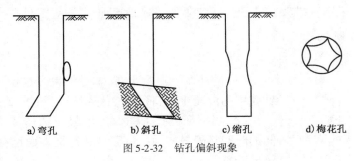

图 5-2-32 钻孔偏斜现象

1)原因分析
(1)桩架不稳,钻杆导架不垂直,钻机磨耗,部件松动。
(2)土层软硬不匀,致使钻头受力不匀。
(3)钻孔中遇有较大孤石或探头石。
(4)扩孔较大处,钻头摆偏向一方。
(5)钻杆弯曲,接头不正。

2)预防与处理措施
(1)将桩架重新安装牢固,并对导架进行水平和垂直校正,检修钻孔设备。
(2)偏斜过大时,填入石子黏土,重新钻进,控制钻速,慢速提升、下降,往复扫孔纠正。
(3)如有探头石,宜用钻机钻透,用冲孔机低锤密击,将石打碎;基岩倾斜时,可用混凝土填平,待凝固后再钻。

3. 卡钻

1)原因分析
(1)孔内出现梅花孔、探头石、缩孔等未及时处理。
(2)钻头被坍孔落下的石块或误落入孔内的大工具卡住。
(3)入孔较深的钢护筒倾斜或下端被钻头撞击严重变形。
(4)钻头尺寸不统一,焊补的钻头过大。
(5)下钻头太猛,或吊绳太长,使钻头倾斜卡在孔壁上。

2）预防与处理措施

（1）对于向下能活动的上卡可用上下提升法，即上下提动钻头，并配以将钢丝绳左右拨移、旋转的方法。

（2）上卡时还可用小钻头冲击法。

（3）对于下卡和不能活动的上卡，可采用强提法，即除用钻机上卷扬机提拉外，还采用滑车组、杠杆、千斤顶等设备强提。

4．掉钻

1）原因分析

（1）卡钻时强提强拉、操作不当，使钢丝绳或钻杆疲劳断裂。

（2）钻杆接头不良或滑丝。

（3）马达接线错误，使不应反转的钻机反转，导致钻杆松脱。

2）预防与处理措施

（1）卡钻时应设有保护绳才准强提，严防钻头空打。

（2）经常检查钻具、钻杆、钢丝绳和连接装置。

（3）掉钻后可采用打捞叉、打捞钩、打捞活套、偏钩和钻锥平钩等工具打捞。

5．桩中夹泥或断裂

1）原因分析

（1）灌注水下混凝土时，如导管提升过快，会致其下口拔离钻孔中的混凝土面，将使桩中夹泥。

（2）当一个桩孔未能保证混凝土的连续浇筑，两次浇筑之间的时间相隔较长，由于孔中混凝土表面已凝固，而使桩身在该处断裂。

2）预防与处理措施

拔起导管，在已灌注的混凝土中，钻一个较小直径的钻孔，并另插一个较小的钢筋笼，重新用导管灌注混凝土，如图5-2-33所示。

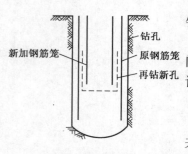

图 5-2-33 断桩的补救措施

五、承台施工

1．破除桩头

待桩基混凝土强度达到规范规定的设计强度时，将灌注桩桩顶0.5~1m掺杂有泥浆或其他杂物的多余混凝土部分用破桩机或空压机结合人工凿除，如图5-2-34所示。上部采用空压机凿除，下部留有10~20cm由人工进行凿除。凿除时应注意不扰动设计桩顶以下的桩身混凝土，严禁用挖掘机或铲车将桩头强行拉断，以免破坏主筋。凿除至承台底面以上15mm时停止凿除，清理桩头表面，使其表面平整。

将伸入承台的桩身钢筋清理整修成设计形状，复测桩顶高程，进行桩基检测。桩头凿完后应报监

图 5-2-34 凿除混凝土后的桩头

理人员验收,并经超声波检测合格后方可浇筑混凝土垫层。

2. 重新测量放样

当基底经测量找平、监理人员验收合格后,利用筑岛顶面测设出的横纵中心线用全站仪测设到基底上,弹出横纵中线,然后用全站仪、钢尺精确放出承台基础结构大样及边缘线大样。

3. 安装钢筋网

承台钢筋安装采用常规方式进行,在场地预制成形,用车运至施工现场。施工中可采用钢管施工脚手架作为操作平台,脚手架用钢管支架连接而成。

注意:钢筋安装时,应注意将墩台身钢筋直接预埋在承台混凝土内,墩台身钢筋的施工方法同常规施工方法。预埋墩台身钢筋应注意测得墩台身的位置必须精确,预埋后墩台身钢筋用地锚拉线进行找正和固定。

4. 安装模板

模板安装在钢筋骨架绑扎完毕后进行,安装前在模板表面涂刷脱模油,保证拆模顺利并且不破坏混凝土外观。安装模板时力求支撑稳固,以保证模板在浇筑混凝土过程中不致变形和移位。由于承台几何尺寸较大,模板上口用螺杆内拉并配合支撑方木固定,如图5-2-35所示。承台模板与承台尺寸一致。模板与模板的接头处,应采用海绵条或双面胶带堵塞。

5. 清理承台底面,浇筑承台混凝土

混凝土施工采用混凝土集中搅拌站拌和,自动计量,罐车运输,泵送混凝土施工,插入式振捣器振捣。

浇筑混凝土期间,设专人检查支撑、模板、钢筋和预埋件的稳固情况,当发现有松动、变形、移位时,应及时进行处理。

混凝土浇筑完毕后,对混凝土面应及时进行修整、收浆抹平,待定浆后混凝土稍有硬度时,再进行二次抹面。对墩柱接头处进行拉毛,以保证墩柱与承台混凝土连接良好。

图 5-2-35 搭设承台模板

复习与思考

1. 钻孔前为什么要埋设护筒,其埋设方式有哪些?
2. 简述钻孔灌注桩施工工艺流程,其成孔方式有哪些,各自的适应性如何?
3. 泥浆在钻孔过程中有什么作用?泥浆性能指标有哪些?
4. 水下灌注混凝土时应注意哪些问题?
5. 挖孔灌注桩适用什么条件?挖孔中护壁形式有哪些,支护时有何要求?
6. 出现桩中夹泥的原因是什么,如何处置?
7. 沉管灌注桩拔管时有何要求?

任务实施

1. 分别绘制挖孔灌注桩和沉管灌注桩施工流程图。
2. 某桥梁桩基设计直径为 1.5m,桩长 30m。地质条件如下:原地面以下依次为黏土、砂砾石、泥岩。承包人配置的桩基成孔设备有冲抓钻和冲击钻。

任务要求

（1）选择合适的钻机类型,并说明理由。
（2）查阅施工技术规范等相关文献资料,编制简单施工方案。内容应包括:主要施工机械设备、施工流程图、主要施工方法和工艺要求、质量控制措施和质量检测标准等。

任务三　预制沉桩与水中桩基础施工

学习目标

1. 掌握预制桩的施工程序和施工技术要点;
2. 明确不同沉桩方法的适用条件;
3. 了解预制桩施工中常见事故预防及处理措施;
4. 了解水中桩基础施工主要方法。

任务描述

通过对预制桩施工工艺流程等相关知识的学习,能够根据提供的桥梁设计资料,参阅《公路桥涵施工技术规范》(JTG/T F50—2011)及相关技术文献资料,编制简单的预制沉桩施工方案,进行施工技术交底;分析施工中出现的工程问题,提出初步解决方案。

**相关知识**

一、预制沉桩施工

沉桩是将预制好的桩(包括钢筋混凝土桩、预应力钢筋混凝土桩和钢管桩等)通过锤击、振动或静力压桩等方式沉入地层,达到设计高程。沉桩施工前应进行试桩,以确定相关技术参数和施工工艺。应通过试桩或做沉桩试验后与监理、设计单位研究确定贯入度。沉桩的主要施工工序为:

1. 桩的预制

钢筋混凝土预制桩分为实心桩和空心管桩两种。预应力钢筋混凝土桩和钢筋混凝土空心管桩制作工艺较复杂,一般需在预制厂制造。当预制厂距离较远而运桩不经济时,宜在现场选择合适的场地进行钢筋混凝土实心桩预制,场地要求如下:

（1）场地布置要紧凑,尽量靠近打桩地点,地势要高,防止被洪水所淹;
（2）地基要平整密实,并应铺设混凝土地坪或专设桩台;
（3）制桩材料的进场路线与成桩运往打桩地点的路线,不应互相干扰。

混凝土的原材料、拌制、运输和浇筑必须严格执行施工技术规范相关要求。钢筋混凝土桩的主筋，宜采用整根钢筋，如需接长时，宜采用对接焊接或机械焊接。每根或每一节桩的混凝土必须连续浇筑，不得中断，不得留施工缝。混凝土浇筑完毕后，应在桩上标明编号、灌制日期和吊点位置，并填写制桩记录。预制桩出场前应进行检验，出场时应具备出场合格检验记录。

桩的混凝土强度应达到设计要求的吊移、使用强度等级要求后，方可进行吊移和使用。

钢管桩可采用成品钢管或自制钢管。钢管防腐设计及焊接制作工艺应按要求和有关规定进行。钢管桩的分段长度应满足桩架的有效高度、制作场地条件、运输与装卸能力。钢管桩出厂应具备合格证明书。

2. 桩的吊运与堆放

钢筋混凝土预制桩起吊时，吊点位置应按设计规定设置。如设计无规定时，常根据吊点处由桩重产生的负弯矩与吊点间由桩重产生的正弯矩相等原则计算确定。一般的桩吊运时，采用两个吊点，吊点位置如图 5-3-1a) 所示；插桩时为单点起吊，吊点位置如图 5-3-1b) 所示；吊运较长的桩，为减少内力，节省钢筋，可采用 3 点或 4 点起吊，吊点的布置如图 5-3-1c) 所示。根据相应的弯矩值，即可进行桩身配筋，或验算其吊运时的强度。一般吊点的设置是在桩内预埋直径 20～25mm 的钢筋吊环，或以油漆在桩身标明。

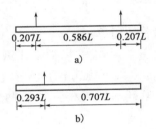
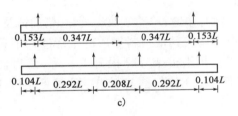

图 5-3-1 吊点布置

预制桩移运和堆放的支承位置应与吊点位置一致，并应支承牢固，以免损伤桩。堆放场地应整平夯实。预制桩应水平分层堆放，堆放高度应按桩的强度、地基承载力、垫木强度以及堆垛的稳定性而定。层与层之间应以垫木隔开，各层垫木的位置应在吊点处，上下层垫木必须在一条竖直线上。堆放时应注意吊环向上、标志向外，如图 5-3-2 所示。

3. 桩的就位

桩位定线时，应将所有的纵横向位置固定牢固，如桩的轴线位于水中，应在岸上设置控制桩。打桩机就位后，将桩锤和桩帽吊起，然后吊桩并送至导杆内，垂直对准桩位，缓缓送下插入土中。桩插入土后即可固定桩帽和桩锤，使桩、桩帽、桩锤在同一条铅垂线上，以确保桩能垂直下沉。

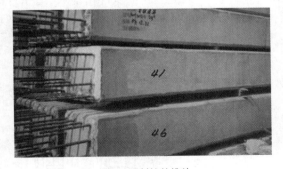

图 5-3-2 预制桩的堆放

桩帽的作用是直接承受锤击、保护桩顶，并保证锤击力作用于桩的断面中心。桩帽上部为

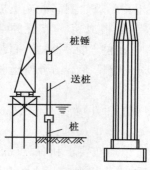

由硬木制成的垫木,下部套在桩顶上,桩帽与桩顶间宜填麻袋或草垫等缓冲物。要求桩帽构造坚固,尺寸与锤底、桩顶及导向杆相吻合,顶面与底面均平整且与中轴线垂直,还应设耳环以便吊起。

送桩构造如图 5-3-3 所示,可用硬木、钢或钢筋混凝土制成。当桩顶位于水下或地面以下、打桩机位置较高时,可用一定长度的送桩套联结在桩顶上,将桩顶送达设计高程。送桩长度应按实际需要确定,为施工方便,应多备几根不同长度的送桩。

图 5-3-3 送桩构造示意图

4. 沉入桩

1) 锤击沉桩法

锤击沉桩法是依靠桩锤的冲击能量将桩打入土中,因此桩径不能太大(一般土质中,桩径不大于 0.6m),桩的入土深度也不宜太深(一般土质中不超过 40m),否则对打桩设备要求较高,打桩效率较低。

锤击沉桩法一般适用于松散、中密砂土和黏性土。

打桩设备主要是桩锤、桩架、起重机具和动力设备等,还有射水装置、桩帽和送桩等辅助设备。

(1) 桩锤

常用的桩锤有坠锤、单动或双动气锤、柴油锤及液压气垫锤等。

坠锤是由铸铁或其他材料做成的锥形或柱形重块,重 2～20kN,用绳索或钢丝绳通过吊钩由人力或卷扬机沿桩架导杆提升 1～2m,然后使锤自由落下锤击桩顶。坠锤设备简单,但打桩效率低,每分钟仅能打数次,适用于小型工程中打木桩或小直径的钢筋混凝土预制桩。

气锤是利用蒸汽或压缩空气将桩锤在桩架内顶起、下落击打基桩,按其工作原理可分为单动气锤和双动气锤两种,如图 5-3-4 和图 5-3-5 所示。单动气锤重 10～100kN,每分钟冲击 20～40 次,冲程 1.5m 左右,一次冲击能大,适用打钢筋混凝土桩。双动气锤重 3～10kN,每分钟冲击 100～300 次,冲程数百毫米,打桩效率高,但一次冲击动能较小,适用于打较轻的钢筋混凝土桩或钢板桩,还可以拔桩。

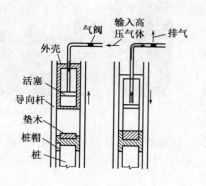

图 5-3-4 单动气锤结构示意图

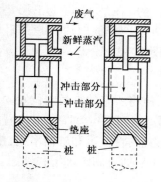

图 5-3-5 双动气锤结构示意图

柴油锤是利用柴油在汽缸内压缩X发热点燃而爆炸将汽缸沿导向杆顶起,下落时锤击桩顶,如图5-3-6和图5-3-7所示。柴油锤不需要气锤那样笨重的桩架和动力设备,但冲击能量较低,国内常用的各种锤重6~35kN,每分钟冲击50~60次,冲程1m左右,常用来打较轻型的钢筋混凝土桩。我国少数工程采用重型柴油锤,锤重达70kN,可打钢桩或钢筋混凝土桩。

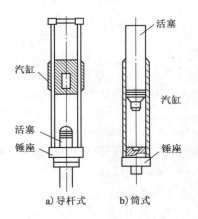

图5-3-6 柴油锤结构示意图　　　图5-3-7 柴油锤打桩机

打入桩施工时,应适当选择桩锤重量,桩锤过轻桩,难以打下,效率太低,还可能将桩头打坏,所以一般认为应重锤轻打,但桩锤过重,则各机具、动力设备都需加大,不经济。锤重与桩重的比值一般不宜小于表5-3-1的参考数值。

锤重与桩重的比值　　　　　表5-3-1

桩类别	锤型与土质							
	坠锤		柴油机锤		单动气锤		双动气锤	
	硬土	软土	硬土	软土	硬土	软土	硬土	软土
木桩	4.0	2.0	3.5	2.5	3.0	2.0	2.5	1.5
钢筋混凝土桩	1.5	0.35	1.5	1.0	1.4	0.4	1.8	0.6
钢桩	2.0	1.0	2.5	2.0	2.0	0.7	2.5	1.5

注:锤重指锤体总重,桩重包括桩帽。

(2)桩架

桩架的作用是装吊桩锤、插桩、打桩、控制桩锤的上下方向,它由导杆(又称为龙门,作用是控制锤和桩的上下和打入方向)、起吊设备(滑轮、绞车、动力设备等)、撑架(支撑导杆)及底盘(承托以上设备)等组成。桩架在结构上必须有足够的强度、刚度和稳定性,以保证桩架在打桩过程的动力作用下不会发生移动和变位。桩架的高度应保证桩吊立就位时需要的冲程及锤击的必要冲程。

水中的墩台桩基础,应先打好水中支架桩(小型的钢筋混凝土桩或木桩),上面搭设打桩工作平台,当水中墩台较多或河水较深时,也可采用打桩船施工。

(3)锤击沉桩施工注意事项

①正式打桩前,在设计桩位或附近地质相同地点,先打试桩。施工前打试桩主要是确定施

工工艺、选定施工机具设备及检验桩的承载力等。

②锤击沉桩应考虑锤击振动对新浇筑混凝土结构物的影响。当结构物混凝土强度未达到 5MPa 时,距结构物 30m 范围内,不得进行沉桩。

③当桩距小于 4 倍桩的边长或桩径时,为了避免或减轻打桩时由于土体挤压而使后打入的桩打入困难或先打入的桩被推挤移动,根据桩群的密集程度、土质情况和周围环境,可选用如图 5-3-8 所示的打桩顺序。

  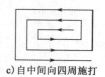

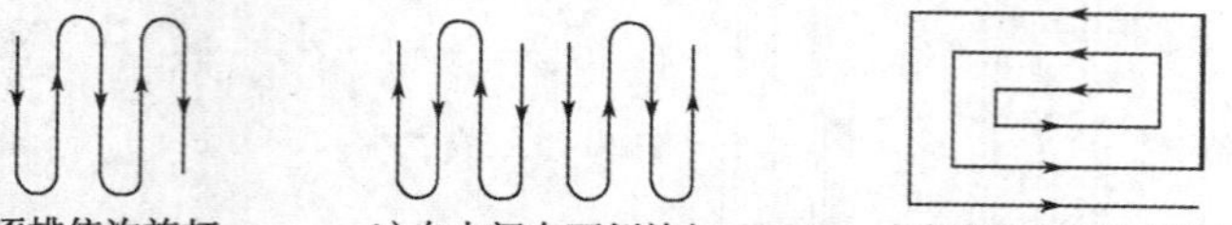

a) 逐排依次施打　　b) 自中间向两侧施打　　c) 自中间向四周施打

图 5-3-8　打桩顺序

当采用打桩顺序 a[图 5-3-8a)]时,打桩的推进方向宜逐排改变,以免土朝一个方向挤压而导致土挤压不均匀;对于同一排桩,必要时还可采用间隔跳打的方式。对于密集桩群,应采用打桩顺序 b 或 c[图 5-3-8b)或图 5-3-8c)],进行对称施打。

当一侧毗邻建筑物或有其他需保护的地下(地面)构筑物、管线等时,应由毗邻建筑物等处向另一方向施打。

此外,根据桩及基础的设计高程,打桩宜先深后浅;根据桩的规格,宜先大后小、先长后短。以避免后施工的桩对先施工的桩产生挤压而发生桩位偏斜。

④开始沉桩时,宜采用较低落距,且桩锤、送桩与桩宜保持在同一轴线上。在锤击过程中,应采用重锤低击。打桩过程中应有专人负责填写打桩记录。

⑤沉桩过程中,若遇到贯入度剧变、桩身突然发生倾斜、移位或有严重回弹,桩顶出现严重裂缝、破碎,桩身开裂等情况时,应暂停沉桩,查明原因,采取有效措施后方可继续沉桩。

⑥斜坡上沉桩,应掌握桩的外移规律,并根据土质、坡度、水深、水流等情况,考虑桩的自重的影响,并结合施工实践经验,宜将桩身向岸移一定距离下桩,以使沉桩后桩位符合设计要求。

⑦锤击沉桩应考虑锤击振动和挤土等对岸坡稳定和邻近建筑物位移的影响,可根据情况采取措施,并对岸坡和邻近建筑物位移和沉降等进行观察,及时记录,如有异常变化,应停止沉桩,并进行研究处理。

⑧查明打桩时土质有无"吸入"或"假极限"现象,并确定是否需要复打,需要通过试验确定从停打到复打间隔的时间。

在某些黏性土中打桩时,基桩周围的土壤受到震动和挤压,一部分孔隙水流不出去,在桩身表面形成水膜,降低了土对桩的摩阻力,使贯入度增大,这种现象称为"吸入"现象。打完桩经过一段时间后水分会逐渐渗回土中,摩阻力慢慢恢复正常,这时如果用原来的锤再打,桩的贯入度一般会减小。

在某些砂类土中打桩时,桩尖处的砂土受到震动,暂时被挤得很紧,摩阻力增大,使贯入度变小,但经过一段时间后,该处砂土又会慢慢恢复正常,紧密度也随之变小,这时用原来的锤去复打,桩的贯入度会增大,这种现象称为"假极限"。

2) 振动沉桩法

振动沉桩法是用振动打桩机(振动桩锤,图 5-3-9、图 5-3-10)将桩打入土中的施工方法。

其原理是由振动打桩机使桩产生上下方向的振动,在清除桩与周围土层间摩阻力的同时使桩尖地基松动,从而使桩贯入或拔出。振动沉桩法的特点是噪声较小、施工速度快、不会损坏桩头、不用导向架也能打进、移位操作方便,但需要的电源功率大。

图 5-3-9　振动打桩机

图 5-3-10　振动桩锤

振动沉桩法一般适用于砂土、硬塑及软塑的黏性土和中密及较软的碎石土,在砂性土中应用最为有效,而在较硬地基中应用效果不佳。

振动沉桩施工注意事项:

(1)开始沉桩时,宜用桩自重下沉或射水下沉,待桩身入土达一定深度、确认稳定后,再采用振动下沉。

(2)每一根桩的沉桩作业,应一次完成,不可中途停顿过久,以免土的阻力恢复,继续下沉困难。

(3)振动沉桩时,应以设计或通过试桩验证的桩尖高程控制为主,以最终贯入度(单位:mm/min)作为校核。如果桩尖已达到设计高程,而与最终的贯入度相差较大时,应查明原因,报监理单位或设计单位研究确定。

(4)沉桩过程中,若遇到贯入度剧变、桩身倾斜、移位或有严重回弹,桩顶裂缝、破碎、桩身开裂等情况时,或振动打桩机的振幅有异常现象时,应立即暂停沉桩,查明原因,采取有效措施后再恢复施工。

3)射水沉桩

射水沉桩是锤击或振动沉桩的一种辅助方法。其设备是由随桩沉入土中的高压射水管和高压水泵组成,原理是利用高压水流经过空心桩内部的射水管来冲松桩尖附近的土层(图 5-3-11),以减少桩下沉时的阻力,使桩在自重和锤击作用下沉入土中。

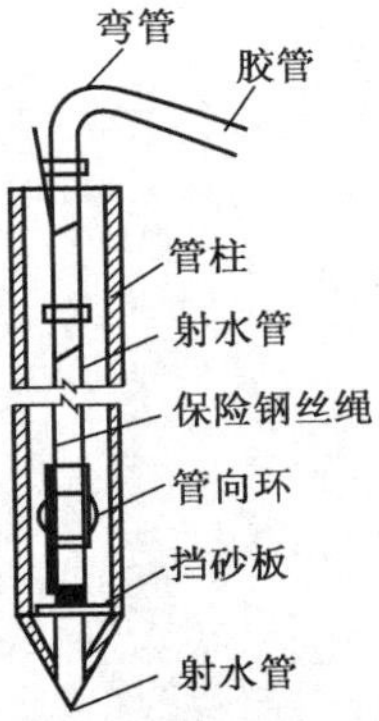

在砂类土、碎石类土层中,锤击沉桩困难时,宜采用射水锤击沉桩,以射水为主,锤击配合;在黏性土、粉土中使用射水锤击沉桩时,应以锤击为主。

图 5-3-11　管桩中的射水装置

水冲锤击沉桩,应根据土质情况随时调节冲水压力,控制沉桩速度。钢筋混凝土桩或预应力混凝土桩用射水配合锤击沉桩时,宜用较低落距锤击。当桩尖接近设计高程时,应停止射水,改用锤击,以保证桩的承载力。停止射水的桩尖高程,可根据沉桩试验确定的数据及施工情况决定;当没有资料时,距设计高程不得小于2m。

射水沉桩对较小尺寸的桩而言不会损坏,施工时噪声和振动极小。黏性土、砂性土都可适用,在细砂土层中应用特别有效。

4)静力压桩法

静力压桩是利用液压千斤顶或桩头加重物以施加顶进力,将桩压入土中。静力压桩适用于软弱土层,当存在厚度大于2m的中密以上砂夹层时,不宜采用静力压桩。

静力压桩法的特点:施工噪声和振动较小,桩头不易损坏,桩贯入时相当于做桩基静载试验,可准确获得桩的承载力。压桩法不仅用于竖直桩,而且也可用于斜桩和水平桩,但机械拼装移动等均需要较多的时间。

静力压桩机可分为机械式、液压式静力压桩机,根据顶压桩的部位又分为桩顶顶压式、桩身抱压式静力压桩机。目前使用的多为液压式静力压桩机,压力可达6000kN,甚至更大,图5-3-12是一种采用抱压式的液压静力压桩机。

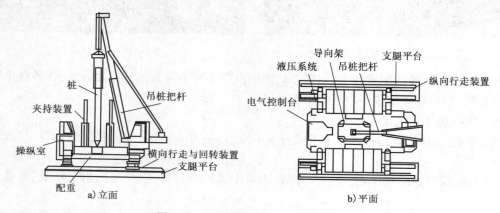

图5-3-12 液压式静力压桩机结构示意图

液压式静力压桩机应根据土质情况配足额定质量,如图5-3-13所示。如压桩时桩身发生较大移位,桩身突然下沉或倾斜,桩顶混凝土破坏或压桩阻力剧变时,则应暂停压桩,及时研究处理。

5. 接桩

混凝土预制桩的接桩方法有焊接、法兰接及硫黄胶泥锚接,如图5-3-14所示。其中,前两种方法可用于各类土层,硫黄胶泥锚接适用于软土层。目前,焊接接桩应用最多。

在一个墩台桩基中,同一水平面内的桩接头数不得超过基桩总数的1/4,但采用法兰盘按等强度设计的接头,可不受此限制。接桩时,应保持各节桩的轴线在同一直线上,接好后应经检查,符合要求后方可进行下道工序。采用法兰盘接桩,应符合下列规定:

(1)法兰盘结合处,可加垫沥青纸等材料,如法兰盘有不密实处,应用薄钢片塞紧。

(2)法兰螺栓应对称逐个拧紧,并加设弹簧垫圈或加焊,防止锤击时螺栓松动。

图5-3-13 液压式静力压桩机

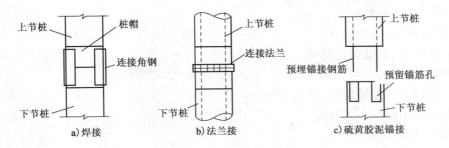

图 5-3-14 混凝土预制桩的接桩方法

二、预制桩施工中常见事故预防及处理措施

1. 桩顶破损

1) 原因分析

(1) 桩顶部分混凝土质量差,强度低;
(2) 锤击偏心,即桩顶面与桩轴线不垂直,锤与桩面不垂直;
(3) 未安置桩帽,或帽内无缓冲垫,或缓冲垫不良、没有及时调换;
(4) 遇坚硬土层,或中途停歇后土质恢复,阻力增大,用重锤猛打所致。

2) 预防及处理措施

(1) 加强桩预制、装、运的管理,确保桩的质量要求;
(2) 施工中及时纠正桩位,使锤击力顺桩轴方向;
(3) 采用合适桩帽,并及时调换缓冲垫;
(4) 正确选用合适桩锤,且施工每桩时要一气呵成。

2. 桩身破裂

1) 原因分析

(1) 桩质量不符合设计要求;
(2) 装卸吊装时,吊点或支点不符合规定,悬臂过长或中跨过多所致;
(3) 打桩时,桩的自由长度过大,桩身产生较大纵向挠曲和振动;
(4) 锤击或振动过大。

2) 预防及处理措施

(1) 加强桩的预制、装、运、卸管理。
(2) 木桩可用 8 号镀锌铁丝捆绕加强。
(3) 当混凝土桩的破裂位于水上部位时,用钢夹箍加螺栓拉紧焊接补强加固;当位于水中部位时用套筒横板浇筑混凝土加固补强。
(4) 适当减小桩锤落距或降低锤击频率。

3. 桩身扭转或位移

1) 原因分析

桩端制造不对称,或桩身有弯曲。

2) 预防与处理措施

用棍撬、慢锤低击纠正;偏心不大,可不做处理。

4. 桩身倾斜或位移

1) 原因分析

(1) 桩头不平,桩端倾斜过大;

(2) 桩接头破坏;

(3) 一侧遇石块等障碍物,或土层倾斜;

(4) 桩帽桩身不在一条直线上。

2) 预防与处理措施

(1) 偏差过大,应拔出移位再打;

(2) 入土深小于 1m,偏差不大时,可利用木架顶正,再慢锤打入;

(3) 障碍物如不深时,可挖除回填后再继续沉桩。

5. 桩涌起

1) 原因分析

桩在较厚软土上或遇流沙现象。

2) 预防及处理措施

应选择涌起量较大的桩做静载试验,如合格可不再复打;如不合格,应进行复打或重打。

6. 桩急剧下沉,有时随着发生倾斜或移位

1) 原因分析

(1) 遇软土层、土洞;

(2) 接头破裂或桩端劈裂;

(3) 桩身弯曲或有严重的横向裂缝;

(4) 落锤过高,接桩不垂直。

2) 预防及处理措施

(1) 应暂停沉桩,查明原因,再决定处理措施;

(2) 如不能查明原因时,可将桩拔起,进行检查、改正、重打,或在靠近原桩位作补桩处理。

7. 桩贯入度突然减小

1) 原因分析

(1) 桩由软土层进入硬土层;

(2) 桩端遇到石块等障碍物。

2) 预防与处理措施

(1) 查明原因,不能硬打;

(2) 改用能量较大的桩锤;

(3) 配合射水沉桩。

8. 桩不易沉入或达不到设计高程

1) 原因分析

(1) 遇旧埋设物、坚硬土夹层或砂夹层;

(2) 打桩间歇时间过长,摩阻力增大;

(3) 定错桩位。

2) 预防及处理措施

(1) 遇障碍或硬土层,用钻孔机钻透后再复打;

(2)根据地质资料正确确定桩长,如确实达到要求时,可将桩头截除。

9.桩身跳动,桩锤回弹

1)原因分析

(1)桩端遇障碍物,如树根或坚硬土层;

(2)桩身过曲,接桩过长;

(3)落锤过高;

(4)冻土地区沉桩困难。

2)预防与处理措施

(1)查明原因,穿过或避开障碍物。

(2)如入土不深,应将桩拔起避开或换桩重打。

(3)应先将冻土挖除或解冻后进行施工。如用电热解冻,应在切断电源后沉桩。

三、水中桩基础施工

水中修筑桩基础,需要围堰筑岛或设置稳固的支架、平台进行施工作业,同时配置相关浮运、沉桩设备,如打桩船(图5-3-15)、定位船、混凝土拌和船(图5-3-16)、水泵、空气压缩机、动力设备、龙门吊或履带吊车及塔架等。

图5-3-15 打桩船

图5-3-16 混凝土拌和船

施工设备应根据采用的施工方法和施工条件选择确定,并根据水上施工特点采取有效措施,确保水上施工安全。

1.浅水桩基础的施工

位于浅水中或临近河岸的桩基,可采用围堰筑岛,或设置施工便桥、便道、工作平台等方法进行施工。

围堰法施工与水中浅基础围堰施工相同,即先筑围堰,再抽水挖基坑或水中吸泥挖坑再抽水,最后进行旱地基桩施工。筑岛法施工则应按桩基础设计尺寸、钻孔方法、机具大小等要求决定筑岛面积,其高度应高于最高施工水位0.5~1.0m,如图5-3-17所示。

水中基桩施工还可借围堰支撑、用万能杆件拼制或打临时桩搭设脚手架,将桩架或龙门架与导向架设置在堰顶和脚手架平台上进行。如果桥位旁设置施工临时便桥,可将其安置在便桥和脚手架上,利用便桥进行围堰和基桩施工,这样在桩基础施工中可不必动用浮运打桩设备,同时也可解决料具、人员运输问题,如图 5-3-18 所示。

图 5-3-17　筑岛法施工

图 5-3-18　水中施工平台

2. 深水桩基础的施工

在深水或有潮汐影响的河海中,可采用固定平台、浮式平台及打桩船等方法进行桩基施工。平台须牢靠稳定,能承受工作时所有的静、动荷载的作用。常用方法有以下几种:

1) 钢板桩围堰

深水中的低桩承台基础或承台墩身有相当长度需在水下施工时,常采用围图筑钢板桩围堰进行桩基础施工。钢板桩围堰施工方法如下:

(1) 在导向船上拼制围图,拖运至墩位,将围图下沉、接高、沉至设计高程,用锚船(定位船)或抛锚定位。

(2) 在围图内插打定位桩(可以是基桩,或临时桩或护筒),将围图固定在定位桩上,退出导向船。

图 5-3-19　水中插打钢板桩

(3) 在围图上搭设工作平台,安置钻机或打桩设备。

(4) 沿围图插打钢板桩(图 5-3-19),组成防水围堰。

(5) 完成全部基桩的施工(钻孔灌注桩或打入桩)。

(6) 用吸泥机吸泥,开挖基坑。

(7) 基坑经检验合格后,灌注水下混凝土封底,注意封底混凝土不能漏水。

(8) 待封底混凝土达到规定强度后抽水,修筑承台和墩身直至出水面。

(9) 拆除围图,拔除钢板桩。

施工中也可先完成全部基桩施工后,再进行钢板桩围堰的施工。是先筑围堰还是先打基桩,应根据现场水文、地质条件,施工条件,航运情况和所选择的基桩类型等情况确定。

2) 双壁钢围堰

其适用于深水基础施工。钢围堰既是围水挡土的临时构造物,同时其顶部又是水中施工的平台。它具有良好的刚度和水密性能。

双壁钢围堰常为圆形,也有为适应基础形状而做成异形的,其堰壁钢壳由有加劲肋的内外壁板和多层水平桁架所组成,如图 5-3-20 所示。堰壁底端设刃脚,以利于切土下沉。在堰壁内腔,用隔舱板将其对称地分为若干个密封的隔舱,以便于利用不平衡灌水来控制其在下沉时的倾斜。

围堰的平面尺寸应根据基础尺寸、安装及放样误差来确定,围堰高度应根据其设计下沉深度、施工期间可能出现的最高水位及浪高等因素确定。

制造双壁钢围堰时立面分为若干层,平面分为若干块,其大小可根据制造设备、运输条件和安装起吊能力而定。当条件许可时,块件宜大,以减少工地焊接,提高质量,加快进度。

双壁钢围堰施工主要工序为:岸边或拼装船上拼装—浮运—起吊下沉(图 5-3-21)—钢壁接高并在壳内灌水或混凝土—下沉至基岩面—清基—安装施工平台及钻孔桩护筒—封底—钻孔灌注桩施工—抽水灌注承台(基础)及墩身—拆除上部钢壁—墩身继续灌注至墩帽。

图 5-3-20 双壁钢围堰

图 5-3-21 起吊下沉钢围堰

施工要点说明:

(1)钢壳在水中靠灌水压重下沉,而在覆盖层中靠填充混凝土压重和堰内抽水取土下沉。

(2)下沉到位的钢围堰,其钢壳的刃脚应全部稳妥地支立于基岩面上,以保证清基效果和顺利钻孔。

(3)钻孔护筒顶面应高出封底混凝土面 1.5~1.0m,下端应接近基岩面,并联结成整体固定。当封底混凝土灌注完后,由潜水员在水下拆除连接螺栓,将固定支架吊出水面。

(4)当墩身混凝土筑出水面后,可拆除双壁围堰的上部,切割均在堰内进行,内壁在无水的情况下切割,外壁在灌水后的静水中切割。

3)吊箱法

深水中修筑高桩承台桩基时,由于承台位置较高不需坐落到河底,一般采用吊箱方法修筑桩基础,或在已完成的基桩上安置套箱的方法修筑高桩承台。

吊箱是悬吊在水中的箱形围堰,基桩施工时用作导向定位,基桩完成后封底抽水,灌注混凝土承台。

吊箱一般由围笼、底盘、侧面围堰板等组成,如图 5-3-22 所示。吊箱围笼平面尺寸与承台相对应,分层拼装,最下一节将埋入封底混凝土内,以上部分可拆除周转使用。顶部设有起吊的横梁和工作平台,并留有导向孔。底盘用槽钢作纵、横梁,梁上铺以木板作封底混凝土的底板,并留有导向孔以控制桩位。侧面围堰板由钢板制成,整块吊装。

吊箱法施工内容主要包括:

(1)在岸上或岸边驳船上拼制吊箱围堰,浮运至墩位,将吊箱下沉至设计高程,如图 5-3-23 所示。

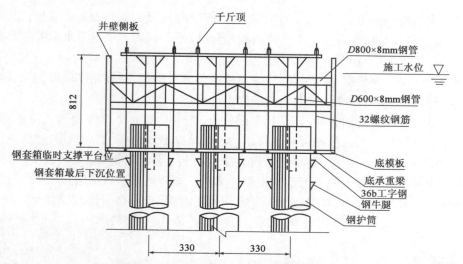

图 5-3-22 钢吊箱立面布置图(尺寸单位:cm)

图 5-3-23 钢吊箱入水

(2)插打围堰外定位桩,并固定吊箱于定位桩上。
(3)基桩施工。
(4)填塞底板缝隙,灌注水下混凝土。
(5)抽水,将桩顶钢筋伸入承台,铺设承台钢筋,灌注承台及墩身混凝土。
(6)拆除吊箱围堰连接螺栓外框,吊出吊箱上部,继续灌注墩身混凝土。

小型钢吊箱还可在施工现场进行拼装,如图 5-3-24 和图 5-3-25 所示。

图 5-3-24 安装吊箱底板

图 5-3-25 安装吊箱侧围堰板

施工中应注意:水中直接打桩及浮运箱形围堰吊装的正确定位,一般均采用交汇法控制,在大河中有时还需搭临时观测平台;在吊箱中插打基桩,由于桩的自由长度大,应细心把握吊沉方位;在浇灌水下混凝土前应将底板缝隙堵塞好。

4) 套箱法

当用打桩船(或其他方法)先完成全部基桩施工时,可采用在已完成的基桩上安置套箱的方法修筑水中高桩承台。

套箱围堰宜采用钢套箱或预制钢筋混凝土套箱,根据其现场起吊、移运能力及水文情况,套箱围堰可制作成整体式或装配式。制作中应采取防止套箱接缝渗漏的措施。

套箱围堰可采用有底套箱或无底套箱。当承台底与河床之间距离较大时,一般采用有底套箱;当承台高程较低,承台底距离河床较近或已进入河床时,宜采用无底套箱。

套箱围堰的平面尺寸应根据承台尺寸、安装及放样误差确定,套箱顶标高应根据施工期间可能出现的最高水位及浪高等因素确定,套箱底板标高根据承台底高程及封底混凝土厚度确定。箱底板按基桩平面位置留有桩孔。

套箱围堰施工方法:基桩施工完成后,吊放套箱围堰,将基桩顶端套入套箱围堰内(基桩顶端伸入套箱的长度按基桩与承台的构造要求确定),并将套箱固定在定位桩(可直接用基础的基桩)上,如图 5-3-26 所示,然后浇筑水下混凝土封底,待达到规定强度后抽水,继而施工承台和墩身结构。

5) 沉井结合法

当深水河床底基岩裸露或卵石、漂石土层钢板围堰无法插打时,或在水深流急的河道上为使钻孔灌注桩在静水中施工时,可以采用浮运钢筋混凝土沉井或薄壁沉井作为桩基施工时的挡水、挡土结构(相当于围堰)和工作平台。

沉井既可作为桩基础的施工设施,又可作为桩基础的一部分(承台),如图 5-3-27 所示。薄壁沉井多用于钻孔灌注桩的施工,它既能保持在静水状态下施工,还可将几个桩孔一起圈在沉井内代替单个安设的护筒,并可周转重复使用。沉井具体施工方法见"学习项目六"。

图 5-3-26 下吊钢套箱

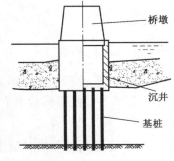

图 5-3-27 沉井桩基础施工

 复习与思考

1. 简述预制沉桩的主要施工工序。
2. 沉入桩的施工方式有哪些,各自适用条件是什么?
3. 接桩的方式有哪些?

4. 锤击沉桩中的"假极限"现象是如何造成的,如何处治这种现象?
5. 沉桩施工中造成桩身倾斜的原因有哪些,如何预防与处理?
6. 深水中桩基础施工有哪些方法?
7. 吊箱法和套箱法主要适用于什么情况?

任务实施

结合学习内容,查阅施工技术规范等相关文献资料,编制锤击沉桩施工方案。施工方案中应包含以下内容:主要施工机械设备,施工流程图,主要施工方法和工艺要求,质量控制措施和质量检测标准等。

任务四 桩基础施工质量检测

学习目标

1. 掌握泥浆性能指标的检测方法;
2. 掌握灌注桩成孔和成桩质量检测内容和方法;
3. 掌握挖孔灌注桩质量检测内容和方法;
4. 掌握预制沉桩质量检测内容和方法。

任务描述

通过对桩基础施工质量检测内容和方法等相关知识的学习,能正确按照《公路工程质量检验评定标准》(JTG F80/1—2017)和《公路桥涵施工技术规范》(JTG/T F50—2011)中的相关要求,对桩基础施工各个环节及成桩质量进行检测,填写质量检验报告单。

相关知识

一、泥浆性能指标的检测

钻孔泥浆一般由水、黏土(或膨润土)和添加剂按适当配合比配制而成,其性能指标可按表5-2-1选用。泥浆各性能指标检测方法如下:

1. 相对密度

泥浆的相对密度可用泥浆相对密度计测定,如图5-4-1所示。先将待量测的泥浆装满泥浆杯,加盖并洗净从小孔溢出的泥浆,然后置于支架上,移动游码,使杠杆呈水平状态(水平泡位于中央),读出游码左侧所示刻度,即为泥浆的相对密度γ_x。

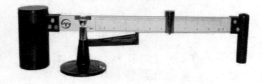

图5-4-1 泥浆相对密度计

若工地无泥浆相对密度计,可用一口杯先称其质量(设为 m_1),再装满清水称其质量(设为 m_2),再倒去清水,装满泥浆并擦去杯周溢出的泥浆,称其质量(设为 m_3),通过式(5-4-1)可计算出泥浆相对密度 γ_X。

$$\gamma_X = \frac{m_3 - m_1}{m_2 - m_1} \tag{5-4-1}$$

2. 黏度

泥浆的黏度用标准漏斗黏度计测定,如图 5-4-2 所示。用两端开口量杯分别量取 200mL 和 500mL 泥浆,通过滤网滤去大砂粒后,将 700mL 泥浆注入漏斗,然后使泥浆从漏斗头流出,流满 500mL 量杯所需的时间即为泥浆的黏度。

校正方法:向漏斗中注入 700mL 清水,流出 500mL,所需时间应是 15s,其偏差如超过 ±1s,则测量泥浆黏度时应校正。

3. 静切力 θ

静切力在工地上可用浮筒切力计测定,如图 5-4-3 所示。测量泥浆切力时,可用式(5-4-2)表示。

$$\theta = \frac{G - \pi d \delta h \gamma}{2\pi dh + \pi d \delta} \tag{5-4-2}$$

式中:θ——泥浆静切力(Pa);
G——铝制浮筒质量(g);
d——浮筒的平均直径(cm);
h——浮筒的沉没深度(cm);
γ——泥浆密度(g/cm^3);
δ——浮筒壁厚(cm)。

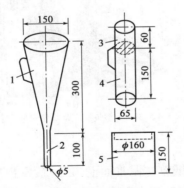

图 5-4-2 标准漏斗黏度计(尺寸单位:mm)
1-漏斗;2-管子;3-量杯(200mL);4-量杯(500mL);5-筛网及杯

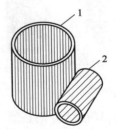

图 5-4-3 浮筒切力计
1-泥浆筒;2-切力浮筒

量测时,先将约 500mL 泥浆搅匀后,立即倒入泥浆筒,将切力浮筒沿刻度尺垂直向下移至与泥浆接触时,轻轻放下,当它自由下降到静止不动时,即静切力与浮筒重力平衡时,读出浮筒上泥浆面所对应的刻度,即为泥浆的初切力。取出切力筒,擦净黏着的泥浆,用棒搅动筒内泥浆后,静止 10min,再用上述方法量测,所得即为泥浆的终切力。

4. 含砂率

含砂率(单位:%)在工地上可用含砂率计测定,如图5-4-4所示。量测时,把调好的泥浆倒进含砂率计,加清水至测管上标有"水"的刻线处,堵死管口并摇振。倾倒该混合物于滤筒中,倒掉通过滤筛的液体,再加清水于测管中,摇振后再倒入滤筒中。反复之,直至测管内清洁为止。用清水冲洗筛网上所得的砂子,剔除残留泥浆。把漏斗套进滤筒,然后慢慢翻转过来,并把漏斗插入测管内。用清水把附在筛网上的砂子全部冲入管内。待砂子沉淀后,读出砂子的百分含量。

5. 胶体率

胶体率(单位:%)是泥浆中土粒保持悬浮状态的性能。测定方法是将100mL泥浆倒入有刻度的量筒中,静置24h,量杯上部的泥浆可能澄清为水,观察泥浆析出水分的情况。测量时其体积如为5mL,则胶体率为95%。

6. 失水率

将一张12cm×12cm的滤纸置于水平玻璃板上,先在其中央画一个直径为3cm的圆,然后将2mL的泥浆滴入圆圈内,30min后,测量湿圆圈的平均直径,用其减去泥浆摊平的直径,即为失水率(单位:mL/30min)。在滤纸上测量出泥浆皮的厚度即为泥皮厚度。泥皮越平坦、越薄则泥浆质量越高,一般不宜厚于2mm。此外也可采用专门试验仪器测定,如NS-1型气压泥浆式失水量测定器(图5-4-5),它适用于现场或实验室测量泥浆失水量,一定体积的泥浆在规定空气压力下流出的滤液量即为失水量。

图5-4-4 含砂率计

图5-4-5 NS-1型气压泥浆式失水量测定器

7. 酸碱度(pH值)

工地上测量pH值的方法是取一条pH试纸放在泥浆面上,0.5s后拿出来与标准颜色对比,即可读出pH值。也可用pH酸碱计,将其探针插入泥浆,直接读出pH值。pH值等于7时为中性,pH值大于7时为碱性,pH值小于7时为酸性。

二、钻(挖)孔桩成孔质量检测

1. 成孔质量检测标准

钻(挖)孔在终孔和清孔后,应进行孔位、孔深等项目的检验。其成孔质量标准见表5-4-1。

钻、挖孔成孔质量标准　　　　表 5-4-1

项　目	允　许　偏　差
孔的中心位置(mm)	群柱:100;单排桩:50
孔径(mm)	不小于设计桩径
倾斜度	钻孔:小于1%;挖孔:小于0.5%
孔深	摩擦桩:不小于设计规定 支承桩:比设计深度超深不小于50mm
沉淀厚度(mm)	摩擦桩:符合设计要求,当设计无要求时,对于直径≤1.5m的桩,≤300mm; 对桩径>1.5m或桩长>40m或土质较差的桩,≤500mm 支承桩:不大于设计规定
清孔后泥浆指标	相对密度:1.03~1.10;黏度:17~20Pa·s;含砂率:<2%;胶体率:>98%

注:清孔后的泥浆指标,是指从桩孔的顶、中、底部分别取样检验的平均值。本项指标的测定,限指大直径柱或有特定要求的钻孔桩。

2. 成孔质量检测方法

1)孔径的检测

(1)超声波成孔检测仪测定

超声波成孔检测仪由控制箱、超声探头、深度测量装置和提升机构组成,如图 5-4-6 所示。超声探头、深度测量装置和提升机构集成在线架上,由两根钢丝绳牵引。控制箱与线架之间通过连接电缆连接。它可用于检测钻孔灌注桩成孔的孔径、垂直度、垮塌扩缩径、倾斜方位和沉渣厚度。

图 5-4-6　超声波成孔检测仪

超声波成孔检测仪工作原理:采用超声波反射技术,在提升装置的控制下将超声探头从孔口匀速下降,深度测量装置测取探头下放深度并传至主机,主机根据设定的时间间隔控制超声发射探头发射超声波并同步启动计时,同时主机启动信号采集器接受并记录四个方向(或两个方向)的垂直孔壁的超声波脉冲反射信号,通过传播时间计算超声换能器与孔壁的距离,从而计算出该截面的孔径值和垂直度。

沉渣厚度采用探针压力测试法:将沉渣探头下放到孔槽底时,电机自动停止下放探头,主机读取探头状态。主机控制探针缓慢伸出,同时测定探针压力和伸出长度,当压力大于一定值时停止,此时探针伸出长度即为当前位置沉渣厚度。

(2)井径仪测定

井径仪由井下机械结构和地面记录两部分组成,如图 5-4-7 所示。井下机械结构包括将机械位移变成电信号的转换装置。常见的井径仪有 3 臂或 4 臂,在弹簧的作用下末端张开紧贴井壁。随着井径的变化,臂的末端也随着张开或合拢,同时带动电位器滑臂移动。于是井径的变化就变成了电阻的变化。当通过电缆给电位器供电时,变化的电阻间电位差反映了井径的变化。地面记录部分则记录电位差的变化,测得的电位差变化情况可间接反映井径的大小变化。

(3)探孔器测定

当缺乏专用仪器时,可采用外径为钻孔桩钢筋笼直径加 100mm(不得大于钻头直径),长度为 4~6 倍外径的钢筋探孔器吊入钻孔内检测(图 5-4-8)。检测时,将探孔器吊起,使笼的中心、孔的中心与起吊钢丝绳保持一致,慢慢放入孔内。上下通畅无阻表明孔径大于给定的笼径;遇阻则有可能在遇阻部位有缩径或孔斜现象。

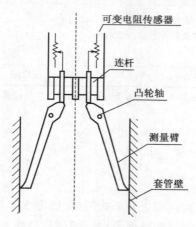

图 5-4-7 井径仪工作原理图

图 5-4-8 下放探孔器

2)孔深和孔底沉渣的检测

孔深和孔底沉渣普遍采用标准测深锤进行检测。将测深锤用测绳慢慢地沉入孔内,凭手感探测到测深锤落地时,测绳在护筒上沿的示数为孔深,其施工孔深和测量孔深之差即为沉淀土厚度。

沉渣厚度也可用取样盒检测法测量,它是在清孔后用取样盒(开口铁盒)吊到孔底,待到灌注混凝土前取出,测量沉淀在盒内的渣土厚度。

检测沉渣厚度比较先进的方法还有声呐法、电阻率法和电容法等。

3)桩孔竖直度的检测

检测竖直度常用钻杆测斜法,即将带有钻头的钻杆放到孔底,在孔口处的钻杆上安装一个与孔径或护筒内径一致的导向环,使钻杆柱保持在桩孔中心线的位置上,然后将带有扶正圈的钻孔测斜仪下入钻杆内,分点测斜,并将各点数值描画在坐标纸上,通过所绘图形检查桩孔偏斜情况。

桩孔竖直度的检测也可以用圆球检测法和超声波成孔检测仪检测。

4)桩位的检测

复测桩位时,桩位的测点宜选在新鲜桩头面的中心点,然后测量该点偏移设计桩位的距离,并按坐标位置分别标明在桩位复测平面图上。测量仪器选用全站仪。

三、钻(挖)孔成桩质量检测

1. 钻孔灌注桩质量检测

(1)基本要求:

①钻孔灌注桩成孔后应清孔,并测量孔径、孔深、孔位和沉淀层厚度,确认满足设计要求并

符合表 5-4-1 规定后,方可灌注水下混凝土。

②水下混凝土应连续灌注,灌注时钢筋笼不应上浮。

③嵌入承台的锚固钢筋长度不得小于设计要求的锚固长度。

(2)钻孔桩实测项目应符合表 5-4-2 的规定,且任一排架桩的桩位不得有超过表 5-4-2 中数值 2 倍的偏差。

钻孔灌注桩实测项目　　　　　　　　表 5-4-2

项次	检查项目		规定值或允许偏差	检查方法和频率
1△	混凝土强度(MPa)		在合格标准内	按《公路工程质量检验评定标准》(JTG F80/1—2017)附录 D 检查
2	桩位(mm)	群桩	≤100	全站仪:每桩测中心坐标
		排架桩	≤50	
3△	孔深(m)		≥设计值	测绳:每桩测量
4	孔径(mm)		≥设计值	探孔器或超声波成孔检测仪:每桩测量
5	钻孔倾斜度(mm)		≤1%S,且≤500	钻杆垂线法或超声波成孔检测仪:每桩测量
6	沉淀厚度(mm)		满足设计要求	沉淀盒或测渣仪:每桩测量
7△	桩身完整性		每桩均满足设计要求,设计未要求时,每桩不低于Ⅱ类	满足设计要求,设计未要求时,采用低应变反射波法或超声波透射法:每桩检测

注:1. S 为桩长,计算规定或允许偏差时以 mm 计。

2. △表示关键项目。

(3)钻孔灌注桩外观质量应符合下列规定:

①凿除桩头预留混凝土后,桩顶应无残余的松散混凝土。

②外露混凝土表面不应存在《公路工程质量检验评定标准》(JTG F80/1—2017)附录 P 所列限制缺陷。

2.挖孔灌注桩质量检测

(1)基本要求:

①挖孔达到设计深度后,应及时进行孔底清理,应无松渣、淤泥等扰动软土层,孔底地质状况应满足设计要求。

②灌注混凝土时钢筋笼不应上浮。水下灌注时应连续灌注,干灌时应进行振捣。

③嵌入承台的锚固钢筋长度不得小于设计要求的锚固长度。

(2)挖孔灌注桩实测项目应符合表 5-4-3 的规定,且任一排架桩的桩位不得有超过表 5-4-3 中数值 2 倍的偏差。

挖孔灌注桩实测项目　　　　　　　　表 5-4-3

项次	检查项目		规定值或允许偏差	检查方法和频率
1△	混凝土强度(MPa)		在合格标准内	按《公路工程质量检验评定标准》(JTG F80/1—2017)附录 D 检查
2	桩位(mm)	群桩	≤100	全站仪:每桩测中心坐标
		排架桩	≤50	
3△	孔深(m)		≥设计值	测绳量:每桩测量

续上表

项次	检查项目	规定值或允许偏差	检查方法和频率
4	孔径或边长(mm)	≥设计值	井径仪;每桩测量
5	钻孔倾斜度(mm)	≤0.5%S,且不大于200	铅锤法;每桩测量
6△	桩身完整性	每桩均满足设计要求,设计未要求时,每桩不低于Ⅱ类	满足设计要求,设计未要求时,采用低应变反射波法或声波透射法;每桩检测

注:1. S 为桩长,计算规定值或允许偏差时以 mm 计。
　　2. △表示关键项目。

(3)挖孔灌注桩外观质量应符合下列规定:
①凿除桩头预留混凝土后,桩顶应无残余的松散混凝土。
②外露混凝土表面不应存在《公路工程质量检验评定标准》(JTG F80/1—2017)附录P所列限制缺陷。

3. 灌注桩桩身完整性检测

桩身完整性反映桩身长度和截面尺寸、桩身材料密实性和连续性的综合状况。桩身缺陷是指桩身断裂、裂缝、缩径、夹泥、离析、蜂窝、松散等现象。桩身完整性类别应按表5-4-4划分。

桩身完整性类别的划分　　　　表5-4-4

桩身完整性类别	特　征
Ⅰ类桩	桩身完整,可正常使用
Ⅱ类桩	桩身基本完整,有轻度缺陷,不影响正常使用
Ⅲ类桩	桩身有明显缺陷,对桩身结构承载力有影响
Ⅳ类桩	桩身有严重缺陷,对桩身结构承载力有严重影响

桩身完整性检测方法包括低应变反射波法、高应变动测法和超声波法。应根据工程的需要和检测目的,按表5-4-5规定的检测内容选用。

基桩的检测方法和检测内容　　　　表5-4-5

检测方法		检测内容
低应变反射波法		检测桩身缺陷位置及影响程度,判定桩身完整性类别
高应变动测法		分析桩侧和桩端土阻力,推算单桩轴向抗压极限承载力;检测桩身缺陷位置、类型及影响程度,判定桩身完整性类别;试打桩及打桩应力监测
超声波法	透射法	检测灌注桩中声测管之间混凝土的缺陷位置及影响程度,判定桩身完整性类别
	折射法	检测灌注桩钻芯孔周围混凝土的缺陷位置及影响程度

《公路工程质量检验评定标准》(JTG F80/1—2017)中规定桩身完整性检测采用低应变反射波法或超声波透射法。

1)低应变反射波法

低应变反射波法是在桩顶施加低能量冲击荷载,实测加速度(或速度)响应时程曲线,运用一维线性波动理论的时域和频域分析,对被检桩的完整性进行评判的检测方法。该方法适用于检测桩身混凝土的完整性,推定缺陷类型及其在桩身中的位置。

低应变反射波仪由主机系统、敲击设备、接收传感器和分析处理软件组成。其工作原理源于应力波理论,在桩顶进行竖向激振,弹性波沿着桩身向下传播,在桩身存在明显波阻抗界面(如桩底、断桩或严重离析等部位)或桩身截面面积变化(如缩径或扩径)部位,将产生反射波。经接收、放大滤波和数据处理,可识别来自桩身不同部位的反射信息,并据此计算桩身波速,判断桩身完整性和混凝土强度等级。反射波法现场测试原理如图 5-4-9 所示。

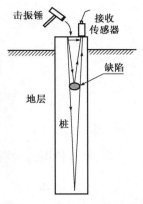

图 5-4-9　反射波现场测试原理

2)超声波透射法

超声波法是根据超声波透射或折射原理,在桩身混凝土内发射并接收超声波,通过实测超声波在混凝土介质中传播的历时、波幅和频率等参数的相对变化来判定桩身完整性的检测方法。

超声波透射法设备由超声检测仪、超声波发射器及接收换能器(探头)、预埋声测管等组成。其工作原理:超声波在正常混凝土中传播速度是有一定范围的,当传播路径遇到混凝土有缺陷时,声波要绕过缺陷或在传播速度较慢的介质中通过,声波将发生衰减,造成传播时间延长,使声时增大,计算声速降低,波幅减小,波形畸变,利用超声波在混凝土中传播的这些声学参数的变化,来分析判断桩身混凝土的质量。

检测时将声测管预埋于混凝土中,如图 5-4-10 所示。将超声波发射、接收探头分别置于 2 根声测管中,进行声波发射和接收,使超声波在桩身混凝土中传播,用超声仪测出超声波的传播时间 t、波幅 A 及频率 f 等物理量,以此判断桩身混凝土质量。

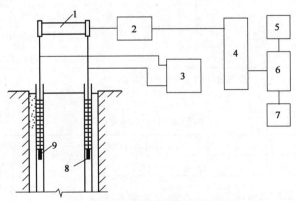

图 5-4-10　智能化测桩装置示意图

1-探头自动升降装置;2-步进电机驱动电源;3-超声发射及接收装置;4-测控接口;5-磁带机;6-计算机;7-打印机;8-接收探头;9-发射探头

声波透射法适用于检测桩径大于 0.6m 的混凝土灌注桩质量,因为桩径较小时,声波换能器与检测管的声耦合会引起较大的相对误差。其桩长则不受限制。

声波检测管宜采用钢管、塑料管或钢质波纹管,其内径宜为 50~60mm。钢管宜用螺纹连接,管的下端应封闭,管的上端应加盖。声测管可焊接或绑扎在钢筋笼的内侧,声测管之间应相互平行。现场检测时,预埋声测管应符合下列规定:桩径小于 1.0m 时应埋设双管;桩径为 1.0~2.5m 时应埋设 3 根管;桩径在 2.5m 以上时应埋设 4 根管,如图 5-4-11 所示。

图 5-4-11　声波透射埋管编组
1,2,3,4-检测管埋设位置

四、沉入桩质量检测

（1）基本要求：
①沉入桩下沉应符合施工技术规范的要求。
②桩的接头数量应满足设计要求。

（2）沉入桩实测项目应符合表 5-4-6～表 5-4-8 的规定，且任一排架桩的桩位不得有超过这 3 个表中数值 2 倍的偏差。

混凝土桩预制实测项目　　　　　　　　　　　　　　　表 5-4-6

项次	检查项目		规定值或允许偏差	检查方法和频率
1△	混凝土强度（MPa）		在合格标准内	按《公路工程质量检验评定标准》（JTG F80/1—2017）的附录 D 检查
2	长度（mm）		±50	尺量：每桩测量
3	横截面（mm）	桩径或边长	±5	尺量：抽查 10% 桩，每桩测 3 个断面
		空心中心与桩中心偏差	≤5	
4	桩尖与桩的纵轴线偏差（mm）		≤10	尺量：抽查 10% 桩，每桩测量
5	桩纵轴线弯曲矢高（mm）		≤0.1%S，且≤20	沿桩长拉线量，取最大矢高：抽查 10% 桩
6	桩顶面与桩纵轴线倾斜偏差（mm）		≤1%D，且≤3	角尺：抽查 10% 桩，各测 2 个垂直方向
7	接桩的接头平面与桩轴线垂直度		≤0.5%	角尺：抽查 20% 桩，各测 2 个垂直方向

注：1. S 为桩长，D 为桩径或边长，计算规定值或允许偏差时以 mm 计。
　　2. △表示关键项目。

钢管桩制作实测项目　　　　　　　　　　　　　　　表 5-4-7

项次	检查项目			规定值或允许偏差	检查方法和频率
1	长度（mm）			+300，0	尺量：每桩测量
2	桩纵轴线弯曲矢高（mm）			≤0.1%S，且≤30	沿桩长拉线量，取最大矢高：抽查 10% 桩，每桩测量
3	管节外形尺寸	管端椭圆度（mm）		±0.5%D，且≤±5	尺量：抽查 10% 桩，各测 3 个断面
		周长（mm）		±0.5%L，且≤±10	
4△	接头尺寸	管径差（mm）	≤700	≤2	尺量：抽查 10% 桩，每个接头测量
			>700	≤3	
		对接板高差（mm）	δ≤10	≤1	
			10<δ≤20	≤2	
			δ>20	≤δ/10，且≤3	

续上表

项次	检查项目	规定值或允许偏差	检查方法和频率
5	焊缝尺寸(mm)		量规：抽查10%桩，检查全部缝
6△	焊缝探伤	满足设计要求	超声法：满足设计要求，抽查10%桩，每桩检查20%焊缝，且不少于3条；射线法：满足设计要求，抽查10%桩，每桩检查2%焊缝，且不少于1条

注：1. D 为桩径，S 为桩长，L 为桩的周长，计算规定值或允许偏差时以 mm 计；δ 为壁厚，以 mm 计。
2. △表示关键项目。

沉桩实测项目　　　　　　　　　　表5-4-8

项次	检查项目		规定值或允许偏差	检查方法和频率
1	桩位(mm)	群桩 中间桩	≤$D/2$ 且 ≤250	全站仪：抽查20%桩，调桩中心坐标
		群桩 外缘桩	≤$D/4$ 且 ≤150	
		排架桩 顺桥方向	≤40	
		排架桩 垂直桥轴方向	≤50	
2△	桩尖高程(mm)		≤设计值	水准仪测桩顶面高程后反算：每桩测量
3△	贯入度(mm)		≤设计值	与控制贯入度比较：每桩测量
4	倾斜度	直桩	≤1%	铅锤法：每桩测量
		斜桩	≤15%$\tan\theta$	

注：1. 深水中采用打桩船沉桩时，其允许偏差应满足设计要求。
2. D 为桩径或短边长度，以 mm 计。
3. θ 为斜桩轴线与垂线间的夹角。
4. 当贯入度满足设计要求但桩尖高程未达到设计高程，应按施工技术规范的规定进行检验，并得到设计认可时，桩尖高程为合格。
5. △表示关键项目。

(3)沉入桩外观质量应符合下列规定：
①预制桩混凝土表面不应存在《公路工程质量检验评定标准》(JTG F80/1—2017)附录P所列限制缺陷。
②桩头应无未处理的劈裂、破碎、破损。
③钢管桩桩身不得有凹凸现象或深度大于0.5mm和该钢材厚度允许负偏差1/2的划痕，焊接应无裂纹、焊瘤、夹渣、未焊透、电弧擦伤，未填满弧坑及设计不允许出现的外观缺陷。

复习与思考

1. 泥浆性能指标及检测方法有哪些？
2. 钻(挖)孔灌注桩成孔质量检测项目有哪些，分别用哪些检测方法检测？
3. 灌注桩桩身完整性分为几个类别？其检测方法有哪些？
4. 质量检测项目有哪些，分别用哪些检测方法检测？
5. 预埋声测管时应注意哪些问题？
6. 基桩静压试验时，如何确定极限荷载值？

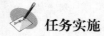 **任务实施**

根据所学知识,按照表4-4-3"分项工程质量检验评定表"表格制式,分别完成钻孔灌注桩质量检验评定表、挖孔灌注桩质量检验评定表和预制桩质量检验评定表中相关内容的填写,并根据教师后期的提供现场检测数据,完成工程质量的评定。

任务五　单桩容许承载力的确定

 学习目标

1. 理解单桩容许承载力的概念和作用机理;
2. 掌握静载试验确定单桩轴向容许承载力的方法;
3. 掌握按照规范经验公式确定单桩轴向容许承载力的方法;
4. 了解静载试验确定单桩横向容许承载力的方法。

 任务描述

通过单桩容许承载力基本概念及确定方法等相关知识的学习,能够参与单桩静载试验,并处理相关试验数据;根据提供的地质水文资料和桩身设计资料,正确按照《公路桥涵地基与基础设计规范》(JTG D63—2007)中的经验公式确定单桩轴向容许承载力,或根据单桩轴向容许承载力反算桩长。

 相关知识

一、单桩容许承载力概述

单桩容许承载力是指单桩在外荷载作用下,桩土共同作用,地基土和桩本身的强度及稳定性均能得到保证,且变形在安全容许范围之内,桩所能承受的最大荷载。一般情况下,桩顶会受到轴向力、横向力及弯矩的作用,因此,单桩容许承载力分为单桩轴向容许承载力和单桩横向容许承载力。

1. 单桩轴向容许承载力

在桩顶轴向荷载作用下,桩身将产生弹性压缩,同时部分荷载通过桩身传至桩底,使桩底土产生压缩变形。当桩相对于桩周土向下位移时,土对桩将产生向上作用的桩侧摩阻力,桩底土对桩产生桩端阻力。桩需要不断克服桩侧摩阻力和桩端阻力将荷载传递给土体,即土对桩的支承力是由桩侧摩阻力和桩端阻力两部分组成的。而桩身变形与其所采用的材料强度有关,因此确定单桩轴向容许承载力时,必须从土对桩的阻力和桩身材料强度两个方面加以考虑。

单桩轴向容许承载力的确定方法有静载试验法、规范经验公式法、静力触探法、理论公式法、动力公式法和波动方程法等。

2. 单桩横向容许承载力

单桩在横向力(包括弯矩)作用下,桩身将产生横向位移或挠曲,桩与桩侧土共同变形、相互影响。按其工作性状通常分为以下两种情况：

1) 刚性桩

当桩径较大、入土深度较小或周围土层较松软，即桩的刚度远大于土层刚度，受横向力作用时，桩身挠曲变形不明显，只是绕桩轴上的某一点转动，如图 5-5-1a)所示，此为刚性桩。若不断增大横向荷载，桩身可能因桩侧土强度不够而失稳，使桩丧失承载能力或破坏。因此，刚性基桩的横向容许承载力是由其桩侧土的强度决定的。

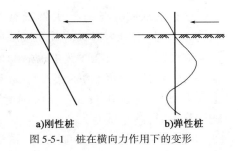

图 5-5-1　桩在横向力作用下的变形

2) 弹性桩

当桩径较小、入土深度较大或周围土层较坚实，即桩的相对刚度较小时，由于桩侧土抗力较大，桩身将发生挠曲变形，其侧向位移随着入土深度增大而逐渐减小，以至达到一定深度后几乎不受荷载影响，形成一端嵌固的地基梁，桩的变形为图 5-5-1b)所示的波状曲线，此为弹性桩。如果不断增大横向荷载，可使桩身在较大弯矩处发生断裂或使桩发生过大的侧向位移（超过桩或结构物的容许变形值）。因此，基桩的横向容许承载力是由桩身材料的抗弯强度或侧向变形条件决定的。

确定单桩横向容许承载力有横向静载试验和分析计算法两种途径。

二、单桩轴向容许承载力的确定

1. 静载试验法

静载试验法是在施工现场对沉入设计深度的桩的桩顶逐级施加轴向荷载，并测量每级荷载作用下桩顶的沉降值，加载直至桩达到破坏状态，根据沉降与荷载及时间的关系，分析确定单桩轴向容许承载力的方法。

静载试验可在现场做试桩或利用基础上已筑好的基桩进行试验。考虑到试验场地的差异性及试验的离散性，试桩数目应不少于基桩总数的 2%，且不应少于 3 根；试桩的材料、尺寸、入土深度及施工方法均应与设计桩相同。

1) 试验装置

锚桩法是常用的一种试验加荷装置，主要设备由锚梁、横梁、油压千斤顶等组成，如图 5-5-2 所示。

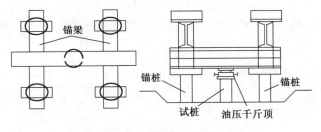

图 5-5-2　锚桩法试验装置

锚桩可根据需要布设 4～6 根，锚桩的入土深度等于或大于试桩的入土深度。锚桩与试桩的间距应大于试桩桩径的 3 倍，以减小对试桩的影响。桩顶沉降常用百分表或位移计量测。

观测装置的固定点（基准桩）应与试桩、锚桩保持适当的距离，避免受到试桩位移的干扰。

2)试验方法

试桩加载应分级进行,每级荷载为极限荷载预估值的 1/15~1/10;有时也可采用递变加载的方式,开始阶段每级荷载取极限荷载预估值的 1/5~1/2.5,终止阶段取 1/15~1/10。

测读沉降时间,在每级加荷后的第一个小时内,每隔 15min 测读一次,以后每隔 30min 测读一次,至沉降稳定。沉降稳定的标准,通常规定为:砂性土为 30min 内不超过 0.1mm;黏性土为 1h 内不超过 0.1mm。待沉降稳定后,才可施加下一级荷载。循此加载观测,直至桩达到破坏状态时,终止试验。

当出现下列情况之一时,一般认为桩已达破坏状态,所施加的相应荷载即为破坏荷载。

(1)桩的沉降量突然增大,总沉降量大于 40mm,且本级荷载下的沉降量为前一级荷载下沉降量的 5 倍以上。

(2)总沉降量大于或等于 40mm;本级荷载加载 24h 后桩的沉降仍未趋于稳定。

3)极限荷载和轴向容许承载力的确定

破坏荷载求得以后,可将其前一级荷载作为极限荷载,从而确定单桩轴向容许承载力值为:

$$[R_a] = \frac{P_j}{K} \tag{5-5-1}$$

式中:$[R_a]$——单桩轴向受压容许承载力(kN);

P_j——极限荷载(kN);

K——安全系数,一般取 2。

对于大块碎石类、密实砂类土及硬黏性土,当其总沉降量值小于 40mm,但荷载已大于或等于设计荷载与设计规定的安全系数乘积时,可取终止加载时的总荷载为极限荷载。

利用上述方法确定试桩破坏荷载时,人为限定以某个沉降值或沉降速率作为破坏标准,但处于各种土层中的桩,在破坏荷载下的沉降量及沉降速率是不相同的,因此,要比较准确地确定桩的极限荷载,可根据试验所测资料制成的试桩曲线来分析。

分析试桩曲线的方法很多,以静载试验绘制的压力-沉降曲线(即 p-s 曲线)分析为例,因为当荷载超过极限荷载时,桩底土会因达到破坏阶段而发生大量塑性变形,引起桩发生较大的或较长时间仍不停止的沉降,在 p-s 曲线上会呈现出明显的下弯转折点。所以,可取以曲线出现明显下弯转折点所对应的作用荷载作为极限荷载,如图 5-5-3 所示的 A 点。如曲线上的转折点并不明显,难以确定极限荷载时,需借助其他方法辅助判定,如绘制各级荷载下的沉降与时间关系曲线(图 5-5-4)或用对数坐标绘制 $\lg p$-$\lg s$ 曲线,尽可能使转折点表现得明显些。

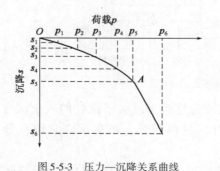

图 5-5-3 压力—沉降关系曲线

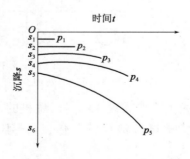

图 5-5-4 沉降—时间关系曲线

静载试验法确定单桩容许承载力是在施工现场原位进行的,桩的尺寸、结构、入土深度、沉桩方式以及地质条件等比较接近工程实际情况,是较为可靠的方法,但它需要较多的人力、物力以及较长的试验时间,工程投资较大,因此,一般只在大型、重要工程或地质较复杂的桩基工程中采用。静载试验配合其他测试设备,还可以比较直接地了解桩土的关系,因此也是桩基础研究分析常采用的试验方法。

2. 规范经验公式法

规范经验公式法是利用设计规范中的经验公式直接计算单桩轴向容许承载力值的方法,它是根据大量的静载试验资料,经过理论分析和统计整理得出的,具有一定的理论根据和实践基础,可在一般桥梁基础设计中应用。

1) 摩擦桩

摩擦桩单桩轴向受压承载力容许值$[R_a]$,可按下列公式计算:

(1) 钻(挖)孔灌注桩承载力容许值

$$[R_a] = \frac{1}{2}u\sum_{i=1}^{n}q_{ik}l_i + A_P q_r \tag{5-5-2}$$

$$q_r = m_0\lambda\{[f_{a0}] + k_2\gamma_2(h-3)\} \tag{5-5-3}$$

式中:$[R_a]$——单桩轴向受压承载力容许值(kN),桩身自重与置换土重(当自重计入浮力时,置换土重也计入浮力)的差值作为荷载考虑;

u——桩身周长(m);

A_p——桩端截面面积(m^2),对于扩底桩,取扩底截面面积;

n——土的层数;

l_i——承台底面或局部冲刷线以下各土层的厚度(m),扩孔部分不计;

q_{ik}——与l_i对应的各土层与桩侧的摩阻力标准值(kPa),宜采用单桩摩阻力试验确定,当无试验条件时按表5-5-1选用;

q_r——桩端处土的承载力容许值(kPa),当持力层为砂土、碎石土时,若计算值超过下列值,宜按下列值采用:粉砂,1000kPa;细砂,1150kPa;中砂、粗砂、砾砂,1450kPa;碎石土,2750kPa;

$[f_{a0}]$——桩端处土的承载力基本容许值(kPa),由桩端土的类别与物理状态按本书表2-4-2~表2-4-8选用;

h——桩端的埋置深度(m),对于有冲刷的桩基,埋深由一般冲刷线起算;对无冲刷的桩基,埋深由天然地面线或实际开挖后的地面线起算;h的计算值不大于40m,当大于40m时,按40m计算;

k_2——容许承载力随深度的修正系数,根据桩端处持力层土类按本书表2-4-9选用;

γ_2——桩端以上各土层的加权平均重度(kN/m^3),若持力层在水位以下且不透水时,不论桩端以上土层的透水性如何,一律取饱和重度;当持力层透水时则水中部分土层取浮重度;

λ——修正系数,按表5-5-2选用;

m_0——清底系数,按表5-5-3选用。

钻孔桩桩侧土的摩阻力标准值 q_{ik} 表 5-5-1

土　类		q_{ik} (kPa)
中密炉渣、粉煤灰		40~60
黏性土	流塑 $I_L > 1$	20~30
	软塑 $0.75 < I_L \leq 1$	30~50
	可塑、硬塑 $0 < I_L \leq 0.75$	50~80
	坚硬 $I_L \leq 0$	80~120
粉土	中密	30~55
	密实	55~70
粉砂、细砂	中密	35~55
	密实	55~70
中砂	中密	45~60
	密实	60~80
粗砂、砾砂	中密	60~90
	密实	90~140
圆砾、角砾	中密	120~150
	密实	150~180
碎石、卵石	中密	160~220
	密实	220~400
漂石、块石		400~600

注：挖孔桩的摩阻力标准值可参照本表采用。

修正系数 λ 值   表 5-5-2

桩端土情况	l/d		
	4~20	20~25	>25
透水性土	0.70	0.70~0.85	0.85
不透水性土	0.65	0.65~0.72	0.72

清底系数 m_0 值   表 5-5-3

t/d	0.3~0.1
m_0	0.7~1.0

注：1. t、d 为桩端沉渣厚度和桩的直径。
　　2. $d \leq 1.5$m 时，$t \leq 300$mm；$d > 1.5$m 时，$t \leq 500$mm 且 $0.1 < t/d < 0.3$。

(2) 沉桩的承载力容许值

$$[R_a] = \frac{1}{2}\left(u\sum_{i=1}^{n}\alpha_i l_i q_{ik} + \alpha_r A_P q_{rk}\right) \qquad (5\text{-}5\text{-}4)$$

式中：$[R_a]$——单桩轴向受压承载力容许值(kN)，桩身自重与置换土重(当自重计入浮力时，置换土重也计入浮力)的差值作为荷载考虑；
　　　u——桩身周长(m)；
　　　n——土的层数；

l_i——承台底面或局部冲刷线以下各土层的厚度(m);

q_{ik}——与l_i对应的各土层与桩侧摩阻力标准值(kPa),宜采用单桩摩阻力试验确定或通过静力触探试验测定,当无试验条件时按表5-5-4选用;

q_{rk}——桩端处土的承载力标准值(kPa),宜采用单桩摩阻力试验确定或通过静力触探试验测定,当无试验条件时按表5-5-5选用;

α_i、α_r——分别为振动沉桩对各土层桩侧摩阻力和桩端承载力的影响系数,按表5-5-6采用;对于锤击、静压沉桩其值均取为1.0。

沉桩桩侧土的摩阻力标准值q_{ik} 表5-5-4

土 类	状 态	摩阻力标准值q_{ik}(kPa)
黏性土	$1.5 \geq I_L \geq 1$	15～30
	$1 > I_L \geq 0.75$	30～45
	$0.75 > I_L \geq 0.5$	45～60
	$0.5 > I_L \geq 0.25$	60～75
	$0.25 > I_L \geq 0$	75～85
	$0 > I_L$	85～95
粉土	稍密	20～35
	中密	35～65
	密实	65～80
粉、细砂	稍密	20～35
	中密	35～65
	密实	65～80
中砂	中密	55～75
	密实	75～90
粗砂	中密	70～90
	密实	90～105

注:表中土的液性指数I_L,是按照76g平衡锥测定的数值。

沉桩桩端处土的承载力标准值q_{rk} 表5-5-5

土 类	状 态	桩端承载力标准值q_{rk}(kPa)		
黏性土	$I_L \geq 1$	1000		
	$0.65 \leq I_L < 1$	1600		
	$0.35 \leq I_L < 0.65$	2200		
	$I_L < 0.35$	3000		
		桩端进入持力层的相对深度		
		$\dfrac{h_c}{d} < 1$	$1 \leq \dfrac{h_c}{d} < 4$	$\dfrac{h_c}{d} \geq 4$
粉土	中密	1700	2000	2300
	密实	2500	3000	3500
粉砂	中密	2500	3000	3500
	密实	5000	6000	7000

续上表

土 类	状 态	桩端承载力标准值 q_{rk} (kPa)		
细砂	中密	3000	3500	4000
	密实	5500	6500	7500
中、粗砂	中密	3500	4000	4500
	密实	6000	7000	8000
圆砾石	中密	4000	4500	5000
	密实	7000	8000	9000

注:表中 h_e 为桩端进入持力层的深度(不包括桩靴);d 为桩的直径或边长。

影响系数 α_i、α_r 值   表 5-5-6

桩径或边长	黏土	粉质黏土	粉土	砂土
$d \leq 0.8$	0.6	0.7	0.9	1.1
$0.8 < d \leq 2.0$	0.6	0.7	0.9	1.0
$d > 2.0$	0.5	0.6	0.7	0.9

当采用静力触探试验测定时,沉桩承载力容许值计算中的 q_{ik} 和 q_{rk} 取为:

$$q_{ik} = \beta_i \bar{q}_i \qquad (5\text{-}5\text{-}5)$$

$$q_{rk} = \beta_r \bar{q}_r \qquad (5\text{-}5\text{-}6)$$

式中:$\bar{q}_i$——桩侧第 i 层土由静力触探测得的局部侧摩阻力的平均值(kPa),当 $\bar{q}_i$ 小于 5kPa 时,采用 5kPa;

$\bar{q}_r$——桩端(不包括桩靴)高程以上和以下各 $4d$(d 为桩的直径或边长)范围内静力触探端阻的平均值(kPa);若桩端高程以上 $4d$ 范围内端阻的平均值大于桩端高程以下 $4d$ 的端阻平均值时,则取桩端以下 $4d$ 范围内端阻的平均值;

β_i、β_r——分别为侧摩阻和端阻的综合修正系数,其值按下面判别标准选用相应的计算公式,当土层的 $\bar{q}_r$ 大于 2000kPa,且 $\bar{q}_i / \bar{q}_r$ 小于或等于 0.014 时:

$$\beta_i = 5.067 (\bar{q}_i)^{-0.45}$$

$$\beta_r = 3.975 (\bar{q}_r)^{-0.25}$$

如不满足上述 $\bar{q}_r$ 和 $\bar{q}_i / \bar{q}_r$ 条件时:

$$\beta_i = 10.045 (\bar{q}_i)^{-0.55}$$

$$\beta_r = 12.064 (\bar{q}_r)^{-0.35}$$

上列综合修正系数计算公式不适用于城市杂填土条件下的短桩;综合修正系数用于黄土地区时,应做试桩校核。

2)端承桩

支承在基岩上或嵌入基岩内的钻(挖)孔桩、沉桩的单桩轴向受压承载力容许值 $[R_a]$,可按下式计算:

$$[R_a] = c_1 A_P f_{rk} + u \sum_{i=1}^{m} c_{2i} h_i f_{rki} + \frac{1}{2} \xi u \sum_{i=1}^{n} l_i q_{ik} \qquad (5\text{-}5\text{-}7)$$

式中:$[R_a]$——单桩轴向受压承载力容许值(kN),桩身自重与置换土重(当自重计入浮力时,

置换土重也计入浮力)的差值作为荷载考虑;

c_1——根据清孔情况、岩石破碎程度等因素而定的端阻发挥系数,按表5-5-7采用;

A_p——桩端截面面积(m^2),对于扩底桩,取扩底截面面积;

f_{rk}——桩端岩石饱和单轴抗压强度标准值(kPa),黏土质岩取天然湿度单轴抗压强度标准值,当f_{rk}小于2MPa时按摩擦桩计算(f_{rki}为第i层的f_{rk}值);

c_{2i}——根据清孔情况、岩石破碎程度等因素而定的第i层岩层的侧阻发挥系数,按表5-5-7采用;

u——各土层或各岩层部分的桩身周长(m);

h_i——桩嵌入各岩层部分的厚度(m),不包括强风化层和全风化层;

m——岩层的层数,不包括强风化层和全风化层;

ξ——覆盖层土的侧阻力发挥系数,根据桩端f_{rk}确定:当$2MPa \leq f_{rk} < 15MPa$时,$\xi = 0.8$;当$15MPa \leq f_{rk} < 30MPa$时,$\xi = 0.5$;当$f_{rk} \geq 30MPa$时,$\xi = 0.2$;

l_i——各土层的厚度(m);

q_{ik}——桩侧第i层土的侧阻力标准值(kPa),宜采用单桩摩阻力试验值,当无试验条件时,对于钻(挖)孔桩按表5-5-1选用,对于沉桩按表5-5-4选用。

系数 c_1、c_2 值　　　　　　表5-5-7

岩石层情况	c_1	c_2
完整、较完整	0.6	0.05
较破碎	0.5	0.04
破碎、极破碎	0.4	0.03

注:1. 当入岩深度小于或等于0.5m时,c_1乘以0.75的折减系数,$c_2 = 0$。
　　2. 对于钻孔桩,系数c_1、c_2值应降低20%采用。
　　3. 对于中风化层作为持力层的情况,c_1、c_2应分别乘以0.75的折减系数。

注意:当河床岩层有冲刷时,桩基须嵌入基岩,嵌岩桩按桩底嵌固设计。其应嵌入基岩中的深度,可按下列公式计算:

圆形桩

$$h = \sqrt{\frac{M_H}{0.0655\beta f_{rk} d}} \qquad (5-5-8)$$

矩形桩

$$h = \sqrt{\frac{M_H}{0.0833\beta f_{rk} b}} \qquad (5-5-9)$$

式中:h——桩嵌入基岩中(不计强风化层和全风化层)的有效深度(m),不应小于0.5m;

M_H——在基岩顶面处的弯矩(kN·m);

f_{rk}——岩石饱和单轴抗压强度标准值(kPa),黏土质岩取天然湿度单轴抗压强度标准值;

β——系数,$\beta = 0.5 \sim 1.0$,根据岩层侧面构造而定,节理发育的取小值,节理不发育的取大值;

d——桩身直径(m);

b——垂直于弯矩作用平面桩的边长(m)。

3)单桩轴向受压承载力的抗力系数

依据《公路桥涵地基与基础设计规范》(JTG D63—2007)规定,按上述公式计算的单桩轴向受压承载力容许值,应根据桩的受荷阶段及受荷情况乘以表5-5-8规定的抗力系数。

单桩轴向受压承载力的抗力系数　　　表 5-5-8

受荷阶段	作用效应组合		抗力系数
使用阶段	短期效应组合	永久作用与可变作用组合	1.25
		结构自重、预加力、土重、土侧压力和汽车、人群组合	1.00
	作用效应偶然组合(不含地震作用)		1.25
施工阶段	施工荷载效应组合		1.25

4) 摩擦桩单桩轴向受拉承载力容许值

摩擦桩应根据桩承受作用的情况决定是否允许出现拉力。当桩的轴向力由结构自重、预加力、土重、土侧压力、汽车荷载和人群荷载短期效应组合所引起时,桩不允许受拉;当桩的轴向力由上述荷载并与其他作用组成的短期效应组合或荷载效应的偶然组合(地震作用除外)所引起时,则桩允许受拉。摩擦桩单桩轴向受拉承载力容许值按下列公式计算:

$$[R_t] = 0.3u\sum_{i=1}^{n}\alpha_i l_i q_{ik} \qquad (5\text{-}5\text{-}10)$$

式中:$[R_t]$——单桩轴向受拉承载力容许值(kN);

u——桩身周长(m),对于等直径桩,$u=\pi d$;对于扩底桩,自桩端起算的长度$\sum l_i \leqslant 5d$时,取$u=\pi d$;其余长度均取$u=\pi D$(其中 D 为桩的扩底直径,d 为桩身直径);

α_i——振动沉桩对各土层桩侧摩阻力的影响系数,按表 5-5-6 采用;对于锤击、静压沉桩和钻孔桩,$\alpha_i = 1$。

计算作用于承台底面由外荷载引起的轴向力时,应扣除桩身自重值。

【例 5-5-1】

某桥台基础采用钻孔灌注桩基础,设计桩径 1.20m,采用冲抓锥成孔,桩穿过土层情况如图 5-5-5 所示,桩长 $L=20$m,试按土的阻力求单桩轴向承载力容许值。

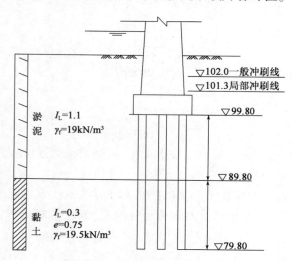

图 5-5-5　计算算例:土质条件示意图

解　由于桩的设计直径 $d=1.2$m,取冲抓锥成孔直径 $d=1.2+0.1=1.3$(m),则 $u=\pi \times 1.3 = 4.08$m,$A_P = \dfrac{\pi \times 1.2^2}{4} = 1.13$(m^2)。

桩穿过各土层厚：$l_1 = 10m, l_2 = 10m$，桩侧土的极限摩阻力查表5-5-1，淤泥$I_L = 1.1 > 1$，处于流塑状态，取$q_{1k} = 28kPa$；黏土$I_L = 0.3$属于硬塑状态，取$q_{2k} = 73kPa$。$[f_0]$按$I_L = 0.3, e = 0.75$的黏土查表得$[f_{a0}] = 305kPa, k_2 = 2.5$。桩端埋置深度应从一般冲刷线算起，先假定桩端埋深为20m。清底系数$t/d \leq 0.25$，查表5-5-3，经内插得$m_0 = 0.8$；由$l/d = 16.7$，桩底土不透水，查表5-5-2，得$\lambda = 0.65$，于是：

$$[R_a] = \frac{1}{2} u \sum_{i=1}^{n} q_{ik} l_i + A_p m_0 \mu \{[f_{a0}] + k_2 \gamma_2 (h-3)\}$$

$$= \frac{1}{2} \times 4.08 \times (10 \times 28 + 10 \times 73) + 1.13 \times 0.8 \times 0.65 \times$$

$$\left[305 + 2.5 \times \frac{10 \times 19 + 10 \times 19.5}{10 + 10} \times (22.2 - 3.0)\right]$$

$$= 2060.4 + 722.2 = 2782.6 (kN)$$

3. 静力触探法

静力触探法的基本原理是利用准静力将一个内部装有传感器的触探头以匀速压入土中，由于地层中各种土的软硬不同，探头所受的阻力自然也不同，传感器将这种大小不同的贯入阻力通过电信号输入记录仪表中记录下来，再通过贯入阻力与土的工程地质特征之间的定性关系和统计相关关系，来实现取得土层剖面、提供浅基承载力、选择桩端持力层和预估单桩承载力等工程地质勘察的目的。

静力触探仪的探头有两种，即单桥探头和双桥探头。单桥探头可测得总的贯入阻力，双桥探头可同时测得贯入端端部阻力及侧壁阻力。由于探头的贯入速率、尺寸以及组成材料等均与桩有较大差别，不能直接用探头阻力数值作为单桩承载力，必须将取得的数据与试桩结果进行比较，经过对大量资料的积累和分析研究，建立经验公式来确定轴向受压单桩容许承载力。《公路桥涵地基与基础设计规范》(JTG D63—2007)规定：沉桩当采用静力触探试验测定时，单桩轴向承载力计算公式见前述公式(5-5-5)和公式(5-5-6)。

静力触探法由于设备简单、取得数据快、机械化程度高，可在勘察设计阶段使用，是一种很有前途的方法，但有待于进行更加广泛的试验研究，并逐步加以完善，以扩大其应用范围。

4. 理论公式法

理论公式法是将桩作为深埋基础，假定不同的地基土破坏图式，运用塑性力学中极限平衡等有关理论，求解出深基础下地基土的极限荷载(即桩底反力的极限值)后，再考虑土的桩侧摩阻力等求得桩的极限承载力，然后将其除以安全系数，从而确定单桩容许承载力。

目前，对计算桩底下地基土的极限荷载已提出不少理论计算公式，如太沙基—普朗特尔理论公式、梅耶霍夫理论公式、斯开普顿理论公式等。由于各种理论公式所做假设条件的局限性及土质、地质条件的复杂多变性，用它们计算的结果往往与实际情况相差很远，且计算结果彼此也相差颇大，因此在实际工程中很少应用，只作为今后实践科学研究的方向。

5. 动力公式法

预制桩在锤击沉桩过程中，桩的入土难易程度可以反映出土对桩阻力的大小。当桩刚插入土中时，靠其自重可下沉数米。开始锤击时，桩的贯入度较大；随着桩入土深度的增加，桩的贯入度将逐渐减小，但当桩周土因达到极限状态而破坏时，贯入度将有较大的增长。若打桩方法、桩身和入土深度都相同，桩在硬土中的贯入度比在软土中的贯入度小。说明贯入度越小，土对桩的阻力就越大，桩的承载力也就越大。动力公式法通过研究贯入度与桩的承载力之间的关系,建立单桩承载力计算公式。但该方法目前还没有一种普遍被认可的计算公式,规范中也未认可此种方法。

6. 波动方程法

波动方程法是将打桩锤击看成杆件的撞击波传递问题来研究,通过分析打桩时的整个力学过程,并编成计算机程序进行计算,预测打桩应力及单桩承载力的方法。这种方法是确定单桩轴向容许承载力较为先进的动测方法,但在分析计算中还有不少桩—土参数仍需靠经验确定,用于承载力的确定目前还不成熟,尚需进一步实践研究。

三、单桩横向容许承载力的确定

1. 横向静载试验法

横向静载试验法是确定桩的横向承载力的较可靠的方法,也是常用的研究分析试验方法。它是在现场条件下进行的,其所确定的单桩水平承载力和地基土的水平抗力系数较符合实际情况。如果预先在桩身埋有量测元件,则可测定出桩身应力变化,并由此求得桩身弯矩分布。

桩横向静载试验装置如图 5-5-6 所示。试验采用千斤顶施加横向荷载,其施力点的位置宜为实际受力点的位置。在千斤顶与试桩接触处宜安置一个球形铰座,以保证千斤顶的作用力能水平通过桩身轴线。桩的水平位移宜采用大量程百分表测量。固定百分表的基准桩宜打设在试桩侧面靠位移的反力方向,与试桩的净距不应小于 1 倍试桩直径。

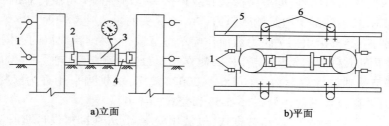

图 5-5-6 桩横向静载试验装置
1-百分表;2-球形铰座;3-千斤顶;4-垫块;5-基准梁;6-基准桩

试验的基本原理与垂直静载试验相似,只是力的作用方向不同。通过试验求得极限承载力,用极限承载力除以安全系数(一般取2)即得到桩的横向容许承载力。

2. 分析计算法

分析计算法是根据某些理论(如弹性地基梁理论)计算桩在横向荷载作用下桩身内力与变位及桩对土的作用力,通过验算桩身材料、桩侧土的强度与稳定性,以及桩顶或墩(台)顶的位移等,从而评定桩的横向容许承载力的方法。

四、桩身负摩阻力概述

桩受轴向压力后,相对于桩侧土作向下位移,土对桩产生向上作用的摩阻力,称为正摩阻力作用[图 5-5-7a)]。但是,当桩穿过软弱可压缩土层时,由于地表面有较大的荷载作用(如桥头填土及路堤),或地下水下降等情况,均会引起桩侧地基压缩下沉。若桩侧土下沉量大于桩受荷后的沉降(包括桩身压缩和桩底下沉),则桩侧土相对于桩向下位移,土对桩就产生向下作用的摩阻力,称为负摩阻力作用[图 5-5-7b)]。

如果桩身表面产生负摩阻力,使桩侧土的一部分重力传递给桩,此时负摩阻力不但不起承载力作用,反而变成施加在桩上的外荷载。工程实践证实,负摩阻力产生的后果主要反映在桩基下沉量的增加或发生基础不均匀沉降而影响结构物的使用。因此,在软弱黏土或湿陷性黄土等地基中确定单桩轴向承载力容许值和设计桩基础时应考虑负摩阻力的影响。

桩身负摩阻力不一定发生于整个软弱压缩土层中,产生负摩阻力的深度就是桩侧土层对桩产生相对下沉的范围,它与桩侧土的压缩固结、桩身压缩及桩底下沉等直接有关。桩侧土的压缩与地表作用荷载以及土的压缩性质有关,并随深度逐渐减小;而桩在外荷载作用下,桩底的下沉量为一定值,桩身压缩变形却随深度相应减小。因此,当到达一定深度后,桩侧土下沉量有可能与桩身的位移量相等,土对桩无相对向下位移,即不产生负摩阻力;在此深度以下,桩的位移大于桩侧土的下沉,桩身上仍为向上作用的正摩阻力。正、负摩阻力变换处的位置,称为中性点(图 5-5-8)。中性点位置的确定与作用荷载和桩周土的性质有关,在实践应用中应参考有关书籍和手册,通过计算确定。

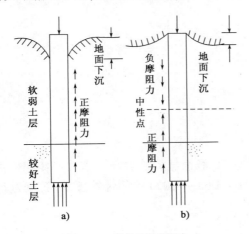

图 5-5-7　桩的正负摩阻力

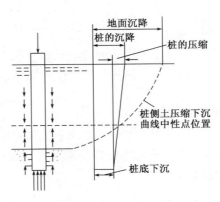

图 5-5-8　中性点的位置

 复习与思考

1. 确定单桩轴向容许承载力应从哪两个方面考虑,简述其作用机理。
2. 如何采用静载试验确定单桩轴向容许承载力?
3. 什么是桩身负摩阻力?它对工程有什么影响?
4. 确定单桩横向容许承载力应从哪些方面考虑?

 任务实施

1. 某桥墩基础采用钻孔灌注桩,设计桩径为 1.0m,采用冲抓锥成孔,桩穿过土层情况如图 5-5-9 所示,桩长 $L=20$m,试按规范经验公式求单桩轴向承载力。
2. 某桥台基础采用钻孔灌注桩,如图 5-5-10 所示,设计桩径为 1.0m,桩身重度为 25kN/m³,河底土质为密实细砂土,土的饱和重度为 21.6kN/m³,按作用短期效应组合(可变作用频遇值系数均取 1.0),已知单根桩桩顶所受的最大竖向力为 2120.66kN,试按土的阻力反求桩长。

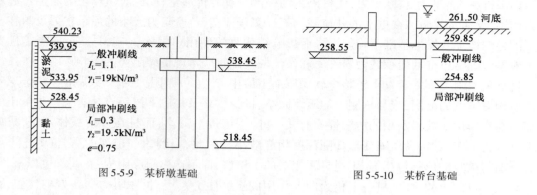

图 5-5-9　某桥墩基础　　　　　图 5-5-10　某桥台基础

任务六　桩基础的设计

学习目标

1. 明确桩基础的设计原理与计算步骤；
2. 掌握桩基础的设计计算方法与要求。

任务描述

通过对桩基础设计计算方法等相关知识的学习，能根据提供的地质水文资料和桩身设计资料，按照《公路桥涵地基与基础设计规范》（JTG D63—2007）中的计算要求，正确进行单排桩设计及验算。

相关知识

一、桩基础设计内容与步骤

桩基础设计应根据荷载性质与大小、上部结构形式与使用要求、地质和水文资料以及材料供应和施工条件等，确定适宜的桩基础类型和各组成部分尺寸，并保证承台、基桩和地基在强度、变形和稳定性方面均能满足安全和使用要求，同时考虑设计方案的可行性与合理性。

桩基础的设计计算，一般包括下述内容与步骤：

1. 桩基础类型的选择

选择桩基础类型时，应根据设计要求和现场条件，同时考虑各种类型的桩和桩基础所具有的不同特点，注意扬长避短，综合考虑选定。

（1）桩基础类型、承台位置和尺寸的选定

承台底面的高程应根据桩的受力情况、桩的刚度及地形、地质、水流、施工等条件确定，确定方法同前述基础埋深的确定方法。

（2）端承桩桩基和摩擦桩桩基的选定

端承桩桩基和摩擦桩桩基的选择主要根据地质条件和受力情况确定。

（3）单排桩基础和多排桩基础的选定

多排桩基础稳定性好,抗弯刚度较大,能承受较大的水平荷载,水平位移较小,但多排桩设置会增大承台尺寸,增加施工困难,有时还会影响通航。单排桩能较好地与柱式墩台结构形式配合,可节省圬工,减小作用在桩基的竖向荷载。因此,单排桩基础和多排桩基础的确定主要是根据受力情况,并与桩长、桩数的确定密切相关。当桩基受较大水平力作用时,一般还需选用斜桩或竖直桩配斜桩的形式增加桩基抗水平力的能力和稳定性。

(4)桩型与成桩工艺的选择

桩型与成桩工艺的选择应根据结构类型、荷载性质、桩的使用功能、穿越的土层、桩端持力层土类、地下水位、施工设备、施工环境以及材料供应条件等确定。

(5)承台尺寸的拟定

承台尺寸拟定应根据受力情况和墩台底面尺寸,按照有关设计规范和施工规范,拟定其平面和立面尺寸。承台厚度一般为 1.0~2.5m,承台底面尺寸的拟定,要求扩展角不超过刚性角。

2. 桩径、桩长的拟定和单桩承载力容许值的确定

(1)桩径的拟定

当桩基础类型选定后,桩的横截面尺寸可根据各类桩的特点及常用尺寸,并考虑工程地质情况和施工条件选择确定。

(2)桩长的拟定

桩长应根据地质条件和施工可能性(如钻进的最大深度、孔径等)选择确定。设计时尽可能将桩底置于岩层或坚实的土层上,以获得较大的承载力和减小基础沉降;应避免将桩底置于软土层上或离软弱下卧层距离太近,导致基础发生过大沉降。

摩擦桩桩底持力层有多种选择时,可通过试算比较,选用较合理的桩长。摩擦桩桩长不宜拟定太短,一般不宜小于4m。因为桩长过短则无法达到通过桩基将荷载传递到深层或减小基础沉降的目的,同时,需增加桩数,使承台尺寸扩大,也影响施工进度。此外,为充分发挥摩擦桩桩底土层支承力,桩底端应插入桩底持力层一定深度。

(3)单桩承载力容许值的确定

桩横截面面积尺寸和桩长确定后,应根据地质资料确定单桩承载力容许值。对于一般的桥梁和结构物,或在工程初步设计阶段,可按经验(规范)公式估算;对于大型、重要桥梁或复杂地基条件,还应通过试桩或其他方法,并作详细分析比较,以使较为准确合理地确定。

3. 确定基桩的根数及其在平面上的布置

(1)桩的根数估算

桩基础所需桩的根数可根据承台底面上的竖向荷载和单桩的承载力容许值,按下式估算:

$$n = \mu \frac{N}{[R_a]} \tag{5-6-1}$$

式中:n——桩的根数;

N——作用在承台底面的竖向荷载(kN);

$[R_a]$——单桩承载力容许值(kN);

μ——考虑偏心荷载时各桩受力不均匀而适当增加桩数的经验系数,一般可取 1.1~1.2;估算的桩数是否合适,尚待验算各桩的受力状况后验证确定。

(2)确定桩的平面布置

一般墩台基础多以纵向荷载控制设计,控制方向上桩的布置应尽可能使各桩受力相近,且考虑施工的可能与便利。当荷载偏心较大时,承台底面的压应力图呈梯形,若两端压应力比值较大,宜用不等距排列,即两侧密、中间疏;若两端压应力比值不大,宜用等距排列,即非控制方向上一般均采用等距排列。相邻桩之间的距离不宜太大,也不宜过小,因为桩间距大,承台平面尺寸和质量将相应增大;但桩间距过小,摩擦桩桩端处的地基应力叠加现象严重。不同类型桩的间距应满足《公路桥涵地基与基础设计规范》(JTG D63—2007)中的设计要求。

4. 桩基础设计方案的检验

桩基础设计方案拟定后,应进行基桩和承台强度、稳定性和变形的验算,经过计算、比较、修改直至符合各项要求,最后通过比选确定较佳的设计方案。

1)单根基桩的检验

(1)单桩竖向承载力检验

①按地基土的支承力确定和验算单桩竖向承载力。单桩竖向承载力验算应满足:

$$N_{\max} + G \leq \gamma_{R}[R_{a}] \tag{5-6-2}$$

式中:$N_{\max}$——作用于桩顶上的最大轴向力;

G——桩重,当桩埋在透水土层中时,处于水下的桩应考虑浮力,对钻孔桩,当采用表 5-5-1 中 q_{ik} 值计算 $[R_{a}]$ 时,按规定对局部冲刷线以下的桩身应取其自重的一半计算,即 G 等于局部冲刷线以上的桩重加局部冲刷线以下桩重的一半;

$[R_{a}]$——单桩轴向承载力容许值,按土的阻力和材料强度算得结果中的较小值取用;

γ_{R}——承载力容许值抗力系数。

②按桩身材料强度确定和检验单桩承载力。检验时,把桩作为一根压弯构件,以承载能力极限状态验算桩身压屈稳定和截面强度,以正常使用极限状态验算桩身裂缝宽度。

(2)单桩横向承载检验

当有水平静载试验资料时,可以直接检验桩的水平容许承载力是否满足地面处水平力作用,一般情况下桩身还作用有弯矩;无水平静载试验资料时,均应验算桩身截面强度。对于预制桩还应验算桩起吊、运输时的桩身强度。

(3)单桩水平位移检验

荷载作用下的墩台水平位移值除了与其自身材料受力变形有关外,还取决于桩端的水平位移及转角,因此墩台顶水平位移验算包含对单桩水平位移的检验。荷载作用下的墩台顶水平位移 Δ 不应超过规定的容许值 $[\Delta]$,即 $\Delta \leq [\Delta] = 0.5\sqrt{L}(\mathrm{cm})$,其中 L 为桥孔跨径(以 m 计)。

此外,《公路桥涵地基与基础设计规范》(JTG D63—2007)给出的地基土比例系数 m 值,适用于结构物在地面处水平位移最大值不超过 6mm 时,水平位移较大时适当降低。因此,设计时如采用规范给出的 m 值时,应计算地面处桩身的水平位移并对比规范要求,以评定设计取值是否合适。

2)群桩基础承载力和沉降量的检验

当摩擦桩群桩基础的基桩中心距小于 6 倍桩径时,需检验群桩基础的承载力,包括桩底持力层承载力验算及软弱下卧层的强度验算,必要时还须验算桩基沉降量,包括总沉降量和相邻墩台的沉降差。

3)承台强度检验

承台作为构件,一般应进行局部受压、抗冲剪、抗弯和抗剪强度验算。具体验算可参阅《结构设计原理》相关教材及有关设计手册进行。

二、桩基础设计基本概念

1. 土的横向抗力和地基系数

桩基础在荷载作用下产生变位(包括竖向位移、水平位移和转角),如图 5-6-1 所示,使桩挤压桩侧土体,桩侧土必然对桩身产生一个横向抗力 σ_{zx},即土的横向抗力。土的横向抗力起抵抗外力和稳定桩基础的作用,其大小取决于土的性质、桩身刚度、桩的入土深度、桩的截面形状、桩距及作用荷载等因素,可用下式表示:

$$\sigma_{zx} = Cx_z \tag{5-6-3}$$

式中:σ_{zx}——土的横向抗力(kN/m^3);

C——地基系数(kN/m^3);

x_z——深度 z 处桩的横向位移(m)。

地基系数 C 的物理意义是使单位面积土在弹性限度内产生单位变形时所需施加的力,即桩侧某点发生单位横向位移时,土对桩的横向抗力。地基系数是反映地基土抗力性质的指标,大量的试验表明,其值不仅与土的类别和物理力学性质有关,而且还随着深度而变化。常用的地基系数分布规律如图 5-6-2 所示。

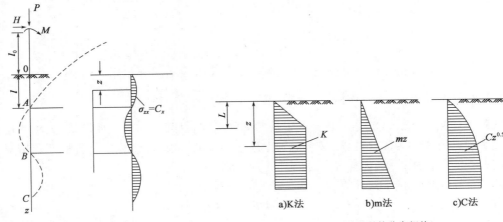

图 5-6-1 桩的挠曲变形与土的横向抗力   图 5-6-2 地基系数分布规律

其中 K 法假定地基系数在地面处为零,自地面到桩的挠曲曲线第一个零点 A(图 5-6-1)处,地基系数随深度的增加而增大,到 A 点后不再增大而为常数 K。m 法则假定地基系数在地面处为零,随深度呈正比例增大,即 $C = mz$,m 为地基系数随深度变化的比例系数。C 法则假定地基系数沿深度呈抛物线变化,即 $C = cz^{0.5}$,c 为地基土比例系数。

上述三种方法地基系数随深度分布的规律各不相同,其计算结果也各有差异。试验资料分析表明,宜根据土质特性来选择恰当的计算方法。本书只介绍《公路桥涵地基与基础设计规范》(JTG D63—2007)中推荐的 m 法。

2. 单桩、单排桩和多排桩

计算基桩内力时,应先根据作用在承台底面的外力 N、H、M,计算出作用于每根桩桩顶的荷载,它与桩基础的桩数和桩的布置情况有关。桩基础按桩的布置方式可分为单桩、单排桩和多排桩三种情况。计算时按横向作用力与基桩布置方式之间的关系,分为下列两种类型。

(1)单桩和与横向外力作用方向相垂直的单排桩(图5-6-3)

对于单根桩来说,上部荷载全部6由其自身来承担。对于单排桩,如图5-6-3所示桥墩作纵向验算时,若作用于承台底面中心的荷载、力矩为 N、H 和 M,当 N 在单排桩方向无偏心时,可以假定它平均分布在各桩上,即

$$N_i = \frac{N}{n} \quad H_i = \frac{H}{n} \quad M_i = \frac{M}{n} \quad (5\text{-}6\text{-}4)$$

式中:n——桩数。

(2)顺横向外力作用方向的单排桩或多排桩(图5-6-4)

此类桩基础实际上是一个超静定的平面或空间刚架,其内力分析和变位计算需用超静定方法求解,一般采用结构力学中的位移法计算各桩桩顶的受力。

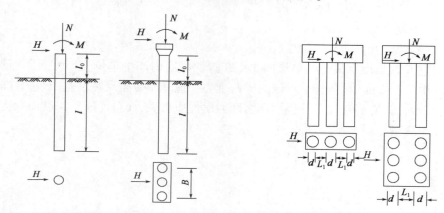

图5-6-3 单桩和与横向外力作用方向相垂直的单排桩　　5-6-4 顺横向外力作用方向的单排桩和多排桩

3.桩的计算宽度

桩侧土产生横向抗力的范围总要大于桩的侧向尺寸,且与桩的横截面形状、大小和相邻桩的间距等因素有关。为简化计算,又考虑到上述诸因素的影响,在计算中将各种不同情况下桩侧土抗力的实际作用范围,用 b_1 表示,称为桩的计算宽度。

桩的计算宽度可按下式计算:

当 $d \geq 1.0\text{m}$ 时　　　　　　　　　　$b_1 = k\, k_f(d + 1)$ 　　　　　　(5-6-5)

当 $d < 1.0\text{m}$ 时　　　　　　　　　　$b_1 = k\, k_f(1.5d + 0.5)$ 　　　(5-6-6)

对单排桩或 $L_1 \geq 0.6\, h_1$ 的多排桩　　$k = 1.0$ 　　　　　　　　　　(5-6-7)

对 $L_1 < 0.6\, h_1$ 的多排桩　　　　　　$k = b_2 + \dfrac{1 - b_2}{0.6} \cdot \dfrac{L_1}{h_1}$ 　　(5-6-8)

式中:b_1——桩的计算宽度(m),$b_1 \leq 2d$;

d——桩径或垂直于水平外力作用方向桩的宽度(m);

k_f——桩形状换算系数,视水平力作用面(垂直于水平力作用方向)而定,圆形或圆端截面,$k_f = 0.9$;矩形截面,$k_f = 1.0$;对圆端形与矩形组合截面(图5-6-5),$k_f = \left(1 - 0.1\dfrac{a}{d}\right)$;

k——平行于水平力作用方向的桩间相互影响系数;

L_1——平行于水平力作用方向的桩间净距(图 5-6-6);梅花形布桩时,若相邻两排桩中心距 c 小于 $(d+1)$ m 时,可按水平力作用面各桩间的投影距离计算(图 5-6-7);

h_1——地面或局部冲刷线以下桩的计算埋入深度,可取 $h_1 = 3(d+1)$,但不得大于地面或局部冲刷线以下桩入土实际深度 h;

b_2——与平行于水平力作用方向的一排桩的桩数 n 有关的系数,当 $n = 1$ 时,$b_2 = 1.0$;$n = 2$ 时,$b_2 = 0.6$;$n = 3$ 时,$b_2 = 0.5$;$n \geq 4$ 时,$b_2 = 0.45$。

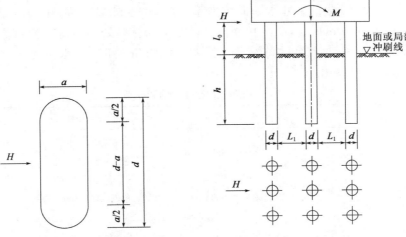

图 5-6-5 计算圆端形与矩形组合截面 k_f 值示意图　　图 5-6-6 计算 k 值时桩基示意图

在桩平面布置中,若平行于水平力作用方向的各排桩数量不等,且相邻(任何方向)桩间中心距等于或大于 $(d+1)$ m,则所验算各桩可取同一个桩间影响系数 k,其值按桩数量最多的一排选取。此外,若垂直于水平力作用方向上有 n 根桩时,计算宽度取 nb_1,但须满足 $nb_1 \leq B+1$(B 为 n 根桩垂直于水平力作用方向的外边缘距离,以 m 计,图 5-6-8)。

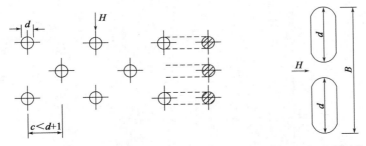

图 5-6-7 梅花形示意图　　图 5-6-8 单桩宽度计算示意图

4. 刚性桩与弹性桩

m 法计算中常将置于土中的桩柱分成刚性构件和弹性构件两类。刚性构件是指在横向力作用下,桩柱本身不发生挠曲变形,只发生转动和位移的桩柱;弹性构件是指在横向力作用下,桩柱本身出现挠曲变形的桩柱。桩柱是否会出现挠曲变形,主要与桩柱的长度、截面形状、尺寸、刚度及土的性质等因素有关。为了反映桩柱截面、刚度和土的性质等对桩柱变形的影响,引入桩的变形系数,即:

$$\alpha = \sqrt[5]{\frac{mb_1}{EI}} \tag{5-6-9}$$

$$EI = 0.8 E_c I \tag{5-6-10}$$

式中：α——桩的变形系数；

EI——桩的抗弯刚度，对以受弯为主的钢筋混凝土桩，根据现行《公路钢筋混凝土及预应力混凝土桥涵设计规范》(JTG 3362—2018)规定采用；

E_c——桩的混凝土抗压弹性模量；

I——桩的毛面积惯性矩；

m——非岩石地基水平向抗力系数的比例系数。非岩石地基的抗力系数随埋深成比例增大，深度 z 处的地基水平向抗力系数 $C_z = mz$；桩端地基竖向抗力系数为 $C_0 = m_0 h$（当 $h < 10\mathrm{m}$ 时，取 $C_0 = 10 m_0$）。其中 m_0 为桩端处的地基竖向抗力系数的比例系数。m 和 m_0 应通过试验确定，缺乏试验资料时，可根据地基土分类、状态按表 5-6-1 查用。

非岩石类土的 m 值和 m_0 值　　　表 5-6-1

土 的 名 称	m 和 m_0 (kN/m⁴)	土 的 名 称	m 和 m_0 (kN/m⁴)
流塑性黏土 $I_L > 1.0$，软塑黏性土 $1.0 \geq I_L > 0.75$，淤泥	3000~5000	坚硬、半坚硬黏性土 $I_L \leq 0$，粗砂、密实粉土	20000~30000
可塑黏性土 $0.75 \geq I_L > 0.25$，粉砂、稍密粉土	5000~10000	砾砂、角砾、圆砾、碎石、卵石	30000~80000
硬塑黏性土 $0.25 \geq I_L \geq 0$，细砂、中砂、中密粉土	10000~20000	密实卵石夹粗砂、密实漂石、卵石	80000~120000

注：1. 本表用于基础在地面处位移最大值不应超过 6mm 的情况，当位移较大时，应适当降低。
　　2. 当基础侧面设有斜坡或台阶，且其坡度(横:竖)或台阶总宽与深度之比大于 1:20 时，表中 m 值应减小 50% 取用。
　　3. 当基础侧面地面或局部冲刷线以下 $h_m = 2(d+1)$ (m)（对 $h \leq 2.5$ 的情况，取 $h_m = h$）深度内有两层土时，如图 5-6-9 所示，应将两层土的比例系数按式(5-6-11)换算成一个 m 值，作为整个深度的 m 值。

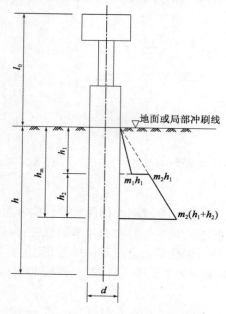

图 5-6-9　两层土 m 值换算计算示意图

$$m = \gamma m_1 + (1 - \gamma) m_2 \tag{5-6-11}$$

$$\gamma = \begin{cases} 5 \left(\dfrac{h_1}{h_m}\right)^2, & \dfrac{h_1}{h_m} \leq 0.2 \\ 1 - 1.25 \left(1 - \dfrac{h_1}{h_m}\right)^2, & \dfrac{h_1}{h_m} > 0.2 \end{cases}$$

岩石地基抗力系数不随岩层埋深变化,其值可按表 5-6-2 采用或通过试验确定。

岩石地基抗力系数 C_0 表 5-6-2

编 号	f_{rk}(kPa)	C_0(kN/m⁴)
1	1000	300000
2	≥25000	15000000

若桩底面置于地面或局部冲刷线以下的深度为 h,根据试验,当 $\alpha h \leq 2.5$ 时,可将桩柱视为刚性构件,一般沉井、大直径管桩及其他实体深基础都属于这一类;当 $\alpha h > 2.5$ 时,则应将桩柱视为弹性构件,一般沉桩与灌注桩多属这一类。根据不同构件,可采用不同公式计算变位、内力及土的横向抗力。本书只介绍使用较多的弹性构件中的单排桩柱式桥墩的计算。

三、"m"计算单排桩的作用效应及位移

1. 计算假定

考虑到桩与土体共同承受外荷载的作用,为了方便计算,在基本理论中作了一些必要的假设:

(1)将土视作弹性变形介质,它具有随深度呈正比例增长的地基系数($C = mz$);
(2)土的应力—应变关系符合文克尔假定;
(3)计算公式推导时,不考虑桩与土之间的摩擦力和黏结力;
(4)桩与桩侧土在受力前后始终密贴接触;
(5)桩作为一弹性构件。

2. 符号规定

计算中取图 5-6-10 所示的坐标系统,对力和位移的符号做如下规定:横向位移顺 x 轴正方向为正值;转角逆时针方向转动为正值;弯矩当左侧纤维受拉时为正值;横向力顺 x 轴正方向为正值。

3. 单排桩柱式桥墩桩顶受力时的作用效应及位移

当 $\alpha h > 2.5$ 时,单排桩柱式桥墩承受桩柱顶荷载时的作用效应及位移可按表 5-6-3 计算。表中单排桩柱式桥墩分为桩底支承在非岩石类土或基岩面和桩底嵌固在基岩中两种情况,其计算方法有所不同,设计计算时应注意区分。

表 5-6-3 使用说明:

(1)本表适用于 $\alpha h > 2.5$ 桩的计算,对于 $\alpha h \leq 2.5$ 的情况,见《公路桥涵地基与基础设计规范》(JTG D63—2007)附录 Q。

(2)系数 A_i、B_i、C_i、D_i($i = 1、2、3、4$)值,在计算 $\delta_{HH}^{(0)}$、$\delta_{MH}^{(0)}$、$\delta_{HM}^{(0)}$、$\delta_{MM}^{(0)}$ 时,根据 $\bar{h} = \alpha h$ 由表 5-6-4 查用;在计算 M_z 和 Q_z 时,根据 $\bar{h} = \alpha h$ 也由表 5-6-4 查用;当 $\bar{h} > 4$,按 $\bar{h} = 4$ 计算。

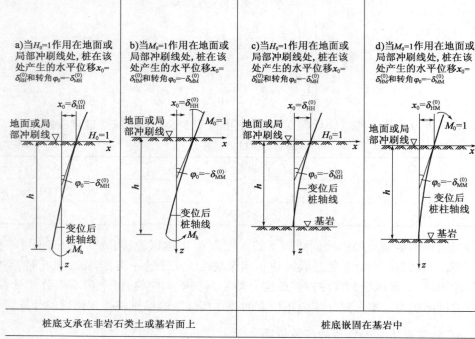

图 5-6-10 荷载作用下桩的变形图

桩柱顶受力的单排桩柱式桥墩计算用表 表 5-6-3

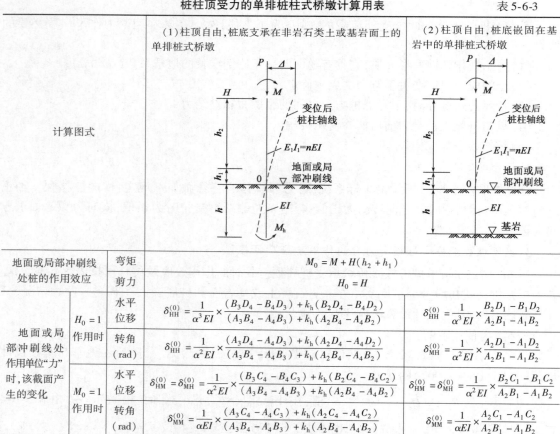

		(1) 柱顶自由, 桩底支承在非岩石类土或基岩面上的单排桩式桥墩	(2) 柱顶自由, 桩底嵌固在基岩中的单排桩式桥墩
计算图式			
地面或局部冲刷线处桩的作用效应	弯矩	$M_0 = M + H(h_2 + h_1)$	
	剪力	$H_0 = H$	
地面或局部冲刷线处作用单位"力"时, 该截面产生的变化	$H_0=1$ 作用时 水平位移	$\delta_{HH}^{(0)} = \dfrac{1}{\alpha^3 EI} \times \dfrac{(B_3 D_4 - B_4 D_3) + k_h(B_2 D_4 - B_4 D_2)}{(A_3 B_4 - A_4 B_3) + k_h(A_2 B_4 - A_4 B_2)}$	$\delta_{HH}^{(0)} = \dfrac{1}{\alpha^3 EI} \times \dfrac{B_2 D_1 - B_1 D_2}{A_2 B_1 - A_1 B_2}$
	$H_0=1$ 作用时 转角 (rad)	$\delta_{MH}^{(0)} = \dfrac{1}{\alpha^2 EI} \times \dfrac{(A_3 D_4 - A_4 D_3) + k_h(A_2 D_4 - A_4 D_2)}{(A_3 B_4 - A_4 B_3) + k_h(A_2 B_4 - A_4 B_2)}$	$\delta_{MH}^{(0)} = \dfrac{1}{\alpha^2 EI} \times \dfrac{A_2 D_1 - A_1 D_2}{A_2 B_1 - A_1 B_2}$
	$M_0=1$ 作用时 水平位移	$\delta_{HM}^{(0)} = \delta_{MH}^{(0)} = \dfrac{1}{\alpha^2 EI} \times \dfrac{(B_3 C_4 - B_4 C_3) + k_h(B_2 C_4 - B_4 C_2)}{(A_3 B_4 - A_4 B_3) + k_h(A_2 B_4 - A_4 B_2)}$	$\delta_{HM}^{(0)} = \delta_{MH}^{(0)} = \dfrac{1}{\alpha^2 EI} \times \dfrac{B_2 C_1 - B_1 C_2}{A_2 B_1 - A_1 B_2}$
	$M_0=1$ 作用时 转角 (rad)	$\delta_{MM}^{(0)} = \dfrac{1}{\alpha EI} \times \dfrac{(A_3 C_4 - A_4 C_3) + k_h(A_2 C_4 - A_4 C_2)}{(A_3 B_4 - A_4 B_3) + k_h(A_2 B_4 - A_4 B_2)}$	$\delta_{MM}^{(0)} = \dfrac{1}{\alpha EI} \times \dfrac{A_2 C_1 - A_1 C_2}{A_2 B_1 - A_1 B_2}$

续上表

地面或局部冲刷线处桩变位	水平位移	$x_0 = H_0 \delta_{HH}^{(0)} + M_0 \delta_{HM}^{(0)}$
	转角(rad)	$\varphi_0 = -(H_0 \delta_{HH}^{(0)} + M_0 \delta_{HM}^{(0)})$
地面或局部冲刷线以下深度 z 处桩各截面内力	弯矩	$M_z = \alpha^2 EI \left(x_0 A_3 + \dfrac{\varphi_0}{\alpha} B_4 + \dfrac{H_0}{\alpha^2 EI} C_3 + \dfrac{M_0}{\alpha^2 EI} D_3 \right)$
	剪力	$Q_z = \alpha^3 EI \left(x_0 A_4 + \dfrac{\varphi_0}{\alpha} B_4 + \dfrac{M_0}{\alpha^2 EI} C_4 + \dfrac{H_0}{\alpha^3 EI} D_4 \right)$
桩柱顶水平位移		$\Delta = x_0 - \varphi_0(h_2 + h_1) + \Delta_0$ 式中:$\Delta_0 = \dfrac{H}{E_1 I_1}\left[\dfrac{1}{3}(nh_1^3 + h_2^3) + nh_1 h_2(h_1 + h_2)\right] + \dfrac{M}{2 E_1 I_1}\left[h_2^2 + nh(2h_2 + h_1)\right]$

(3) $k_h = \dfrac{C_0}{\alpha E} \times \dfrac{I_0}{I}$ 为因桩端转动,桩端底面土体产生的抗力对 $\delta_{HH}^{(0)}$、$\delta_{MH}^{(0)}$、$\delta_{HM}^{(0)}$ 和 $\delta_{MM}^{(0)}$ 的影响系数。当桩底置于非岩石类土且 $\alpha h \geq 2.5$ 时,或置于基岩上且 $\alpha h \geq 3.5$ 时,取 $k_h = 0$。桩端地基竖向抗力系数 C_0 按前述内容确定;I 和 I_0 分别为地面或局部冲刷线以下桩截面和桩端面积惯性矩。

(4) n 为桩式桥墩上段抗弯刚度 $E_1 I_1$ 与下段抗弯刚度 EI 的比值,$E_1 I_1 = 0.8 E_c I_1$,E_c 为桩身混凝土抗压弹性模量,I_1 为桩上段毛截面惯性矩。

(5) 桩的入土深度 $h \geq 4/\alpha$ 时,$z = 4/\alpha$ 深度以下桩身截面作用效应可忽略不计。

四、单排桩基础设计算例

1. 设计资料

(1) 地质与水文资料(图 5-6-11)

墩帽顶(支座垫石)高程:30.446m;墩柱顶高程:28.946m;桩顶(常水位):19.946m;墩柱直径:1.4m;桩直径:1.5m。

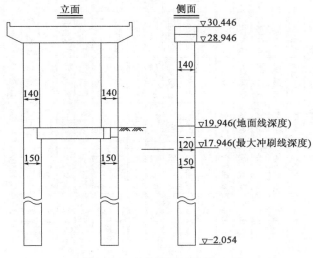

图 5-6-11 单排桩(尺寸单位:cm)

表 5-6-4

计算桩身作用效应无量纲系数用表

$\bar{h}=\alpha z$	A_1	B_1	C_1	D_1	A_2	B_2	C_2	D_2	A_3	B_3	C_3	D_3	A_4	B_4	C_4	D_4
0	1.00000	0.00000	0.00000	0.00000	0.00000	1.00000	0.00000	0.00000	0.00000	0.00000	1.00000	0.00000	0.00000	0.00000	0.00000	1.00000
0.1	1.00000	0.10000	0.00500	0.00017	0.00000	1.00000	0.10000	0.00500	−0.00017	−0.00001	1.00000	0.10000	−0.00500	−0.00033	−0.00001	1.00000
0.2	1.00000	0.20000	0.02000	0.00133	−0.00007	1.00000	0.20000	0.02000	−0.00133	−0.00013	0.99999	0.20000	−0.02000	−0.00267	0.00020	0.99999
0.3	0.99998	0.30000	0.04500	0.00450	−0.00034	0.99996	0.30000	0.04500	−0.00450	−0.00067	0.99994	0.30000	−0.04500	−0.00900	−0.00101	0.99992
0.4	0.99991	0.39999	0.08000	0.01067	−0.00107	0.99983	0.39998	0.08000	−0.01067	−0.00213	0.99974	0.39998	−0.08000	−0.02133	−0.00320	0.99966
0.5	0.99974	0.49996	0.12500	0.02083	−0.00260	0.99948	0.49994	0.12499	−0.02083	−0.00521	0.99922	0.49991	−0.12499	−0.04167	−0.00781	0.99896
0.6	0.99935	0.59987	0.17998	0.03600	−0.00540	0.99870	0.59981	0.17998	−0.03600	−0.01080	0.99806	0.59974	−0.17997	−0.07199	−0.01620	0.99741
0.7	0.99860	0.69967	0.24495	0.05716	−0.0100	0.99720	0.69951	0.24494	−0.05716	−0.02001	0.99580	0.69935	−0.24490	−0.11433	−0.03001	0.99440
0.8	0.99727	0.79927	0.31988	0.08532	−0.01707	0.99545	0.79891	0.31983	−0.08532	−0.03412	0.99181	0.79854	−0.31975	−0.17060	−0.05120	0.98908
0.9	0.99508	0.89852	0.40472	0.12146	−0.02733	0.99016	0.89779	0.40462	−0.12144	−0.05466	0.98524	0.89705	−0.40443	−0.24284	−0.08198	0.98032
1.0	0.99167	0.99722	0.49941	0.16657	−0.04167	0.98333	0.99583	0.49921	−0.16652	−0.08329	0.97501	0.99445	−0.49881	−0.33298	−0.12493	0.96667
1.1	0.98658	1.09508	0.60384	0.22163	−0.06096	0.97317	1.09262	0.60346	−0.22152	−0.12192	0.95975	1.09016	−0.60268	−0.44292	−0.18285	0.94634
1.2	0.97927	1.19171	0.71787	0.28758	−0.08632	0.95855	1.18756	0.71716	−0.28737	−0.17260	0.93783	1.18342	−0.71573	−0.57450	−0.25886	0.91712
1.3	0.96908	1.28660	0.84127	0.36536	−0.11883	0.93817	1.27990	0.84002	−0.36496	−0.23760	0.90727	1.27320	−0.83753	−0.72950	−0.35631	0.87638
1.4	0.95523	1.37910	0.97373	0.45588	−0.15973	0.91047	1.36865	0.97163	−0.45515	−0.31933	0.86573	1.35821	−0.96746	−0.90754	−0.47883	0.82102
1.5	0.93681	1.46839	1.11484	0.55997	−0.21030	0.87365	1.45259	1.11145	−0.55870	−0.42039	0.81064	1.43680	−1.10468	−1.11609	−0.63027	0.74745
1.6	0.91280	1.55346	1.26403	0.67842	−0.27194	0.82565	1.53020	1.25872	−0.67629	−0.54348	0.73859	1.50695	−1.24808	−1.35042	−0.81466	0.65156
1.7	0.88201	1.63307	1.42061	0.81193	−0.34604	0.76413	1.59963	1.41247	−0.80848	−0.69144	0.64637	1.56621	−1.39623	−1.61340	−1.03616	0.52871
1.8	0.84313	1.70575	1.58362	0.96109	−0.43412	0.68645	1.65867	1.57150	−0.95564	−0.86715	0.52997	1.61162	−1.54728	−1.90577	−1.29909	0.37368
1.9	0.79467	1.76972	1.75090	1.12637	−0.53768	0.58967	1.70468	1.73422	−1.11796	−1.07357	0.38503	1.63969	−1.69889	−2.22745	−1.60770	0.18071
2.0	0.73502	1.82294	1.92402	1.30801	−0.65822	0.47061	1.73457	1.89872	−1.29535	−1.31361	0.20676	1.64628	−1.84818	−2.57798	−1.96620	−0.0565
2.2	0.57491	1.88709	2.27217	1.72042	−0.95616	0.15127	1.73110	2.22299	−1.69334	−1.90567	−0.27287	1.57538	−2.12481	−3.35952	−2.84858	−0.69158
2.4	0.34691	1.87450	2.60882	2.19535	−1.33889	−0.30273	1.61286	2.51874	−2.14117	−2.66329	−0.94885	1.35201	−2.33901	−4.22811	−3.97323	−1.59151
2.6	0.033146	1.75473	2.90670	2.72365	−1.81479	−0.92602	1.33485	2.74972	−2.62126	−3.59987	−1.87734	0.91679	−2.43695	−5.14023	−5.35541	−2.82216
2.8	−0.38548	1.49037	3.12843	3.28769	−2.38756	−1.175483	0.84177	2.86653	−3.10341	−4.71748	−3.10791	0.19729	−2.34588	−6.02299	−6.99007	−4.44491
3.0	−0.92809	1.03679	3.22471	3.85838	−3.05319	−2.82410	0.06837	2.80406	−3.54058	−5.99979	−4.68788	−0.89126	−1.96928	−6.76460	−8.84029	−6.51972
3.5	−2.92799	−1.27172	2.46304	4.97982	−4.98062	−6.70806	−3.58647	1.27018	−3.91921	−9.54367	−10.34040	−5.85402	1.07408	−6.7895	−13.69240	−13.82610
4.0	−5.85333	−5.94097	−0.92677	4.54780	−6.53316	−12.15810	−10.60840	−3.76647	−1.61428	−11.73066	−17.91860	−15.07550	9.24368	−0.35762	15.61050	−23.14010

注：z 为自地面或最大冲刷线以下的深度。

注意:表 5-6-3 只适用于单排桩柱式桥墩,对于单排桩柱式桥台还应考虑桩柱侧面所受的土压力作用,按《公路桥涵地基与基础设计规范》(JTG D63—2007)附录 P 表 P.0.4 计算。对于多排竖直桩柱式桥墩和桥台则分别按该规范表 P.0.6 和表 P.0.7 计算。

地基土:中密粗砂,地基土比例系数 $m = 20000 \text{kN/m}^4$;桩身与土的极限摩阻力: $q_{ik} = 65 \text{kPa}$;地基与土的内摩擦角 $\varphi = 45°$,内聚力 $c = 0$;地基容许承载力 $[f_{a0}] = 430 \text{kPa}$;土重度: $\gamma' = 11.8 \text{kN/m}^3$。

桩身混凝土强度等级:C25;其受压弹性模量 $E_c = 2.8 \times 10^4 \text{MPa}$。

(2)荷载情况

桥墩为单排双柱式,桥面宽净 $9\text{m} + 2 \times 1.5\text{m} + 2 \times 0.25\text{m}$;

公路—Ⅱ级,人群荷载 3kN/m^2。

上部为 30m 预应力钢筋混凝土梁,每一根桩承受荷载为:

两跨恒载反力: $N_1 = 1539.5 \text{kN}$;

盖梁自重反力: $N_2 = 360 \text{kN}$;

系梁自重反力: $N_3 = 122.4 \text{kN}$;

一根墩柱(直径1.4m)自重反力: $N_4 = 346.4 \text{kN}$。

桩(直径1.5m)每延米重: $q = \dfrac{\pi \times 1.5^2}{4} \times (25 - 10) = 26.51(\text{kN})$(扣除浮力)。

每延米桩(直径1.5m)重与置换土重的差值: $q' = \dfrac{\pi \times 1.5^2}{4} \times (15 - 11.8) = 5.65(\text{kN})$(扣除浮力)。

两跨活载反力: $N_5 = 751.6 \times (1 + 0.1125) = 836.2(\text{kN})$(考虑汽车荷载冲击力);

一跨活载反力: $N_6 = 502 \times (1 + 0.1125) = 558.5(\text{kN})$(车辆荷载反力已按偏心受压原理考虑横向偏心的分配影响);

在顺桥向引起的弯矩: $M = 157.9 \times (1 + 0.1125) = 175.7(\text{kN} \cdot \text{m})$;

制动力: $H = 45 \text{kN}$。

桩基础采用旋转钻孔灌注桩,基岩较深,决定采用摩擦桩。

2. 桩长计算

由于地基土层单一,用确定单桩容许承载力的经验公式初步反算桩长,该桩埋入最大冲刷线以下深度为 h,一般冲刷线以下深度为 $h_1 = h + 2$。

$$[R_a] = \frac{1}{2} u \sum_{i=1}^{n} q_{ik} l_i + A_p \lambda m_0 \{[f_{a0}] + k_2 \gamma_2 (h - 3)\}$$

式中: R_a——一根桩底面所受到的全部竖直荷载(kN), $R_a = N_1 + N_2 + N_3 + N_4 + N_5 + L_0 q + q'h = 1539.5 + 360 + 122.4 + 346.4 + 836.2 + 2 \times 26.51 + 5.65h = 3257.5 + 5.65h$

u——桩的周长(m),按成孔直径计算,采用旋转钻孔:

按钻头直径增大 50mm;

$u = \pi d = \pi \times 1.55 = 4.87(\text{m})$, $q_{ik} = 65 \text{kPa}$; $A = \dfrac{\pi \times 1.5^2}{4} = 1.767(\text{m})^2$; $\gamma_2 = 11.8 \text{kN/m}^3$

查表得: $\lambda = 0.7$, $m_0 = 0.85$, $k_2 = 5.0$,代入上式: $3257.5 + 5.65h = \dfrac{1}{2} \times 4.87 \times 65 \times h + 1.767 \times 0.7 \times 0.85 \times [430 + 5.0 \times 11.8 \times (h + 2 - 3)]$,解得: $h = 13.4\text{m}$

取 $h=14\text{m}$,则桩长为 16m,由上式反算,可知桩的轴向承载力满足要求。

3. 桩的内力计算

(1)桩的计算宽度:
$$b_1 = k k_f(d+1) = 1.0 \times 0.9 \times (1.5+1) = 2.25(\text{m})$$

(2)计算桩的变形系数:
$$\alpha = \sqrt[5]{\frac{m b_1}{EI}} = \sqrt[5]{\frac{20000 \times 2.25}{0.8 \times 2.8 \times 10^7 \times 0.2485}} = 0.382 \ (\text{m}^{-1})$$

其中, $I = \frac{\pi d^4}{64} = \frac{\pi \times 1.5^4}{64} = 0.2485 \ (\text{m}^4)$, $EI = 0.8 E_c I$。

桩在最大冲刷线以下深度 $h=14\text{m}$;其计算长度则为: $\alpha h = 0.382 \times 14 = 5.348 > 2.5$,按弹性桩计算。

(3)计算墩帽顶上受力 N_i、H_i、M_i,及桩在局部冲刷线处的受力 N_0、H_0、M_0。

墩帽顶的外力(按一跨活载计算):
$$N_i = 1539.5 + 558.5 = 2098(\text{kN}); Q_i = 45\text{kN}; M_i = 175.7\text{kN}\cdot\text{m}$$

换算到局部冲刷线处:
$$N_0 = 2098 + 360 + 122.4 + 346.4 + 2 \times 26.51 = 2959.8(\text{kN})$$
$$M_0 = 175.5 + 45 \times 2 = 265.5(\text{kN}\cdot\text{m})$$
$$H_0 = H_i = 45\text{kN}$$

(4)计算局部冲刷线处作用单位力产生的变位。

当桩底置于非岩石类土且 $\alpha h \geq 2.5$ 时,取 $k_h = 0$。

根据 $\alpha h = 5.348 > 4$,按 $h = 4$ 计算,查表5-6-4,得:
$A_2 = -6.53316, B_2 = -12.15810, D_2 = -3.76647; A_3 = -1.61428, B_3 = -11.73066, C_3 = -17.9186, D_3 = -15.07550; A_4 = 9.24368, B_4 = -0.35762, C_4 = -15.61050, D_4 = -23.14040$。

① $H_0 = 1$ 作用时:
$$\delta_{HH}^{(0)} = \frac{1}{\alpha^3 EI} \times \frac{(B_3 D_4 - B_4 D_3) + k_h(B_2 D_4 - B_4 D_2)}{(A_3 B_4 - A_4 B_3) + k_h(A_2 B_4 - A_4 B_2)} = \frac{1}{\alpha^3 EI} \times \frac{(B_3 D_4 - B_4 D_3)}{(A_3 B_4 - A_4 B_3)}$$
$$= 7.866 \times 10^{-6} (\text{m})$$

$$\delta_{MH}^{(0)} = \frac{1}{\alpha^2 EI} \times \frac{(A_3 D_4 - A_4 D_3) + k_h(A_2 D_4 - A_4 D_2)}{(A_3 B_4 - A_4 B_3) + k_h(A_2 B_4 - A_4 B_2)} = \frac{1}{\alpha^2 EI} \times \frac{(A_3 D_4 - A_4 D_3)}{(A_3 B_4 - A_4 B_3)}$$
$$= 1.996 \times 10^{-6} (\text{m})$$

② $M_0 = 1$ 作用时:
$$\delta_{HM}^{(0)} = \delta_{MH}^{(0)} = \frac{1}{\alpha^2 EI} \times \frac{(B_3 C_4 - B_4 C_3) + k_h(B_2 C_4 - B_4 C_2)}{(A_3 B_4 - A_4 B_3) + k_h(A_2 B_4 - A_4 B_2)}$$
$$= \frac{1}{\alpha^2 EI} \times \frac{(B_3 C_4 - B_4 C_3)}{(A_3 B_4 - A_4 B_3)} = 1.996 \times 10^{-6} (\text{m})$$

$$\delta_{MM}^{(0)} = \frac{1}{\alpha EI} \times \frac{(A_3 C_4 - A_4 C_3) + k_h(A_2 c_4 - A_4 C_2)}{(A_3 B_4 - A_4 B_3) + k_h(A_2 B_4 - A_4 B_2)}$$
$$= \frac{1}{\alpha^2 EI} \times \frac{(A_3 C_4 - A_4 C_2)}{(A_3 B_4 - A_4 B_3)} = 0.823 \times 10^{-6} (\text{rad})$$

(5) 计算局部冲刷线处桩的变位。

$$x_0 = H_0 \delta_{HH}^{(0)} + M_0 \delta_{HM}^{(0)} = 45 \times 7.866 \times 10^{-6} + 738.2 \times 1.996 \times 10^{-6} \text{m} = 1.827 \times 10^{-3} \text{m} =$$
$1.827\text{mm} \leq 6\text{mm}$（符合"m"要求）

$$\varphi_0 = -(H_0 \delta_{MH}^{(0)} + M_0 \delta_{MM}^{(0)}) = -(45 \times 1.996 \times 10^{-6} + 738.2 \times 0.823 \times 10^{-6})$$
$$= -6.97 \times 10^{-4} (\text{rad})$$

(6) 计算桩柱顶水平位移。

$$h_1 + h_2 = (2 + 9) = 11(\text{m})$$

$$n = \frac{E_1 I_1}{EI} = \left(\frac{1.4}{1.5}\right)^4 = 0.759;$$

$$E_1 I_1 = 0.8 E_c \times \frac{\pi d_1^4}{64} = 0.8 \times 2.8 \times 10^7 \times \frac{\pi \times (1.4)^4}{64} = 4.224 \times 10^6 (\text{kN} \cdot \text{m})^2$$

$$\Delta_0 = \frac{H}{E_1 I_1}\left[\frac{1}{3}(n h_1^3 + h_2^3) + n h_1 h_2 (h_1 + h_2)\right] + \frac{M}{2 E_1 I_1}[h_2^2 + n h_1(2 h_2 + h_1)]$$

$$= \frac{45}{4.224 \times 10^6}\left[\frac{1}{3}(0.759 \times 2^3 + 9^3) + 0.759 \times 2 \times 9 \times (2 + 9)\right] + \frac{175.7}{2 \times 4.224 \times 10^6}$$
$$[9^2 + 0.759 \times 2 \times (2 \times 9 + 2)] = 6.53 \times 10^{-3}(\text{m}) = 6.53\text{mm}$$

$$\Delta = x_0 - \varphi_0[(h_1 + h_2)] + \Delta_0 = 1.827 + 0.697 \times (2 + 9) + 6.53 = 16(\text{mm})$$

(7) 计算局部冲刷线以下深度 z 处各截面内力。

弯矩
$$M_z = \alpha^2 EI\left(x_0 A_3 + \frac{\varphi_0}{\alpha} B_4 + \frac{M_0}{\alpha^2 EI} C_3 + \frac{H_0}{\alpha^3 EI} D_3\right)$$

剪力
$$Q_z = \alpha^3 EI\left(x_0 A_4 + \frac{\varphi_0}{\alpha} B_4 + \frac{M_0}{\alpha^2 EI} C_4 + \frac{H_0}{\alpha^3 EI} D_4\right)$$

式中的无量纲系数 A_3、B_4、C_3、D_3 以及 A_4、C_4、D_4 可根据 $\bar{h} = \alpha z$，由表 5-6-4 查得，z 为局部冲刷线以下的任一深度。

取局部冲刷线以下不同深度 z 值分别计算出 M_z 和 Q_z（计算过程略），可绘制出弯矩图和剪力图，如图 5-6-12、图 5-6-13 所示。

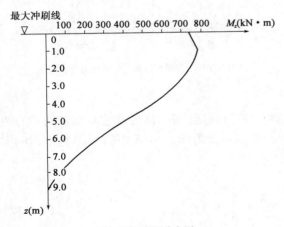

图 5-6-12 弯矩分布图

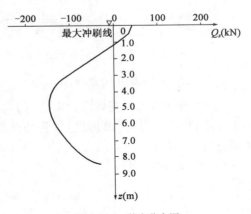

图 5-6-13 剪力分布图

按《公路钢筋混凝土及预应力混凝土桥涵设计规范》(JTG 3362—2018)验算最大弯矩($z=1.05m$处)处的截面强度或进行配筋设计。

五、竖向荷载作用下群桩基础的检验

由基桩群与承台组成的桩基础称为群桩基础。群桩基础在荷载作用下,由于基桩间的相互影响及承台的共同作用,其工作性状与单桩有所不同。

1. 群桩共同作用特性

(1)端承桩群桩基础

端承桩群桩基础通过承台分配到各基桩桩顶的荷载,绝大部分或全部由桩身直接传递到桩底,由桩底岩层支承。由于桩底持力层刚硬,桩的贯入变形小,低桩承台的承台底面地基反力和桩侧摩阻力与桩底反力相比所占比例很小,可忽略不计。因此,承台分担荷载的作用和桩侧摩阻力的扩散作用一般均不予考虑。桩底压力分布面积较小,各桩的压力叠加作用也小,群桩基础中各基桩的工作状态近同于单桩,如图 5-6-14 所示。故认为端承桩群桩基础的承载力等于各单桩承载力之和,其沉降量等于单桩沉降量。除进行单桩承载力验算外,不必进行群桩竖向承载力验算。

(2)摩擦桩群桩基础

摩擦桩桩顶作用荷载主要通过桩侧土的摩阻力传递到桩周土体。由于桩侧摩阻力的扩散作用,使桩底处的压力分布范围要比桩身截面面积大得多,如图 5-6-15 所示。若群桩中摩擦桩桩间距过近,各桩传布到桩底处的应力可能产生叠加,导致群桩桩底处地基土受到的压力比单桩大,同时由于群桩基础的尺寸大,荷载传递的影响范围也比单桩深,因此桩底下地基土层产生的压缩变形和群桩基础的沉降都比单桩大。若摩擦桩间距较大,则不会产生地基应力叠加。工程实践表明,摩擦桩群桩基础的承载力常小于各单桩承载力之和,有时也可能会大于或等于各单桩承载力之和。

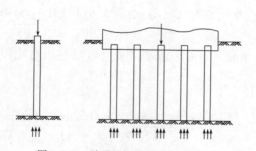

图 5-6-14 端承桩桩底平面的应力分布

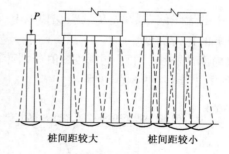

图 5-6-15 摩擦桩桩底下面的应力分布

2. 群桩基础整体承载力验算

《公路桥涵地基与基础设计规范》(JTG D63—2007)规定:当摩擦桩群桩基础桩间中心距小于 6 倍桩径时,群桩(摩擦桩)作为整体基础时,桩基可视为图 5-6-16 中的 $acde$ 范围内的实体基础,按下式计算。

(1)当轴心受压时:

$$p = \bar{\gamma}l + \gamma h + \frac{BL\gamma h}{A} + \frac{N}{A} \leqslant [f_a] \quad (5\text{-}6\text{-}12)$$

(2)当偏心受压时,除满足式(5-6-12)外,尚应满足下列条件:

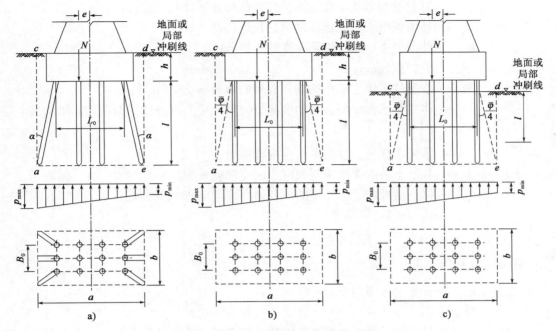

图 5-6-16 群桩作为整体基础计算示意图

$$p_{\max} = \bar{\gamma}l + \gamma h - \frac{BL\gamma h}{A} + \frac{N}{A}\left(1 + \frac{eA}{W}\right) \leq \gamma_R[f_a] \tag{5-6-13}$$

$$A = a \times b \tag{5-6-14}$$

当桩的斜度 $\alpha \leq \dfrac{\varphi}{4}$ 时

$$a = L_0 + d + 2l\tan\frac{\bar{\varphi}}{4} \tag{5-6-15}$$

$$b = L_0 + d + 2l\tan\frac{\bar{\varphi}}{4} \tag{5-6-16}$$

当桩的斜度 $\alpha > \dfrac{\varphi}{4}$ 时

$$a = L_0 + d + 2l\tan\alpha \tag{5-6-17}$$

$$b = B_0 + d + 2l\tan\alpha \tag{5-6-18}$$

$$\bar{\varphi} = \frac{\varphi_1 l_1 + \varphi_2 l_2 + \cdots + \varphi_n l_n}{l} \tag{5-6-19}$$

式中： p、$p_{\max}$——桩端平面处的平均压应力(kPa)、最大压应力(kPa)；

$\bar{\gamma}$——承台底面包括桩的重力在内至桩端平面土的平均重度(kN/m³)；

l——桩的深度(m)，见图 5-6-16；

γ——承台底面以上土的重度(kN/m³)；

L——承台长度(m)；

B——承台宽度(m)；

N——作用于承台底面合力的竖向分力(kN)；

A——假想的实体基础在桩端平面处的计算面积(m²)；

a、b——假想的实体基础在桩端平面处的计算宽度和长度(m);
L_0——外围桩中心围成矩形轮廓的长度(m);
B_0——外围桩中心围成矩形轮廓的宽度(m);
d——桩的直径(m);
W——假想的实体基础在桩端平面处的截面抵抗矩(m^3);
e——作用于承台底面合力的竖向分力对桩端平面处计算面积重心轴的偏心距(m);
$\bar{\varphi}$——基桩所穿过土层的平均土内摩擦角;
$\varphi_1 l_1、\varphi_2 l_2\cdots\varphi_n l_n$——各层土的内摩擦角与相应土层厚度的乘积;
$[f_a]$——修正后桩端平面处土的承载力容许值(kPa),同前述;
γ_R——抗力系数,同前述。

复习与思考

1. 桩基础的设计计算包括哪些步骤?
2. 什么叫地基系数?目前有哪几种确定地基系数的方法?
3. 为什么计算桩侧土的横向抗力时要用桩的计算宽度?确定计算宽度时应考虑哪几方面的因素?
4. 何谓刚性构件与弹性构件,如何判别?
5. 试说明$\delta_{HH}^{(0)}$、$\delta_{MH}^{(0)}$、$\delta_{HM}^{(0)}$和$\delta_{MM}^{(0)}$的物理意义。
6. 什么情况下需进行群桩基础整体验算,并说明原因。

任务实施

某双柱式桥墩基础如图 5-6-17 所示,桩基础采用冲抓锥钻孔灌注桩基础,为摩擦桩。试确定桩的入土深度并进行相关验算。其设计资料如下:

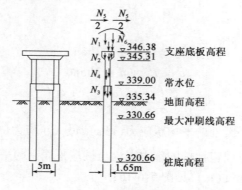

图 5-6-17 单排桩基础

1. 地质与水文资料

地基土为密实细砂夹砾石,地基土比例系数 $m = 10000 kN/m^4$;地基土与桩侧的摩阻力为 70kPa,地基土内摩擦角 $\varphi = 40°$,黏聚力 $c = 0$,地基土承载力容许值$[f_{a0}] = 400 kPa$,土的浮重度 $\gamma' = 11.8 kN/m^3$。

地面高程为335.34m,常水位高程为339.00m,局部冲刷线高程为330.66m,一般冲刷线高程为335.34m。

2.桩、墩尺寸与材料

墩帽顶高程为346.88m,桩顶高程为339.00m,墩柱顶高程345.31m,墩柱直径1.50m,桩直径1.65m。桩身混凝土受压弹性模量$E_c = 2.6 \times 10^4 \text{MPa}$。

3.每根桩承受的作用效应标准值

桥墩为单排双柱式,桥面宽净$9m + 2 \times 1.5m + 2 \times 0.25m$;

公路—Ⅱ级,人群荷载$3kN/m^2$;

上部为30m预应力钢筋混凝土梁,每一根桩承受荷载为:

两跨恒载反力$N_1 = 1376.00 \text{kN}$;

盖梁自重反力$N_2 = 256.50 \text{kN}$;

系梁自重反力$N_3 = 76.40 \text{kN}$;

一根墩柱(直径1.5m)自重反力$N_4 = 279.00 \text{kN}$;

两跨活载反力$N_5 = 558.00 \text{kN}$(考虑汽车荷载冲击力);

一跨活载反力$N_6 = 403.00 \text{kN}$(车辆荷载反力已按偏心受压原理考虑横向偏心的分配影响);

N_6在顺桥向引起的弯矩:$M = 120.90 \text{kN} \cdot \text{m}$;

制动力:$H = 30.00 \text{kN}$;

纵向风力:盖梁部分$W_1 = 3.00 \text{kN}$,对桩顶力臂为7.06m;墩身部分$W_2 = 2.70 \text{kN}$,对桩顶力臂为3.15m。

学习项目六 沉井基础

任务一 沉井基础结构认知

 学习目标

1. 解释沉井基础的概念及其适用条件;
2. 描述沉井基础的分类方法及各自特点;
3. 认知沉井基础的构造,并说明各组成部分的作用与基本要求。

 任务描述

通过对沉井基础适用条件、分类方法与构造组成等相关知识的学习,能够识读设计图纸,说明沉井基础各构造组成部分的尺寸、作用和设计基本要求。

 相关知识

一、沉井基础的概念及适用条件

沉井是一个无底无盖的井筒状结构物,施工时先预制沉井,在井孔内不断除土,井体借自重克服外壁与土之间的摩阻力而不断下沉,该过程称为沉井下沉,如图 6-1-1 所示。沉井下沉至设计高程后,经过混凝土封底、填塞井孔和加盖板后,便成为桥梁墩台或其他结构物的基础,即沉井基础,如图 6-1-2 所示。

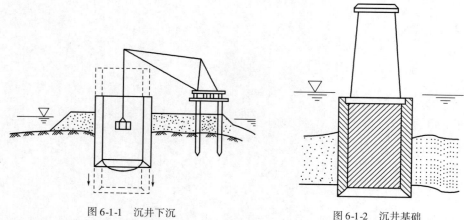

图 6-1-1 沉井下沉　　　　　图 6-1-2 沉井基础

沉井基础属于实体深基础的一种,它既是基础,施工时又是挡土和隔水的围堰结构物。其特点是埋置深度可以很大,整体性较强,稳定性较好,有较大的承载面积,能承受较大的垂直荷载和水平荷载,施工工艺简单,不需要很复杂的机械设备,但施工工期较长。下列情况下,可以考虑采用沉井基础：

(1) 墩台承受荷载较大，而表层地基土容许承载力不足，做扩大基础开挖工作量大以及支承困难，但一定深度下有符合要求的持力层，与其他深基础相比，沉井基础经济上较为合理时。

(2) 山区河流中，虽然土质较好，但冲刷大，或河中有较大卵石不便桩基础施工时。

(3) 岩层表面平坦且覆盖层薄，但河水较深，采用扩大基础施工围堰有困难时。

但是，河床中有流沙、孤石、树干或老桥基等难以清除的障碍物，或井底岩层表面倾斜起伏较大时，不宜采用沉井基础。

二、沉井基础的类型

1. 按沉井的使用材料分类

制作沉井的材料，可按下沉的深度、作用的大小，结合就地取材的原则选定。

(1) 混凝土沉井

混凝土沉井的特点是抗压强度高，抗拉能力低，因此这种沉井宜做成圆形，并适用于下沉深度不大(4~7m)的软土层，其井壁的竖向接缝应设置接缝钢筋。

(2) 钢筋混凝土沉井

钢筋混凝土沉井的抗拉及抗压能力均较好，下沉深度可以很大。当下沉深度不大时，井壁上部可以采用混凝土，下部(刃脚)采用钢筋混凝土。钢筋混凝土沉井的井壁隔墙还可分段(块)预制，工地拼接，进行装配式施工。

(3) 钢沉井

钢沉井是用钢材制造的沉井，其强度高，质量轻，易于拼装，宜做浮运沉井，但用钢量大。钢沉井也可使用装配式施工。

2. 按沉井的平面形状分类

沉井的平面形状，应与桥梁墩台底部的形状相适应。公路桥梁中所采用的沉井平面形状可分为圆形、圆端形和矩形。根据井孔的布置方式，沉井又可分为单孔沉井、双孔沉井和多孔沉井，如图 6-1-3 所示。

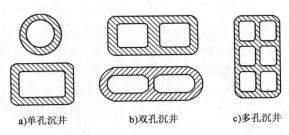

a) 单孔沉井　　b) 双孔沉井　　c) 多孔沉井

图 6-1-3　沉井的平面形状及井孔布置方式

(1) 圆形沉井

当墩台身是圆形或河流流向不定，或桥位与河流的主流方向斜交较大时，采用圆形沉井可以减少阻水和水流冲刷。圆形沉井中没有影响机械抓土的死角部位，易挖土使沉井较均匀地下沉。此外，在侧向压力作用下，圆形沉井井壁的受力情况较好，在截面面积和入土深度相同的条件下，与其他形状的沉井相比，其周长最小，下沉摩阻力较小。但由于墩台底面形状多为圆端形或矩形，故圆形沉井的适应性较差。

(2)矩形沉井

矩形沉井对墩台底面形状的适应性较好,模板的制作和安装简单。但采用不排水下沉时,边角部位的土不易被挖除,沉井易因挖土不均匀而出现下沉倾斜。与圆形沉井相比,其井壁受力条件较差,存在较大的剪力与弯矩,故井壁的跨度受到限制。同时矩形沉井有较大的阻水特性,故在下沉过程中易使河床受到较大的局部冲刷。此外,矩形沉井在下沉中侧壁的摩阻力也较大。

(3)圆端形沉井

圆端形沉井能更好地与桥墩的平面形状相适应,故应用较多。除模板的制作较复杂外,其优缺点介于前两种沉井之间,较接近于矩形沉井。

3. 按沉井的立面形状分类

沉井按立面形状可分为竖直式、倾斜式及台阶式沉井等,如图6-1-4所示。应视沉井通过土层的性质和下沉深度而选定。

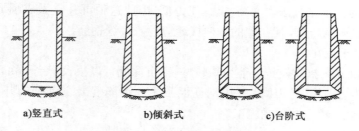

图6-1-4 沉井的立面形状

(1)竖直式沉井

外壁竖直式沉井构造简单,井壁接长时,模板可重复使用。当土质较松软、沉井下沉深度不大时,可采用这种形式。由于井壁外侧土层紧贴沉井,沉井下沉时不易产生倾斜,对周围土体的扰动较小。同时土体对井壁有较大的摩阻力,故可提高基础的承载能力。但当摩阻力过大时,会增加沉井下沉时难度。

(2)倾斜式沉井和台阶式沉井

外壁倾斜式沉井和台阶式沉井除第一节沉井外,其他各节井壁与外侧土层之间存在空隙,可以减小土层与井壁的摩阻力。当土质较密实、沉井下沉深度大、采用竖直式沉井下沉困难,并要求在不增加沉井质量的情况下沉至设计高程时,可以采用这类沉井。缺点是施工较复杂,消耗模板多,同时由于井壁外侧土的约束力减小,故沉井下沉时易产生较大的偏斜。

倾斜式沉井的外壁斜面坡度一般为20/1~50/1(竖/横),台阶式井壁的台阶宽度为10~20cm为宜,台阶高度可为沉井全高的1/4~1/3。当沉井较深,摩阻力较大时,可采用多台阶形,台阶设在每节沉井的接头处。

4. 按沉井的施工方法分类

按沉井的施工方法划分,可分为一般沉井和浮运沉井。

(1)一般沉井

一般沉井是指在基础设计位置上就地制造沉井,然后挖土依靠沉井自重下沉。若基础位置在浅水中,则需先在水中筑岛,然后在岛上筑井下沉,如图6-1-5所示。

(2)浮运沉井

当在深水地区筑岛有困难或不经济,或有碍通航,且河流流速不大时,可采用岸边浇筑、浮运就位下沉的方法,这类沉井称为浮运沉井,如图 6-1-6 所示。

图 6-1-5　一般沉井

图 6-1-6　浮运沉井

三、沉井基础的构造

沉井平面形状及尺寸应根据墩台身底面尺寸、地基土的承载力及施工要求等确定。沉井的棱角处宜做成圆角或钝角,顶面襟边的宽度应根据沉井施工容许偏差而定,不应小于沉井全高的 1/50,且不应小于 0.2m,浮式沉井应另加 0.2m。当沉井顶部需要设置围堰时,其襟边的宽度应满足安装墩台身模板的需要。

沉井通常要分节制作,每节高度视沉井平面尺寸、总高度、地基土质情况和施工条件而定。应能保证制作时沉井本身的稳定性,并有足够重力使沉井能顺利下沉。每节设计不宜高于 5m。

沉井基础一般由井壁、刃脚、隔墙、井孔、凹槽、射水管、封底和盖板等组成,如图 6-1-7 所示。当沉井顶面低于施工水位时,还应加设临时的井顶围堰。

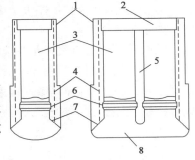

图 6-1-7　沉井基础的构造

1-井壁;2-盖板;3-井孔;4-射水管;5-隔墙;6-凹槽;7-刃脚;8-封底

1. 井壁

井壁是沉井的主体部分,在下沉过程中起挡土和隔水的作用,同时利用其自身重力克服井壁外侧与土之间的摩阻力而使沉井下沉。当施工完成后,井壁又成为基础的一部分将上部荷载传递到地基。因此,井壁必须具有足够的结构强度。

沉井井壁厚度应根据结构强度、施工下沉需要的重力、便于取土和清基等因素而定,可采用 0.8~1.5m。但钢筋混凝土薄壁浮运沉井及钢模薄壁浮运沉井的壁厚不受此限制,其壁厚应计算确定。

根据施工时的受力条件,一般应在井壁内配以竖向和水平向的受力钢筋。如受力不大,经计算也容许用部分竹筋代替钢筋。水平钢筋不宜在井壁转角处有接头。浇筑沉井的混凝土强度等级不应低于 C20,当为薄壁浮运沉井时,浇筑混凝土强度不应低于 C25。

2. 刃脚

沉井井壁下端的楔形部分称为刃脚。刃脚可使沉井在自重作用下易于切土下沉,同时起到支承沉井的作用。刃脚是受力最集中的部分,必须有足够的强度。根据地质情况可采用带踏面刃脚或尖刃脚,其构造如图 6-1-8 所示。

如土质坚硬,刃脚面以型钢加强或底节外壳采用钢结构,以防刃脚损坏。刃脚的底面(踏面)宽度可为 0.1~0.2m,如为软土地基可适当放宽。刃脚内侧斜面与水平面的交角不宜小于45°。刃脚的高度应视井壁厚度、便于抽除垫木和人工挖掘刃脚下的土而定,一般应大于1.0m。刃脚的混凝土强度等级不应低于 C25。

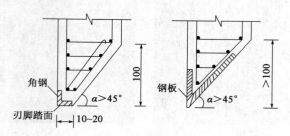

图 6-1-8　刃脚的构造(尺寸单位:cm)

3. 隔墙

当沉井平面尺寸较大时,应在沉井内设置隔墙,减小井壁跨度,从而减小井壁承受的弯矩和剪力,增大沉井的整体刚度。隔墙间距一般不大于 5~6m。由于隔墙不承受土压力,故其厚度一般小于井壁厚度。

隔墙底面比刃脚底面至少应高出 0.5m,它既要考虑支承刃脚悬臂,使刃脚作为悬臂和水平方向的框架共同起作用,又不使隔墙底面下的土搁住沉井而妨碍下沉。当需要提高隔墙底面高度时,可在刃脚和隔墙连接处设置梗肋,以加强刃脚与隔墙的连接。同时可将隔墙底面做成抛物线或梯形,方便施工人员在井孔间通行,否则隔墙下部应设过人孔。

4. 井孔

沉井由于设置了隔墙而分割成的空格称为井孔。它是挖土、排土的工作场所和通道。井孔的尺寸应满足施工要求,最小尺寸应视取土机具而定,宽度(直径)一般不宜小于 2.5m。井孔的布置应简单对称,便于对称挖土使沉井均匀下沉。

5. 凹槽

凹槽设在井孔下端近刃脚处,其作用是使封底混凝土与井壁较好接合,封底混凝土底面的反力可以更好地传给井壁。凹槽深度为 0.15~0.25m,高度约为 1.0m。如果井孔是即将全部填实的实心沉井也可不设凹槽。

6. 射水管

当沉井下沉深度大,穿过的土质又较好,预计沉井自重不足以克服井壁摩阻力时,可考虑在井壁中预埋射水管组。射水管的作用是利用射水管压入高压水流(一般水压不小于600kPa),将井壁四周的土冲松,以减小侧向阻力和端部阻力,使沉井下沉至设计高程。射水管应均匀布置,以利于控制水压和水量来调整沉井下沉方向。

7. 封底

当沉井沉至设计高程进行清基后,便可浇筑封底混凝土。封底多采用灌注水下混凝土的办法。要求封底混凝土必须具有一定的强度,以承受地基土和水的反力作用。封底混凝土厚度由计算确定,根据经验一般不小于井孔最小边长的 1.5 倍,但其顶面应高出刃脚根部不小于

0.5m,并浇灌到凹槽上端。封底混凝土的强度等级,对岩石地基不应低于C20,对非岩石地基应不应低于C25。

8. 填芯和盖板

井孔内填芯材料可采用混凝土、片石混凝土或浆砌片石,填芯混凝土强度等级不低于C15;在无冰冻地区也可采用粗砂和砂砾填料;空心沉井应考虑受力和稳定要求,要求有足够的强度,以承受墩台传给基础的作用。粗砂、砂砾填芯沉井和空心沉井的顶面均须设置钢筋混凝土盖板,盖板厚度通过计算确定。

复习与思考

1. 什么是沉井基础?它在什么情况下使用?
2. 如何划分沉井基础的类型,各自有什么特点?
3. 沉井基础的构造包括哪些内容,各有什么作用和要求?

任务实施

某矩形沉井基础设计如图6-1-9所示,通过所学知识,完成下列任务:

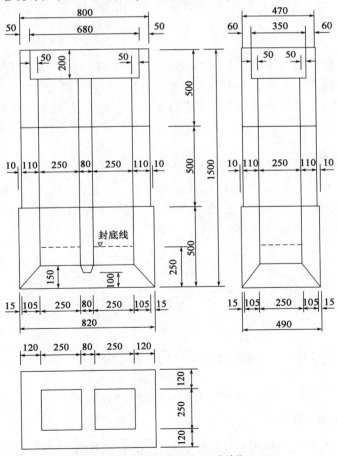

图6-1-9 沉井基础设计图(尺寸单位:cm)

1. 分别按照沉井基础平面和立面设计图,说明其所属类型及特点。
2. 写出沉井基础各构造组成部分名称及其具体设计尺寸,并逐一检验是否满足构造设计基本要求。

任务二　沉井基础的施工

1. 了解沉井基础在不同地质水文条件下的施工方法;
2. 掌握旱地沉井基础的施工程序及施工技术要求;
3. 掌握沉井基础质量检测内容与方法;
4. 描述水下沉井基础施工方法;
5. 描述沉井基础施工中可能遇到的问题及解决方法。

通过对不同地质和水文条件下沉井基础施工方法等相关知识的学习,能够根据提供的沉井基础设计资料,选择合适的施工方法,合理安排施工程序,组织施工实施。

沉井的施工方法与墩台基础所在位置的地质和水文情况有关,一般可分为旱地沉井基础施工和水下沉井基础施工。当在水中修筑沉井时,应对河流汛期、通航、河床冲刷等进行调查研究,制订施工计划,并尽量利用枯水季节进行施工。若施工必须经过汛期,则应采取相应的措施,确保施工安全。

一、旱地沉井基础施工

若桥梁墩台位于旱地上,沉井可就地制造并下沉。其施工工序为:定位放样、整平场地、制作底节沉井、拆模及抽出垫木、挖土下沉、接筑沉井、筑井顶围堰、地基检验与处理、封底、填充井孔及浇筑盖板,施工过程如图 6-2-1 所示。下面分别加以介绍。

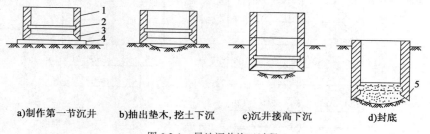

a)制作第一节沉井　　b)抽出垫木,挖土下沉　　c)沉井接高下沉　　d)封底

图 6-2-1　旱地沉井施工过程

1-井壁;2-凹槽;3-刃脚;4-支承垫木;5-封底混凝土

1. 定位放样、整平场地

旱地沉井施工时,首先应根据设计图纸进行定位放样,即在地面上定出沉井纵、横方向的

中心轴线,基坑的轮廓线及水准点等,作为施工的依据。

土质较好的地面,只需清除表面杂物,整平地面,便可在其上制作沉井。为了减小沉井的下沉深度,也可在基础位置处先挖基坑,在基坑底制作沉井。基坑的平面尺寸应大于沉井的平面尺寸,确保能向外抽出垫木,同时还应考虑支模板、搭设脚手架和排水等各项工作的需要。基坑底部应高出地下水位 $0.5\sim1.0m$。如土质松软,应整平夯实或换土夯实。一般情况应在整平场地上铺设不小于 0.5m 厚的砂或砂砾层,便于整平、支模板及抽出垫木。

2. 制作底节沉井

(1) 铺设垫木或设刃脚土内模板

铺设垫木的作用是扩大刃脚踏面的支承面积,常用普通枕木与短方木相间对称铺设,沿沉井刃脚满铺一层。在沉井的直线部分垂直刃脚铺放,圆弧部分则径向铺放,沉井的隔墙下也须铺设垫木,如图 6-2-2 所示。隔墙与刃脚连接处的垫木应搭接成整体,以免灌注混凝土时发生不均匀沉陷,导致开裂。由于隔墙底面较高,其底模板与垫木间的空隙,可通过设置桁架或垫方木填塞密实。垫木中心应正对井壁中心铺设,各垫木的顶面应与钢刃脚的底面贴合,以便把沉井的重力较均匀地传到砂垫层上。相邻两垫木顶面高差不得大于 5mm。

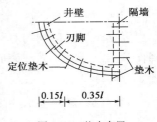

图 6-2-2 垫木布置

垫木数量可按沉井重力在垫木下产生的压应力不大于 100kPa 计算。垫木可单根或几根编组敷设,但垫木之间的间隙应用砂填实。为了便于抽出垫木,还需设置一定数量的定位垫木。定位垫木的位置以沉井井壁在抽出垫木时产生的正、负弯矩大小接近相等为原则确定。

在地基土质较好的情况下,也可采用土内模板法。依据沉井处表层土质情况和地下水位的高低,土内模可做成填土式内模板和挖土式内模板两种,即在土面上按刃脚内侧斜面形状和尺寸填筑成或挖成截头锥台形,既扩大了刃脚的支承面,又代替了刃脚内模板。

采用填土式内模板时,如图 6-2-3a) 所示,先检查地基土有无软硬不匀现象,并对松软部分进行换填处理;地基整平后应碾压或夯实。一般在地基土上填不少于 30cm 厚的碎石垫层,并分层碾压结实,用以分布沉井压力并排泄地面水;土模板应用黏性土分层夯填,平面尺寸应先稍微扩大,夯实后再按设计尺寸切削修整。为防水并保证土模板表面平整,应在土模板表面抹一层 2~3cm 厚的泥砂浆作为保护层;土模板顶面的承载能力应能满足计算要求。

当墩位处于土质较好且地下水位较低时,可开挖基坑而成形土模板,如图 6-2-3b) 所示。挖成的土模比较坚实,表面可不用水泥砂浆保护层。但应特别注意接近成形时的修挖,防止出现尺寸的亏缺,并应加强基坑排水,防止土模板或基底受水浸泡。

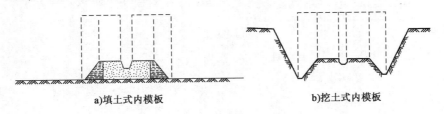

图 6-2-3 刃脚土内模板

(2) 绑扎钢筋、立模板

垫木敷设完毕后,在上面放出刃脚踏面大样,铺上踏面底模板,安放保护刃脚的型钢,立刃脚斜底模板、隔墙底模板和沉井内模板,绑扎钢筋,最后立外模板和模板拉杆。井壁模板如

图6-2-4 沉井刃脚立模

图6-2-4所示。模板应有较大的刚度,以免发生挠曲变形。为减小下沉时的摩阻力,外模板接触混凝土的一面必须平滑和顺直。模板接缝处宜做成企口形,以免漏浆。

采用土模板制作底节沉井时,刃脚部分的外模板无法设置对拉杆,井壁混凝土重力在刃脚斜面上的水平分力易使刃脚滑移损坏,所以必须加强刃脚外模板的支撑。

(3)浇筑混凝土

浇筑混凝土前,必须检查核对模板各部分尺寸和钢筋布置是否符合设计要求,支撑及各种紧固联系是否安全、可靠。在充分湿润模板后,方可灌注混凝土,并随时检查模板有无漏浆和支撑是否良好,以保证它的密实性和整体性。

混凝土灌注应均匀对称、分层连续、均匀振捣进行,以避免沉井因重力不均产生不均匀沉降而倾斜。混凝土灌注完成后,可用草袋等遮盖混凝土表面,注意洒水养生。夏季应防暴晒,冬季应防冻结。

3. 拆模和抽除垫木

当沉井混凝土达到设计强度的25%时,即可拆内外侧模板,达到设计强度的75%时,可拆除隔墙底模板和刃脚斜面模板,完全达到设计强度时,方可抽除垫木。为防止抽垫木时沉井偏斜,垫木应分区、依次、对称、同步地向沉井外抽出,随抽随用砂土回填捣实。抽垫木顺序一般为:先内壁、后外壁,先短边、后长边。长边下的垫木是隔一根抽一根,以定位垫木为中心,由远而近对称抽出,最后拆除定位垫木。

拆除土模板时,不得先挖沉井外围的土,防止刃脚外张开裂。应自中心向四周分区、分层、同步、对称挖土,以防止沉井发生倾斜。刃脚斜面及隔墙底面黏附于土模板的残留物应清除干净,以免影响封底混凝土质量。

4. 挖土下沉

沉井下沉施工方法可分为排水下沉和不排水下沉两种,如图6-2-5所示。

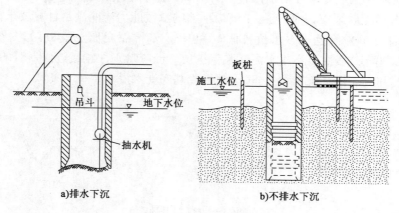

图6-2-5 沉井下沉方法

(1)排水下沉

排水下沉是先抽水降低井内水位,再利用人工或机械下到井底进行挖掘作业的方法,如

图 6-2-5a)所示。其优点是:容易控制下沉方向,防止沉井下沉过程中出现较大的偏斜;易于处理下沉中遇到的障碍,下沉速度一般较快;便于基础底层的检验和处理。但采用排水除土下沉时,应有安全措施,防止各类安全事故的发生。它适用于土层稳定、渗水量不大且排水时不会产生涌土或流沙的情况。

开挖前应先挖一个较深的汇水坑,在有横隔墙的沉井中,汇水坑宜挖在横隔墙下,以免影响挖土。抽水宜用电动离心式水泵。除土应自井孔中间向刃脚处均匀对称、分层施工,每土层厚 20～30cm。由数个井孔组成的沉井,为防止沉井下沉时发生倾斜,应控制各井孔之间除土面的高差不宜超过 50cm,并避免内隔墙底部在下沉时受到下面土层的顶托。

坚硬土层中可能会出现挖平刃脚仍不下沉的现象,就需掏空刃脚下的土,此时应比照抽垫木方法,分段按顺序掏土至刃脚底,随即回填砂砾,最后将支垫位置的土换成砂砾后,再分层、分圈逐步挖出砂砾,使沉井下沉。

(2)不排水下沉

不排水下沉是在沉井内外水头相同的静水条件下利用抓土斗、吸泥机等机具出土的井上作业方法,如图 6-2-5b)所示。它可以有效防止流沙,确保安全。

抓土斗适用于砂卵石等松散地层。吸泥机适用于砂、砂夹卵石及粉砂土等。在黏土层、胶结层或岩石层中,可用高压射水冲碎土层后用吸泥机吸出碎块。吸泥机有空气吸泥机、水力吸泥机和水力吸石筒等,其中,空气吸泥机的适应性最强,能吸砂、粉砂土和砂夹卵石。

水中除土时,可将沉井中部挖成锅底状。在砂及砾石类土中,一般当锅底比刃脚低 1～1.5m 时,沉井即可下沉,并将刃脚下的土挤向中央锅底,只要继续在中间挖土,沉井就不断下沉。在黏性土或胶结层中,四周土不易向中间坍落时,除需要靠近井壁偏挖外,还须辅以高压射水松土。为避免沉井发生较大倾斜,锅底深度不宜超过 2m;相邻土面高差不宜大于 0.5m。靠近刃脚处,除处理胶结层和清理风化岩外,除土和射水都不得低于刃脚,还应注意提前挖深隔墙下的土,勿使其顶住沉井。

在不稳定的土或砂土中下沉时,采用吸泥吹砂等方法,必须备有向井内补水的设施,保持井内外的水位相平或井内略高于井外水位 1～2m,以防翻砂。吸泥机应均匀吸泥,防止局部吸泥过深,造成沉井下沉偏斜。

沉井下沉过程中,应随时注意其平面位置和垂直度,保持竖直下沉,至少每下沉 1m 检查一次。沉井入土深度尚未超过其平面最小尺寸的 1.5～2 倍时,最易出现倾斜,应及时注意校正。同时合理安排好井外弃土地点,避免对沉井引起偏压。在水中下沉时,应注意河床因冲淤引起的土面高差,必要时可用沉井外弃土来调整。当沉井下沉至设计高程以上 2m 左右时,应适当放慢下沉速度并控制井内除土量和除土位置,以使沉井平稳下沉,正确就位。

5. 接筑沉井

当沉井顶面下沉至距地面还剩 1～2m 时,应停止挖土,接筑第二节沉井。接筑前应使底节沉井位置正直,接高沉井的中轴应与底节沉井中轴重合。接高时应尽量对称均匀加重。混凝土施工接缝处应按设计要求布置接缝钢筋,清除浮浆并凿毛。为避免沉井突然下沉或倾斜,可在刃脚下回填土或支垫。

待接筑沉井混凝土达到设计强度,即可继续挖土下沉。如此逐节接高沉井并不断挖土下沉,直到井底达到设计高程。

6. 筑井顶围堰

若沉井设计顶面低于地面或水面,则应在沉井上接筑围堰。围堰的平面尺寸应略小于沉井,其下端与井顶上的预埋锚杆相连,如图 6-2-6 所示。围堰是临时的,待墩(台)身出水后便可拆除。

7. 地基检验与处理

沉井下沉至设计高程后,应检验基底的地质情况是否与设计相符。排水下沉时,可直接检验与处理;不排水下沉时,应进行水下检查、处理,必要时取样鉴定。基底应符合下列要求:

(1)排水下沉的沉井,应满足基底面平整的要求。井壁隔墙及刃脚与封底混凝土接触面处的泥污应予以清除,要保证封底混凝土、沉井和地基紧密相连。

(2)不排水下沉的沉井基底面应整平,且无浮泥。基底为岩层时,岩面残留物应清除干净,清理后有效面积不得小于设计要求;岩石基底倾斜时,应将表面松软岩层或风化岩层凿去,并尽量整平,使沉井刃脚的 2/3 以上嵌搁在岩层上,嵌入深度最小处不宜小于 0.25m,其余未到岩层的刃脚部分,可用袋装混凝土等填塞缺口。刃脚以内井底岩层的倾斜面,应凿成台阶或榫槽后,清渣封底。

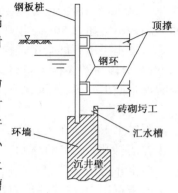

图 6-2-6 钢板桩井顶围堰构造

8. 封底

基底检验合格后,应及时封底。当沉井排水下沉,井底无水时可按一般混凝土灌注方法进行干封底。当沉井采用不排水下沉,或虽采用排水下沉,但干封底有困难时,可采用导管法灌注水下混凝土封底,具体灌注方法和所用混凝土材料可参照钻孔灌注桩水下混凝土灌注的有关规定。

在施工设备上,除导管、漏斗、隔水栓及混凝土拌和设备外,尚需在井顶搭设灌注支架,以悬挂串筒、漏斗及导管。串筒长度应大于灌注中逐节拆除的导管中最长一节的长度,并据此确定支架的高度。在支架顶部设置灌注平台,在平台上搭设储存混凝土的料槽,其施工布置如图 6-2-7 所示。

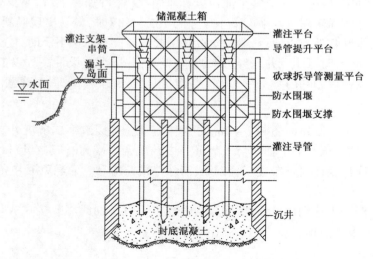

图 6-2-7 水下混凝土封底施工布置

灌注封底水下混凝土时,需要的导管间隔及根数,应根据导管作用半径及封底面积确定。用多根导管灌注时的顺序,应进行设计,防止发生混凝土夹层。若同时灌注,当基底不平时,应逐步使混凝土保持大致相同的高程。

首批混凝土需要的数量应通过计算确定。在灌注过程中,导管应随混凝土面升高而徐徐提升,导管埋深应与导管内混凝土下落深度相适应,不宜小于施工规范相关规定。

在灌注过程中,应注意混凝土的堆高和扩展情况,正确调整坍落度和导管埋深,使每盘混凝土灌注后形成适宜的堆高和不陡于 1:5 的流动坡度,抽拔导管时应严格使导管不进水。

混凝土面的最终灌注高度,应比设计值高出不小于 150mm,待灌注混凝土强度达到设计要求后,再抽水凿除表面松弱层。

9. 填充井孔及浇筑盖板

待封底混凝土达到设计要求后,抽干井孔中的水,填筑井内圬工。如果井孔中不填料或仅填砾石,则井顶面应浇筑钢筋混凝土盖板,然后砌筑墩台身,墩台身出土(或出水面)后可以拆除临时性的井顶围堰。

二、水下沉井基础施工

根据水深、流速、施工设备及施工技术等条件,水下沉井基础施工一般可以采用筑岛法或浮运法。

1. 筑岛法

当沉井位于浅水或可能被水淹没的岸滩上时,可采用筑岛法,即先修筑人工砂岛,再在岛上进行沉井制作和挖土下沉。

筑岛法分为无围堰和有围堰两种。无围堰筑岛法一般宜在水深较浅且流速不大时采用。有围堰筑岛法是先修筑围堰,然后在围堰内填砂筑岛。各类筑岛示意见图 6-2-8。砂岛设置围堰的目的是为了缩小阻水断面,减少冲刷影响并提高岛体的抗冲刷能力,以保证筑岛在施工期间的安全。各种围堰的设置条件及施工可参照学习项目 4 中的浅基础围堰的相关要求。

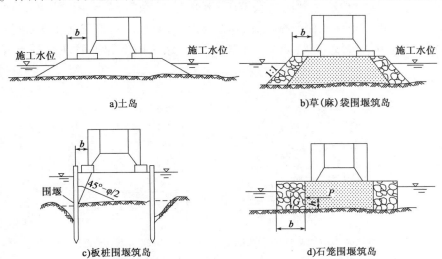

图 6-2-8 各类筑岛示意图

制作沉井的岛面、平台面和开挖基坑施工的坑底高程,应比施工最高水位高出 0.5~0.7m,有流冰时,应再适当加高。除此之外,筑岛还应符合以下要求:

(1)筑岛尺寸应满足沉井制作及抽垫等施工要求,无围堰筑岛,宜在沉井周围设置不小于 2m 宽的护道;有围堰筑岛其护道宽度可按式(6-2-1)计算:

$$b \geq h\tan\left(45° - \frac{\varphi}{2}\right) \tag{6-2-1}$$

式中:b——护道宽度;
h——筑岛高度;
φ——筑岛土饱水时的内摩擦角。

护道宽度在任何情况下不应小于 1.5m,如实际采用的护道宽度 b 小于按式(6-2-1)计算的值时,则应考虑沉井重力等对围堰所产生的侧压力影响。

(2)筑岛材料应采用透水性好、易于压实的砂土或碎石土等,且不应含有影响岛体受力及抽垫下沉的块体。岛面及地基承载力应满足设计要求。无围堰筑岛的临水面坡度一般可采用 1:1.75~1:3。

(3)在施工期内,水流受压缩后,应保证岛体稳定,坡面、坡脚不被冲刷,必要时应采取防护措施。

(4)在斜坡上筑岛时应进行设计计算,应有防滑措施;在淤泥等软土上筑岛时,应将软土挖除,换填或采用其他加固措施。

筑岛沉井一般采用钢筋混凝土厚壁沉井,制作前应检查沉井纵、横向中轴线位置是否符合设计要求。沉井制作和下沉方法同旱地沉井。

2. 浮运法

深水河道中,筑岛法不经济或施工有困难时,可采用浮运法施工,即先将预制好的底节沉井浮运就位,再就地接高下沉。应根据河岸地形、设备条件,进行技术经济比较,确定沉井的结构、制作场地及下水方案。

浮运式沉井的底节需做成水密性的浮体,它可以通过在普通沉井底面安装临时性不漏水的木底板或气囊,浮运就位后在井内灌水下沉,沉到河底后再拆除底板,如图 6-2-9 所示。也可以制作成空腔式的钢丝网水泥薄壁沉井、钢筋混凝土薄壁沉井、钢壳沉井或装配式钢筋混凝土薄壁沉井,空腹中应设置撑架,如图 6-2-10 所示。通过向空腔中灌注混凝土或水使沉井下沉。

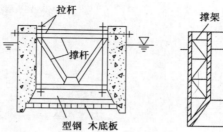
图 6-2-9 带临时井底的沉井

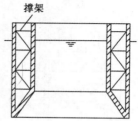
图 6-2-10 空腹薄壁沉井

各类浮式沉井在下水、浮运前,均应进行水密性检查,底节还应根据其工作压力,进行水压试验,合格后方可下水。

沉井可以在岸边制成,利用在岸边铺成的滑道用绳索牵引滑入水中设计墩位;也可以在浮船上或支架平台上制作,用浮船定位和吊放下沉;或利用潮汐,在水位上涨时浮起,再浮运至设计位置。

沉井浮运宜在白昼无风或小风时,以拖轮拖运或绞车牵引进行。对水深和流速大的河流,为增加沉井稳定性,可在沉井两侧设置导向船,如图 6-2-11 所示。沉井下沉前初步锚锭于墩位的上游处,如图 6-2-12 所示。锚碇的重力、锚绳的粗细和拖入长度,应按整个浮体所受到的水力、风力,经计算确定。

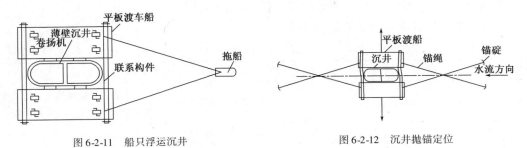

图 6-2-11　船只浮运沉井　　　　　　　图 6-2-12　沉井抛锚定位

沉井准确定位后,向井孔内或在井壁腔格内迅速、对称、均衡地灌水,使沉井落至河床。或依靠在悬浮状态下接长沉井及填充混凝土使其逐步下沉。

水中拆除底板时,应注意防止沉井偏斜。薄壁空腔应按预先编号的隔仓(图 6-2-13),对称、均衡地灌水或灌筑混凝土和加压下沉。应严格控制各灌水隔舱间的水头差,其不得超过设计规定。在沉井浮运、下沉的任何时间内,露出水面的高度均不应小于1m,并应考虑预留防浪高度或设置防浪措施。

水中特大沉井的施工,必要时应在沉井施工前进行河床冲刷防护数学模型或水工模型模拟分析计算,以确保沉井顺利着床及下沉。

沉井着床后,应采取措施使其尽快下沉,并加强对沉井上游侧冲刷情况的观测、沉井平面位置及偏斜的检查,发现问题时立即采取措施,并予以调整。

图 6-2-14 所示为沪通长江大桥第 28 号墩钢沉井浮运,其采用钢沉井与混凝土沉井的组合结构,平面尺寸为 86.9m×58.7m,相当于 12 个篮球场大小,高度 115m,由 8 艘拖船牵引,沿长江浮运 11km 后顺利到达预定位置,随后进行下沉施工。

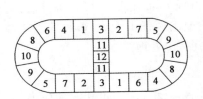

图 6-2-13　空腹沉井隔仓编号

图 6-2-14　沪通长江大桥第 28 号墩钢沉井浮运

三、沉井基础施工质量检验

沉井基础施工应分阶段进行质量检验并填写检查记录。

(1)沉井基础的施工应符合下列规定：

①沉井下沉应在井壁混凝土达到规定强度后进行。浮运沉井在下水、浮运前，应进行水密性试验。

②沉井接高时，各节的竖向中轴线应与第一节竖向中轴线相重合。接高前应纠正沉井的倾斜。

③沉井下沉到设计高程时，应检查基底，确认满足设计要求后方可封底。

④沉井下沉中出现开裂，应查明原因，进行处理后方可继续下沉。

(2)沉井实测项目应符合表6-2-1的规定。

沉井实测项目 表6-2-1

项次	检查项目		规定值或允许偏差	检查方法和频率
1△	混凝土强度(MPa)		在合格标准内	按《公路工程质量检验评定标准》(JTG F80/1—2017)附录D检查
2	沉井平面尺寸(mm)	长、宽	$\pm 0.5\% B$，$B>24m$ 时 ± 120	尺量：每节段测顶面
		半径	$\pm 0.5\% R$，$B>12m$ 时 ± 60	
		非圆沉井对角线差	对角线长度的 $\pm 1\%$，最大 ± 180	
3	井壁厚度(mm)	混凝土	$+40$，-30	尺量：每节段沿边线测8处
		钢壳和钢筋混凝土	± 15	
4	顶面高程(mm)		± 30	水准仪：测5处
5	沉井刃脚高程(mm)		满足设计要求	尺量：测沉井高度5处，以顶面高程反算
6△	中心偏位(纵、横向)(mm)	一般	$\leq H/100$	全站仪：测沉井每节段顶面边线与两轴线角点
		浮式	$\leq H/100 + 250$	
7	竖直度(mm)		$\leq H/100$	铅锤法：测两轴线位置共4处

注：△为关键项目。

(3)沉井外观质量应符合下列规定：

①井壁应无渗漏，井壁外侧应无鼓胀外凸。

②混凝土表面不存在《公路工程质量检验评定标准》(JTG F80/1—2017)附录P所列限制缺陷。

四、沉井下沉中常见问题及处理方法

沉井在初始下沉阶段，由于井体入土不深，下沉阻力和侧向土体的约束作用较小，容易产生偏移和倾斜。到沉井下沉的中间阶段，可能会开始出现下沉困难，但接高沉井后，下沉会变顺利，且仍易出现偏斜。当沉井下沉到最后阶段时，主要出现下沉困难，偏斜的可能性已经很小。下面分别对沉井偏斜和下沉困难原因进行分析，并提出处理措施。

1. 沉井下沉中的防偏与纠偏

沉井下沉的全过程，就是防偏与纠偏的过程。有偏移，就有偏心距和附加应力，对地基承载不利。若偏移过大，墩台身还可能偏位悬空，致使沉井报废。因此施工过程中应均匀除土，防止沉井偏斜，并及时调整沉井的倾斜和位移。

1)沉井产生偏差的原因与防治措施

(1)沉井位于滑坡体上，沉井下沉时土体下滑。

防治措施:设计时应避免将桥墩建于滑坡体上,施工时发现这种情况,应与设计人员共同研究,采取防止滑坡的措施或将桥墩移位。

(2)沉井下的硬土层或岩面有较大倾斜,沉井沿倾斜层下滑。

防治措施:可在沉井倾斜较低的外侧填土,增加被动土压力,阻止沉井滑动,并尽快使刃脚嵌入此层土中。

(3)沉井刃脚下有孤石、树干、铁件、胶结物等障碍物,致使沉井下沉不均匀。

防治措施:施工前经钻探查明有胶结硬层时,可采用钻孔投放炸药爆破的方法,预先破碎硬层;铁件一般可采用水下切割排除;孤石可由潜水员水下排除,或爆破炸碎;如爆破,炮眼应与刃脚斜面平行,并应堵好,上加覆盖物,严格控制炸药用量。

(4)井外弃土高差过大或沉井一侧的土因水流冲刷,偏土压致使沉井偏斜或位移。

防治措施:弃土不应靠近沉井;水中下沉时,可利用弃土调整井外土面高差,必要时对河床进行防护。

(5)沉井刃脚下土层软硬不均,致使沉井下沉不匀。

防治措施:通过挖土调整刃脚下支撑面积,或适当回填,或支垫土层较软的一边。

(6)抽垫不对称或抽垫后回填不及时,或回填砂土夯实不够。

防治措施:严格按抽垫工艺要求施工。

(7)除土不均匀,井内泥面相差过大。

防治措施:严格控制泥面高差。

(8)刃脚下掏空过多,沉井突然下沉。

防治措施:严格控制刃脚下除土量。

(9)井内水头过低,沉井翻砂,翻砂通道处刃脚下支撑力骤降。

防治措施:一般情况下保持井内水头不低于井外,砂土层中开挖不靠近刃脚;沉井入土不深时,不采用抽水下沉的方法。

(10)在软塑至流动状态的淤泥质土中下沉沉井,由于土的内摩擦角很小,用井内偏除土的方法效果不明显。

防治措施:可在沉井顶面的两边施加水平力,并根据沉井的倾斜情况及时调整水平力的大小,勿使倾斜越来越严重。

2)沉井纠偏方法

对已出现偏斜的沉井必须根据偏移情况、下沉深度等条件分析制定纠偏方法。下面介绍几种常用的纠偏方法。

(1)井内偏挖、加垫法

这是偏挖土与一侧加支垫相结合的纠偏方法,即在刃脚较高的一侧井内挖土,而在刃脚较低的一侧加支垫,随沉井的下沉,高侧刃脚可逐渐降低下来,如图6-2-15所示。

(2)井外支垫法

如图6-2-16所示用枕木垛托住拴于沉井顶面的挑梁,借助枕木垛下的大面积支承力阻止该侧沉井下沉,可以比较有效地纠正沉井倾斜,但须防止千斤绳受力过大而断裂。

(3)井外偏挖、井顶偏压或套拉法

这是偏挖土与偏压重或偏挖土与一侧施加水平力相结合的纠偏方法,目的是提高单纯偏挖土的纠偏效果。井外挖槽因土方量大,一般只挖1.5~2m,此法多用在入土较深时的纠偏,如图6-2-17a)所示。由于钢丝绳套拉时施加的水平力很大(可以大至百吨以上),滑车组的锚固须有强大的地笼,采用这一方法时,应使用平衡重,而不是卷扬机牵引,如图 6-2-17b)所示,使作用力持续不变,避免沉井位移时钢丝绳松弛,也可防止沉井结构或千斤绳因受力过大而受损。

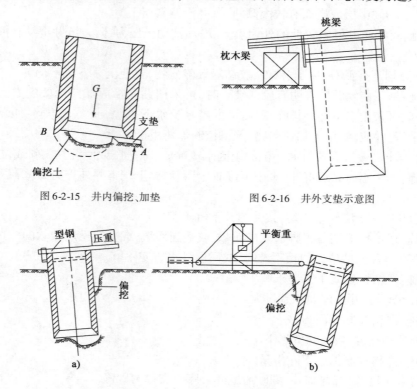

图 6-2-15 井内偏挖、加垫　　图 6-2-16 井外支垫示意图

图 6-2-17 井外偏挖、井顶偏压或套拉法

（4）井外射水法

在沉井刃脚较高的一侧井外射水,破坏其外壁摩阻力,促使该侧沉井下沉。它是水中沉井纠偏的一种方法,使用时,射水管的间距不宜超过 2m。

2. 克服沉井下沉困难的措施

沉井下沉困难主要是沉井自身重力克服不了井壁外侧摩阻力,或刃脚下遇到较大的障碍所致。解决的方法是增加沉井质量、减小井壁摩阻力和破除障碍。常用方法如下：

（1）加重法

先在沉井顶面敷设平台,然后在平台上放置重物,如钢轨、铁块或砂袋等,但应防止重物倒塌,故设置高度不宜太高。此法多在平面面积不大的沉井中使用。但由于沉井自重很大,能够增加的压重有限,除为了纠正沉井偏斜而采取偏心压重外,很少使用。

（2）抽水法

对不排水下沉的沉井,可从井孔中抽出一部分水,从而减小浮力,增加向下的压力使沉井下沉。此法对渗水性大的砂（卵）石层效果不明显,对易发生流沙现象的土也不宜采用。

（3）射水法

在井壁腔内的不同高度处对称地预埋几组高压射水管,在井壁外侧留有射水嘴,如图 6-2-18 所示,高压水流将井壁附近的土冲松,水沿井壁上升,起润滑作用,从而减小井壁摩阻力,帮助沉井下沉。此法对砂性土较为有效。

采用射水法时,应加强沉井下沉观测,掌握各孔的出水量,防止因射水不均匀而使沉井偏斜。

(4)炮震法

炮震法是在井孔的底部埋置适量的炸药,通过引爆炸药所产生的震动力,减小刃脚下土的反力和井壁外侧摩阻力,增加沉井向下的冲击力,迫使沉井下沉。应当指出,爆压通过水介质的传播,将形成很大的内外压力,极易引起沉井开裂,因而在水中炮震时,应严格控制每次用药量,确保安全。对下沉深度不大的沉井最好不采用此法。

(5)泥浆润滑套法

泥浆润滑套法是通过用触变性较大的泥浆在沉井外侧形成一个具有润滑作用的泥浆套,以减小沉井下沉时井壁外侧的摩阻力。

泥浆的主要成分为黏土、水及适量的化学处理剂。选用的泥浆配合比应使泥浆具有良好的固壁性、触变性和胶体稳定性。一般的泥浆质量配合比为黏土 35%~45%、水 55%~65%、碳酸钠(Na_2CO_3)化学处理剂 0.4%~0.6%(按泥浆总质量计)。黏土要选择颗粒细、分散性高,并具有一定触变性的微晶高岭土,塑性指数不小于 15,含砂率小于 6%。这种泥浆在静止时处于凝胶状态,具有一定的强度,当沉井下沉时,泥浆因受机械扰动而变成流动的溶胶,从而减小井壁的摩阻力,使沉井顺利下沉。

泥浆润滑套的构造主要包括压浆管、射口挡板和地表围圈,如图 6-2-19 所示。

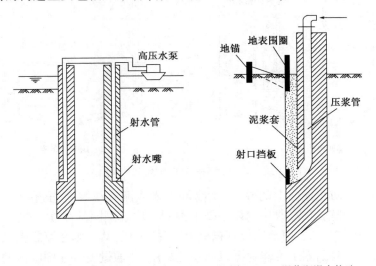

图 6-2-18　井壁内设射水管道　　　图 6-2-19　泥浆润滑套构造

①压浆管。压浆管根据井壁的厚度有内管法和外管法两种设置方法,厚壁沉井多用内管法,薄壁沉井宜采用外管法。

内管法是在底节以上各节沉井的井壁内预制若干个竖直的压浆孔道,孔道可用钢丝胶管或钢管预埋在沉井模板内,当浇筑的混凝土初凝时,将胶管或钢管转动上拔而成。在靠近井壁的台阶处设喷浆嘴,嘴前设有泥浆射口防护挡板。台阶宽度为 10~20cm,以便在下沉过程中井壁外侧与土壁之间存在空隙,形成一个泥浆润滑套,其立面和平面布置形式如图 6-2-20 所示。

外管法是把压浆管直接置于井壁的内侧或外侧,通过喷浆嘴喷浆的方法,如图 6-2-21

所示。

②射口挡板。射口挡板可用角钢或钢板弯制,置于每个泥浆射出口处,固定在井壁台阶上。它的作用是防止泥浆管射出的泥浆直冲土壁,起到缓冲作用,防止土壁局部塌落堵塞射浆口。

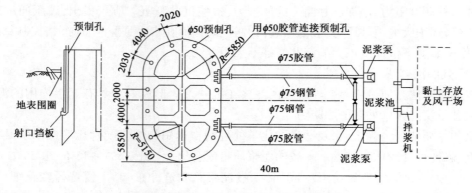

图 6-2-20　泥浆润滑套内管法布置(尺寸单位:mm)

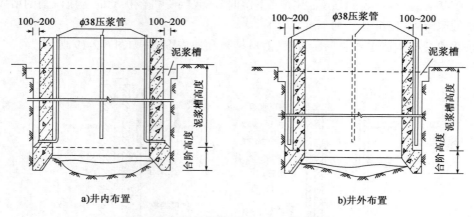

图 6-2-21　沉井压浆管外管法布置(尺寸单位:mm)

③地表围圈。为防止地面上的砂、石杂物等掉入或流入泥浆套内,在井口处设置地表围圈。围圈可由钢板、型钢组成,或用钢筋混凝土围圈。地表围圈的高度一般为 1.5～2.0m,顶面高出地面或岛面约 0.5m。用地锚拉到锚桩上,以抗土压,其外侧夯填黏土以防渗漏,并加顶盖以防土石落入。地表围圈也可作为泥浆储备池之用,并通过泥浆在围圈内的流动,调整各压浆管出浆,使其均衡。

用泥浆套法下沉沉井,施工中应注意对称均匀除土,井顶或井底的最大水平位移值应控制在泥浆厚度以内,以免破坏泥浆套或地表围圈。井内除土,还应避免掏空刃脚下土层,以免造成通路,漏失泥浆,或沉井突然下沉,土壁坍落翻砂,破坏泥浆套。

沉井吸泥下沉时,应注意向井内补水,使井内水位不低于井外,以免翻砂涌水,破坏泥浆套。吸泥机的出泥口应引至远离地表围圈,以免水进入泥浆套内。

当沉井底达到设计高程时,应压进水泥砂浆,把触变泥浆挤出,使井壁与四周的土壁重新获得新的摩阻力。但对于井底置于土层的泥浆套沉井,下沉至设计高程后,清基时因支承面积的减小,可能会继续下沉,因此应根据泥浆套的实际效果及地层情况,提前停止压入泥浆。

对于孔隙大、易漏失泥浆的地层(如卵石、砾石等),以及容易翻砂坍塌破坏泥浆套的地层

(如流沙层等),不宜采用泥浆套下沉沉井。

(6)壁后压气法(气幕法)

当水深流急处无法采用泥浆润滑套施工时,可用壁后压气法施工。壁后压气法也是减小沉井下沉时井壁摩阻力的有效方法。它是在沉井井壁内预埋若干个竖直管道和若干层横向的环形管道,每层环形管上钻有很多小的喷气孔,如图6-2-22所示。沉井气孔的排列应下部密、上部稀。底部3~5m范围内不设气孔,以免空气顺井壁下压穿过刃脚,引起沉井翻砂;顶部5~8m因空气向上扩散起作用,也可不设气孔。

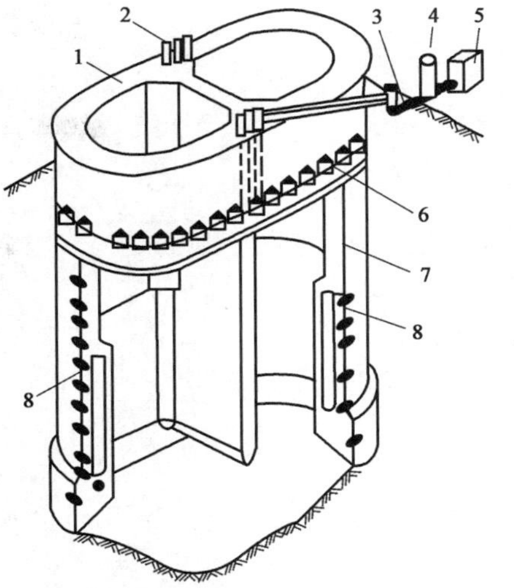

压缩空气由管道通过气孔向外喷射,气流沿沉井外壁上升形成一圈压气层(空气幕),该压气层使沉井井壁周围的土液化,从而减小井壁外侧与土之间的摩阻力,使沉井顺利下沉。

图6-2-22 空气幕沉井压气系统构造图
1-沉井;2-井壁预埋竖管;3-地面风管路;4-风包;5-压风机;6-井壁预埋环形管;7-气龛;8-气龛中的喷气孔

施工时,压气管应分层设置,竖管可用塑料管或钢管,水平环管则应采用直径为25mm的硬质聚氯乙烯管,沿井壁外缘埋设。每层水平环管可按四角分为四个区,以便分别压气,调整沉井倾斜。压气沉井所需的气压可取静水压力的2.5倍。压气时应尽可能使用压风机的最大风压,以保证压气效果。开气顺序从上而下,沉井周围同时送气,以免空气压入井内引起翻砂或导致沉井倾斜。每次压气时间不宜过长,一般在10min左右;过长不仅对下沉无效果,且使土受扰动过大,停气后气孔容易堵死。压气下沉后停气时,必须尽量缓慢减压,防止泥砂倒流堵塞气孔。

与泥浆润滑套相比,壁后压气施工法在停气后即可恢复土对井壁的摩阻力,下沉量易控制,且所需施工设备简单,可以水下施工,经济效果好。它适用于细(粉)砂类土和黏性土,而卵石、砾石等颗粒间孔隙过大的地层和硬黏土、风化岩等结构致密的地层,则因不易形成空气幕,而不宜采用。

复习与思考

1. 简述旱地沉井施工过程。
2. 沉井下沉方法有哪些,各适用于什么条件?
3. 水中沉井施工可采用哪些方法,分别简述其施工过程。
4. 沉井施工中经常遇到的问题有哪些,应如何处理?

任务实施

图6-2-23所示为某沉井基础所在位置处的地质与水文条件,基础设计见图6-1-9,如果沉井基础基底设计高程取在-15.5m处,通过本课程知识学习,请完成以下任务:

1. 根据地质和水文条件,选择基础施工方法。
2. 根据选定的施工方法,绘制沉井基础施工流程图。

3. 查阅桥涵施工技术规范等相关文献资料，列出施工基本注意事项。

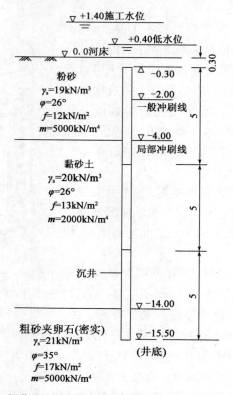

图 6-2-23 沉井基础位置处水文地质情况（尺寸单位：m；高程单位：m）

参 考 文 献

[1] 周东久.土力学与地基基础[M].2版.北京:人民交通出版社,2009.
[2] 钱雪松,张求书.土力学与地基基础[M].北京:北京邮电大学出版社,2015.
[3] 中华人民共和国行业标准.JTG D63—2007 公路桥涵地基与基础设计规范[S].北京:人民交通出版社,2007.
[4] 中华人民共和国行业标准.JTG/T F50—2011 公路桥涵施工技术规范[S].北京:人民交通出版社,2011.
[5] 中华人民共和国行业标准.JTG F80/1—2017 公路工程质量检验评定标准 第一册 土建工程[S].北京:人民交通出版社股份有限公司,2017.
[6] 张辉.桥梁下部施工技术[M].北京:人民交通出版社,2011.
[7] 王慧东.桥梁墩台与基础工程[M].2版.北京:中国铁道出版社,2007.
[8] 陈晏松.基础工程[M].北京:人民交通出版社,2002.
[9] 陈方晔.基础工程[M].3版.北京:人民交通出版社股份有限公司,2008.
[10] 于忠涛,朱芳芳.桥梁下部施工技术[M].北京:北京邮电大学出版社,2014.
[11] 邓超,邹花兰.桥涵工程施工(上册)[M].北京:人民交通出版社股份有限公司,2015.